国家社科基金
后期资助项目
GUOJIA SHEKE JIJIN HOUQI ZIZHU XIANGMU

中国区域环境治理：
基于空间计量理论的
绿色发展协同研究

Regional Environmental Governance in China:
A Collaborative Study on Green Development
Based on Spatial Econometric Theory

马丽梅 著

上海远东出版社

图书在版编目（CIP）数据

中国区域环境治理：基于空间计量理论的绿色发展协同研究 /
马丽梅著.——上海：上海远东出版社，2023
ISBN 978-7-5476-1885-1

Ⅰ.①中… Ⅱ.①马… Ⅲ.①区域环境—综合治理—研究—中国
Ⅳ.①X321.2

中国版本图书馆 CIP 数据核字（2022）第 251014 号

责任编辑　陈占宏
封面设计　　徐羽情

中国区域环境治理：基于空间计量理论的绿色发展协同研究

马丽梅　著

出　　版　上海远东出版社
　　　　　（201101　上海市闵行区号景路 159 弄 C 座）
发　　行　上海人民出版社发行中心
印　　刷　上海信老印刷厂
开　　本　710×1000　　　1/16
印　　张　22.25
字　　数　321,000
版　　次　2023 年 1 月第 1 版
印　　次　2023 年 1 月第 1 次印刷
ISBN 978-7-5476-1885-1/X·9
定　　价　98.00 元

序

随着经济社会发展阶段的转变、能源革命的来临以及跨区域环境污染事件的频繁发生，绿色可持续、跨区域的合作与共赢已然成为区域发展中关注的焦点；与此同时，近 30 年来技术、制度和国际政治的变革，全球价值链分工体系日益深化，需要增强国内不同地区发展的协同性，构建世界级城市群，参与全球经济角力。以往"以 GDP 为导向的地方竞争激励机制""不合理的资源要素价格机制"等使区域间的差距不断扩大、环境污染问题日益突出，原有的区域经济增长方式已不再适应新的国际与国内环境，需要注重系统性、整体性的发展思路，更强调区域内城市发展路径的差异化、多元化，绿色协同发展是转变传统区域经济发展模式、实现环境有效治理的必然选择。本研究以区域环境治理为主线，以区域经济学和空间经济学为理论基础，分析我国环境污染发生的社会经济特性及其机制，在此基础上，运用空间计量方法对中国三大重要战略区域（京津冀、长江经济带和粤港澳大湾区）的绿色协同发展进程进行量化测度研究，并结合国际区域发展的成功案例提出借鉴经验和建议措施。

（1）对于京津冀而言，1949 年以来，京津冀的空间发展历程大致经历两个时期：第一时期为各自为政的博弈竞争期（1949—2004），第二个时期为政府协作治理新时期（2005 年至今）。在第一个时期，虽然在 1982 年首次提出了"首都经济圈"的概念，但实质性的合作与协商并未落实。1949—1978 年，在高度计划经济管理体制下，首都经济圈的经济发展与合作呈现出了行政分割的态势，在北京、天津经济功能不断集聚的过程中，河北处于一种被动的状态，对北京、天津的发展给予了较大支持；1978—2004 年，借力于改革开放，京津冀三地经济增长迅速，北京、天津与河北在一些大项目上仍存在激烈竞争，河北与两者的经济发展差距进一步拉大。在第二个时期，系列重要规划与政策不断发布，国家正式启动了京津冀地区的区域规划编制，京津冀城市群开始向协同方向发展。2014年，京津冀协同发展正式上升为国家战略；2015年，京津冀协同发展的具体政策《京津冀协同发展规划纲要》由中央政治局审议通过后正式落地。京津冀区域的发展目标、功能定位、功能疏散、空间布局、重点领域等内容在《京津冀协同发展规划纲要》中得到了详细描述。

京津冀区域绿色协同发展的核心问题在于，北京作为我国首都、全国政治中心，行政力量聚集，使得京津冀地区的协同发展行政过于强势而市场较为弱势。从政策规划协同视角进行分析，关键在于突破条块分割的行政壁垒，将顶层设计充分落实，不断拓展协同发展的广度与深度；从产业协同视角进行分析，着力加快产业对接协作，在优化产业布局的同时兼顾产业政策公平；从交通协同视角进行分析，将交通领域作为绿色协同发展的先行选择，加快推动交通一体化发展，同时不断提高交通运输的能源效率及智能化水平；从生态环保协同视角分析，要突破单一的地区治理模式，积极构建区域生态环境共建共享机制。

（2）对于长江经济带而言，1949年以来，长江经济带的空间发展历程大致经历两个时期：一是各自为政与经济分化时期（1949—2005）；二是合作与集聚的新时期（2006年至今）。1949—2005年，长江经济带处于各自为政与经济分化时期。1949—1991年，长三角区域的一体化发展逐步进入实质性合作阶段，长江经济带的其他区域表现欠佳，各区域间经济联系逐渐分化；1992—2005年，党的十四大确立了以建立社会主义市场经济体制为我国经济体制改革的目标，中国的经济体制改革进入新阶段，这一阶段以长三角区域一体化趋势明显，长江上中游中心城市（武汉、成都、重庆和长沙）迅速崛起为特征。2005年11月，长江沿线7省2市（上海、江苏、浙江、安徽、湖北、湖南、重庆、四川和贵州）在交通部牵头下在北京签订《长江经济带合作协议》，至此之后，逐步开启了长江经济带的合作与共同发展。2014年9月，《国务院关于依托黄金水道推动长江经济带发展的指导意见》正式印发，确立了长江经济带的范围、目标和任务。长江经济带的整体定位为"具有全球影响力的内河经济带、东中西互动合作的协调发展带、沿海沿江沿边全面推进的对内对外开放带和生态文明建设的先行示范带"。

相比于京津冀、粤港澳大湾区，长江经济带横跨我国东中西三大区域，连接 11 个省市，涉及区域范围最广，绿色协同发展中最核心的问题在于上下游水污染排放权的问题，区域间环境污染治理差异明显，即下游环境治理能力明显优于中上游区域。从政策规划协同视角分析，应进一步推进次区域的规划协同和政策协同，并通过法律手段确保协同的有效性和稳定性；从产业协同视角进行分析，应进一步强调市场在资源配置中的作用，构建良好的营商环境，形成更为合理的产业分工布局；从交通协同视角分析，应依托长江黄金水道主轴，在初步形成综合立体交通走廊的基础上，围绕绿色发展，调整运输供需中存在的结构性矛盾，完善沿江省市协同共建机制，推动建设更高质量、更高标准、更高智能的交通一体化局面；从生态环保协同视角分析，应建立由中央牵头的流域生态治理执法机构，尝试构建科学明晰的区域间生态补偿机制。

（3）对于粤港澳大湾区而言，1978 年以来，粤港澳大湾区的空间发展历程大致经历两个时期：一是以香港为核心的产业协作期（1978—2004）；二是多核引擎多领域协作新时期（2005 年至今）。1980 年，湾区内的两个城市深圳、珠海被确立为经济特区，中央政府赋予经济特区经济乃至政治领域的行政自主权，这为推动湾区内经济的发展注入了新的活力与动力；1992 年，邓小平的"南方谈话"进一步肯定了经济特区的作用和地位，同年，中国确立了社会主义市场经济体制的目标，为湾区内经济特区之外的内地城市提供了经济发展新契机。随着中国开放政策的不断深入，大湾区内的香港、澳门先后到经济特区、广州以及广东其他城市（集中于珠三角城市）投资建厂，广东采取"三来一补"方式和"前店后厂"模式，加快了工业化进程；通过国际化的垂直分工，广东的产业发展也给香港带来了机遇，使香港在这一时期逐渐发展成为国际金融、贸易和航运中心。1978—1997 年，湾区内城市群逐渐形成了以加工制造业为主的贸易链条，湾区层面的合作主要集中于产业层面的合作；1998—2004 年，随着香港和澳门的回归，湾区内城市的互动和交流变得更加频繁，但仍集中于经济领域的分工与合作。基于产业的不断集聚与深层次的融合，珠三角城市群开始逐步形成。2005年起，粤港澳大湾区城市群的合作开始由产业经济层面的合作，逐步深入至制度、基础建设、教育以及科技等领域，深圳、广州、香港和澳门成为引领区域经济文化发展的核心城市。

　　粤港澳大湾区的绿色协同发展有其不同于另外两个区域的特殊性：一国两制、三种货币、三个关税区并存。这也意味着粤、港、澳三地环境法律法规、环境标准等的异质性亟须进行衔接，以提高大湾区生态环境信息共享和共同决策的顺畅度。从政策规划协同视角分析，虽然《粤港澳大湾区协同发展规划》的出台进一步明晰了粤港澳大湾区的目标、方向和空间布局规划，但由于湾区内存在三种制度，在诸多领域存在明显的差异，因此要真正实现规划与政策上的协同还需要很长的时间，克服很多困难；从产业协同视角进行分析，应进一步增进香港、澳门与内地城市的深度合作与交流，统筹协调珠三角城市群内部的产业分工布局，避免因产业重构造成的资源浪费与重复建设；从交通协同视角分析，粤港澳大湾区的制度协同是阻碍交通协同的关键壁垒，设施共建、数据共享、责任共担是破壁关键；从生态环保协同视角分析，应建立统一的生态环保协作法制基础和质量标准，构建以市场为导向的区域生态环保协同合作机制。

　　综上所述，当前我国国家级区域发展战略空间布局路径逐渐清晰，区域发展已从过去的单个区域发展，转向推进多区域跨区域协调发展。弱化区域经济增长中的"循环累积效应"和"虹吸效应"，增强区域核心城市的辐射引领带动作用，在政策规划、产业、交通和生态环保四个层面实现深度协同，将极大地推动区域经济的绿色协同发展，实现"2035美丽中国"的建设目标。

马丽梅

2022年12月

目　录

第一章　空间、区域与环境治理

第一节　空间视角下的环境经济问题研究

改革开放以来，中国的经济一直维持高位增长，1979—2013 年平均增长速度高达 9.8%，是全球经济增长最快的国家之一。在经济总量上，早在 2010 年就已超过日本一跃成为全球第二大经济体。但是，以大量资源消耗和密集开采为特征的城市化和工业化进程使能源资源的有限性、生态环境的承载力与经济增长的持续性所呈现出的矛盾日趋尖锐。特别值得一提的是煤炭，以煤为主的能源消费虽为中国经济带来了巨大利益，然而也造成了严重的环境污染问题。2011 年，中国已成为世界煤炭生产、消费与净进口"三个第一"大国，同时也是世界二氧化碳和二氧化硫第一排放国，污染形势极其严峻。但在当前的国际与国内形势下，不可否认的是，发展仍是中国的首要任务。那么，在经济与环境的双重压力下，能否最大限度地实现"双赢"格局是当前亟待我国解决的难题。而探寻污染发生发展的社会经济特性及其机制无疑是解决问题的关键，也是环境经济学研究的重要领域。

有相当长的一段时间，"环境经济学家似乎主要关注封闭经济条件下的环境问题，然而，对于大多数经济体而言，经济是开放的"（Van Beers and Van den Bergh, 1996）。事实上，经济活动产生的环境成本能够由"贫穷国家"或"其他国家"承担，即污染会发生"空间转移"。并且从单一经济体得到的经验事实也许只是冰山一角，并不一定反映环境问题的全貌。同样，现在的中国不仅仅发生着世界上最大规模、最迅速的城市化、移民和一体化，而且经历着世界上前所未有的大国规模经济的情况，经历着向知识大增长和创新驱动发展方式的转型。在这几股根本性力量的作用下，中国经济活动的空间组织、经济地理正在发生剧烈的、持久的、趋势性的变化。其中，产业集聚及其转移是这一变化的核心体现。与此同时，我国特有的地方分权和地方官员晋升机制进一步加深了地区间的空间关联。而中国的环境污染也同样具有明显的空间地域性，一是其自身原因，以大气污染为例，现有科学研究已经多次表明，对于中心城市而言，长距离传输和二次反应生成的污染会更大程度地受到周边邻近地区的影响；二是，产业升级和转移中企业或资本的区位转移，往往会伴随着环境污染的空间转移。经济的发展带来环境的污染，而受到环境与资源的约束，经济的空间集聚及其分布也同样会受到影响。可以说，污染的地理维度与经济活动的空间模式相互作用、紧密联系。因此，中国的环境经济问题研究很有必要纳入空间视角进行分析。

　　传统的环境经济学研究隐含着这样的假定：一个地区的经济发展只对本地区的环境质量产生影响而不会影响其周边地区的环境及经济发展，这显然与现实并不相符。而环境科学家则更为关注污染物成分和扩散条件分析。鉴于以上研究的缺陷，本书从空间的视角对区域经济与环境之间的关联进行分析，以空间经济学、区域经济学作为理论基础，并运用空间计量方法展开实证分析，探讨各省域之间的交互影响关系，这有利于从全局来思考我国经济与环境的可持续问题。

　　此外，区域合作一直被经济学家视为是推动经济发展的正向积极力量，然而，环境污染与经济密切相关，环境的空间地域性是否意味着其治理也需要区域间的通力合作，是一个值得探讨的话题，而只有在空间的视角下，我们才能有充分的理由去谈区域间的差异，进一步实现区域间的合作与共赢。因此，空间视角下的环境经济问题探讨，对于中国经济的发展及其环境治理意义重大。

第二节　中国严峻的环境污染问题及其影响

　　这里引用两个权威报告的分析来阐述当前我国严峻的环境污染问

题。2013 年 1 月 14 日，亚洲开发银行和清华大学联合发布报告《迈向可持续的未来：中华人民共和国国家环境分析》，该报告由国内环境领域专家和亚洲开发银行的专业团队联合完成，同时得到了中国环保部、发改委以及财政部的支持与配合。报告针对空气污染进行了分析，日益增长的能源需求、工业的迅速扩张以及机动车数量的迅猛增长，使我国的空气质量不断恶化，最显著的污染物是 PM 10，与此同时，室内空气质量也面临着严峻的挑战。其中，报告中的一些数据令人触目惊心：世界上污染最为严重的 10 个城市中，有 7 个属于中国，排名前 500 的中国大城市中，99％以上均未达到世界卫生组织推荐的空气质量标准。另一方面，从国与国之间的横向对比上看，全球环境绩效指数（Environmental Performance Index，EPI）排名[1]显示，历年来，中国的排名均靠后，与发达国家存在明显的差距。EPI 指数是由耶鲁大学环境法律与政策中心、哥伦比亚大学国际地球科学信息网络中心共同完成的，旨在对一个国家的环境健康、水源、空气质量和生态多样性进行综合评价。最早公布的时间是 2006 年，参与测算的 133 个国家或地区中，中国排名第 94 位，2008 年，在 149 个国家或地区中排名第 105 位，EPI 得分为 65.1 分；2014 年，分数下降至 43 分，在参与排名的 178 个国家或地区中排名第 118 位，而排在前列的瑞士、德国、澳大利亚等国的分数均在 80 分以上，几乎为中国的二倍，可见中国的环境问题着实令人堪忧。环境污染不仅对人们的健康构成严重威胁，同时也隐含着巨大的经济损失。

一、中国环境污染的健康影响

健康方面，二氧化硫等空气污染物以及水污染对人类健康的威胁早已被我们熟知，然而，人们对以 PM 10 和 PM 2.5 为主要构成的细颗粒物污染却相对陌生。陈竺等发表在国际医学界最权威杂志《柳叶刀》的研究指出，在中国 PM 10 每年导致 30—50 万人过早死亡（Chen 等，2013）；另由 50 个国家、303 个机构、488 名研究人员历时五年共同完

---

① 数据来源于耶鲁大学 EPI 研究网（https：//epi.yale.edu/）。

成的《全球疾病负担报告2010》显示，2010年PM 2.5致中国120万人过早死亡及2 500万健康生命年的损失，PM 2.5能够大大提升心血管疾病、呼吸道疾病以及肺癌的发病几率，已经成为影响中国公众健康的第四大危险因素；更令人担忧的是，PM 2.5能够影响到人的生育，对于婴儿及儿童的危害更是远远高于成人（Huynh等，2006）。图1-1为2018年上半年全国PM 2.5值，可以看出，中国农历春节过后的二月下旬及三月PM 2.5几乎一直处于高位。

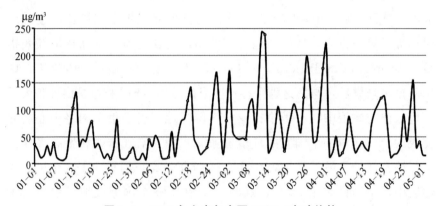

图1-1　2018年上半年全国PM 2.5变动趋势

资料来源：国家统计局

　　大气污染仅仅是表露在外部的污染，在其背后隐含着更为严峻的污染问题，我国土地重金属污染、水体污染均已达到相当程度，导致癌症村等系列环境事故频频发生，很多物种濒临灭绝。

二、中国环境污染的经济影响

　　经济方面，根据中国环境科学研究院发布的《公元二〇〇〇年中国环境预测与对策研究》对全国环境污染造成的经济损失估算，1983年环境污染造成的经济损失达381.55亿元，占同年GNP的6.75%；1992年环境污染造成的经济损失达986.1亿元，占同年GNP的4.04%。由中国生态环境部环境规划院发布的《中国环境经济核算研究报告》显示，我国环境污染直接造成经济损失呈持续增长态势。

2004—2010 年，7 年间环境污染成本从 5 118.2 亿元提高到 11 032.8
亿元，增长了 115%；虚拟治理成本（指目前排放到环境中的污染物按
照现行的治理技术和水平全部治理所需要的支出）从 2 874.4 亿元提高
到 5 589.3 亿元，增长了 94.5%，自 2008 年起计算的生态环境退化成本
（环境污染成本与生态破坏成本总和）几乎均占去当年国家 GDP 的
4%，相当于上海当年的地区 GDP。也就是说，中国高速经济发展的背
后隐含着每年至少要损失一个发达省份的全部经济发展成果。此外，
在研究领域，居民的健康也可以核算为经济效应，那么考虑包括健康
在内的经济损失，环境污染在中国所造成的损失将会是惨重的、巨
大的。

除国内一些研究报告指出中国环境污染的经济影响外，国外一些
机构也对中国的环境污染进行了测算。斯德哥尔摩环境研究所（SEI）
和联合国开发计划署（UNDP）发布的《中国人类发展报告》中指出，
2002—2003 年中国环境污染造成的损失占 GDP 的 3.5%—8%。世界
银行在《中国环境污染损失》研究报告中阐明，室外空气和水污染对
中国经济造成的健康和非健康损失的总和每年约 1 000 亿美元，相当于
中国 GDP 的 5.8%。在《碧水蓝天——展望 21 世纪的中国环境》中，
世界银行也估算了中国大气污染和水污染对环境的影响。根据支付意
愿法估算，中国 1995 年大气和水污染的损失约占 GNP 的 8%；根据人
力资本估值法进行估算，其损失相当于 GNP 的 3.5%。

对于中国的环境污染，特别是雾霾污染，已经成为中国吸引外商
投资、国外人才以及游客的重要障碍，尤其是对北京等国际大都市形
象的打击更大，将远远超过经济利益的损失。图 1-2 为 2016 北京全年
大气质量分布图，空气质量优良的情况较少，空气污染全年都较为
严重。

综上所述，环境污染不仅仅关系到经济损失和健康危机，更加关
系到整个中国社会的稳定与和谐发展。关注环境污染，实际上是实现
能源与经济的可持续发展，更是关注我们的健康，我们的下一代，我
们的未来。

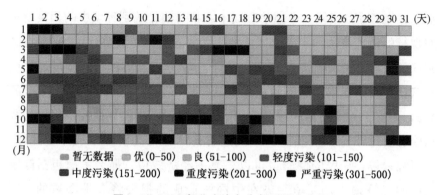

1 2 3 4 5 6 7 8 9 10 11 12 13 14 15 16 17 18 19 20 21 22 23 24 25 26 27 28 29 30 31 (天)

■ 暂无数据 ■ 优(0-50) ■ 良(51-100) ■ 轻度污染(101-150)
■ 中度污染(151-200) ■ 重度污染(201-300) ■ 严重污染(301-500)

图1-2　2016年北京全年大气质量分布图

资料来源：国家统计局

第三节　空间环境治理选择：区域绿色协同发展研究

区域绿色协同发展作为我国社会主义生态文明建设的整体发展趋势和重要实现目标，是构建经济、社会、环境、资源互联互通和可持续发展协调局面的必经之路，也是空间环境治理的必然选择，它是关乎国计民生的大事，其根本在于区域之间的有效协同合作。

当前，我国的环境保护工作主体仍为相对独立的地方政府，注重地方政府环境自主治理能力的提升和应用，对地方政府间的跨域协同合作有所忽视。2015年，由中共中央、国务院印发的《生态文明体制改革总体方案》明确指出："完善京津冀、长三角、珠三角等重点区域大气污染防治联防联控协作机制，其他地方要结合地理特征、污染程度、城市空间分布以及污染物输送规律，建立区域协作机制。"这表明为实现生态文明建设，跨区域间的环境保护协作治理已经成为我国环境治理的重要举措。因此，首先需要理顺区域协作关系，明晰域内域间主体目标，保证区域协作发展有理可依；其次需要推进区域协作相关的制度建设，完善法律法规，保证区域协作发展有法可循；最后需要建立跨域环境保护协作机制，保证区域绿色协同发展能够顺利运行。

一、资源与环境视角下区域的界定及其解释

（一）对区域的界定

1. 区域的核心内容

区域作为地理学中的概念和重要研究对象，其本质是一种地理信息的组织形式。它包含实实在在的物质内容，通过有形或无形的边界，形成不同类型的区域，如自然区域、人文区域、经济区域，等等。近年来，对区域内涵的理解发生了很多变化，辨识的方法从注重"差异性"到注重"功能性"不断更新，新的区域类型也不断涌现。

区域研究是在一定的地理空间范围内对人文地理及经济、社会发展等内容的研究，它从空间维度出发，利用自然地理学理论和模型将每个区域中无数个纷繁复杂的信息聚拢在一起，将诸多相互联系的地理要素构成一个整体。虽然区域的辨识方法具有一定的主观性特征，且区域的理论推演和模型构建也存在一定程度的抽象化，但区域作为一种实体概念是毋庸置疑的，其中行为主体、边界和系统结构是赋予其实体性特征内涵的核心内容，见图1-3。

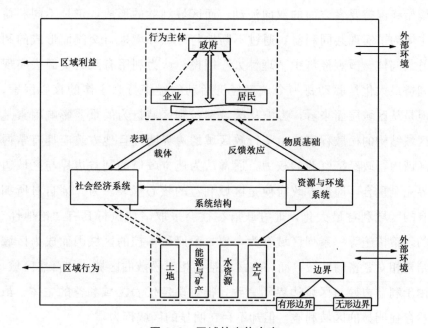

图1-3　区域的实体内容

2. 区域的行为主体与系统结构

区域的实体内容可划分为两个部分，行为主体和系统结构。行为主体主要包括三个要素，即企业、政府和居民，三个行为主体之间通过一定的机制相互作用、相互联系；系统结构可以划分为社会经济系统和资源与环境系统，两大系统通过行为主体的活动相互作用、相互影响。社会经济系统的运行是以资源与环境系统为基础，并对资源与环境系统形成反馈效应，当这种反馈效应的影响超出了资源与环境系统的可承受范围，社会经济系统的运行必将受挫或转移行为主体运行空间。资源与环境系统可以大致划分为四类：土地资源、能源与矿产资源、水资源和空气，也是行为主体赖以生存的物质基础。区域内部行为主体的空间选择行为表现了强相关的互动关系，按照要素的集聚与分散形成不同的空间状态，并根据不同的作用强度和影响范围形成一定的无形边界或有形边界，其中，通常认为大多数综合型的区域具有多重边界。

3. 区域的利益主体

从区域的实体内容图 1-3 中可以看出，区域的存在与其外部的环境始终保持要素方面的双向流动，而区域利益的形成，正是不同利益主体为了实现共同利益，通过不断地与外部环境进行交流而形成的利益共同体。微观经济中"理性人"假设，认为利用有限的资源去实现利益最大化是驱动每一个从事经济活动的经济行为主体的核心因素，但是从区域层面来看，影响从区域利益到区域行为的重要影响因素是区域结构的松散程度。由于行政区域的边界明确且地方政府拥有掌握区域内行政经济资源的权力，通常认为地方政府的利益边界与区域边界完全重合，即地方政府便是区域利益的核心代表。为保证自身所拥有的区域利益最大化，地方政府往往会采取诸如执行具有"排他性"的政策措施等一系列区域行为，地方政府所掌控的区域因而成为区域结构相对紧密的区域。而一些区域结构相对松散的区域，如自然区域，由于利益边界与区域边界不一致，很难确定代表区域利益的主体，虽然存在明显的区域利益，但却不存在明显的区域行为。

（二）外部性要求区域的绿色协同发展

在经济主体进行经济活动的过程中，通常会对其他经济主体产生一种不能通过市场进行交易的外部影响，这种外部影响在经济学中被称为外部性，也称为"溢出效应"（特别是在量化研究中尤为常见）。个体经济主体行为使其他经济主体无须花费成本便能受益的外部性影响称为"正外部性"，亦可称其为"外部经济"；同理，个体经济主体行为不支付任何补偿或承担成本而使其他经济主体利益受损的外部性影响称为"负外部性"，别称"外部不经济"。当把经济主体引申到"区域"概念时，外部性问题不再局限于同一地区的居民与企业、企业与企业之间，进一步扩展到空间范围，成为区域之间、国际之间的问题。

区域外部性指一个区域行为对其他区域或整体空间所产生的有利或不利的外部非市场化影响，又称空间外部性。区域外部性问题可划分为"区域正外部性"和"区域负外部性"。若区域经济行为实施一些绿色工程，诸如加强区域环境管理、实施流域水污染防治计划、保护生态脆弱区的自然资源、实施封山育林、风沙区造林植草等措施，对区域外部产生一种生态正外部溢出效应，这种影响被称为"区域正外部性"；然而，在市场经济自由竞争的环境下，区域行为往往会对外产生称作"区域负外部性"的生态负外部溢出效应，生产过程中所产生的废气废水废渣等污染性废物、乱砍滥伐、破坏植被、过度开发浪费资源等，这些行为都属于"区域负外部性"的范畴。区域负外部性的存在会给生态环境带来多方面的问题，比如环境污染、生态链破坏、资源枯竭、淡水短缺等，如果不及时解决，甚至可能会对后代造成不利影响，造成代际外部不经济。因此，解决区域负外部性所带来的市场失灵与生态问题需要政府加以干预，一方面要通过制定政策规划改变区域出于利益最大化的目的而不注重生态建设的现状，另一方面也要提高整体生态建设标准，对区域行为建立外部约束。但现实情况下，也要考虑到如果政府力度过强可能会阻碍经济社会运行，造成区域社会动荡，滋生不稳定因素。提出区域绿色协同发展，能够从根本层面解决区域外部性问题，实施区域绿色协同发展并对区域绿色协同发展机制进行深入研究，对于区域经济发展和社会的稳定具有重要的科学和实践意义。

区域外部性问题可以用区域边际成本（Regional Marginal Cost，RMC）、区域边际收益（Reginal Marginal Benefits，RMB）、总边际成本（General Marginal Cost，GMC）和总边际收益（General Marginal Benefits，GMB）4 个指标来区分。按照环境经济学的假设，区域行为的选择取决于区域边际成本和区域边际收益的均衡。图 1-4 说明了区域外部性对整体均衡的影响。图 1-4（a）中，区域均衡点（RE）处价格为 P_1、产量为 Q_1，区域产生正外部性使总边际收益大于区域边际收益，总产量提高到 Q_2，价格上升到 P_2，总均衡点（GE）产量和价格均高于区域均衡点（RE），总社会福利提高，提高幅度为图 1-4（a）中阴影部分的面积；而在图 1-4（b）中，当同样面临价格 P_1、产量 Q_1 的初始区域均衡点（RE）对整体环境产生负外部性时，总均衡点（GE）产量下降到 Q_2，价格却上升到 P_2，总边际成本大于区域边际成本，总社会福利下降，下降幅度为图 1-4（b）中阴影部分之差，即 $A_2 - A_1$，进而造成生态环境过度消费问题，使区域之间的关系处于不和谐与不可持续的状态。因此，区域的绿色协同发展势在必行。

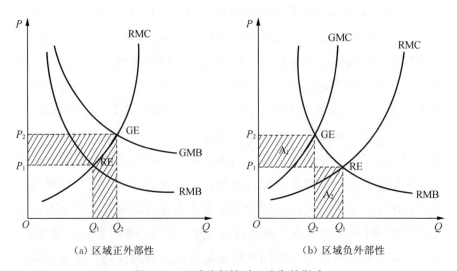

(a) 区域正外部性   (b) 区域负外部性

图 1-4　区域外部性对总均衡的影响

二、区域绿色协同发展的必要性

（一）区域绿色协同发展是建设社会主义生态文明的必然要求

社会主义生态文明是继农业文明与工业文明之后一个崭新的文明形态，它以尊重自然、维护生态环境为宗旨，要求人们维护社会、经济、自然系统的整体利益，使现代经济社会发展的同时能够保证自然生态系统处于良性循环之中，有效地解决经济发展过程中生态破坏及对能源资源的需求与生态承载力及生态系统供给相矛盾的问题。自党的十七大首次提出"社会主义生态文明"以来，中国的生态文明建设成效显著。党的十九大报告关于未来发展的两步走战略目标均包含生态文明建设：2035 年基本实现社会主义现代化，要求生态环境根本好转，美丽中国目标基本实现；2050 年建成富强民主文明和谐美丽的社会主义现代化强国，全面提升生态文明。在十九大报告中，习近平总书记反复强调"构建人类命运共同体"，其中便包括建立"清洁美丽的世界""构筑尊崇自然、绿色发展的生态体系"。如今，生态文明建设思想已经深入人心，成为习近平新时代中国特色社会主义思想的重要组成部分，体现在人们生产生活中的方方面面，生态文明建设在我国社会主义现代化布局中具有全局性的战略地位，指导着我国经济社会朝可持续发展方向迈进。

早在 2009 年，中国在丹麦哥本哈根联合国气候变化会议前夕便公布了温室气体减排计划，承诺 2020 年实现单位 GDP 二氧化碳排放（碳强度）比 2005 年下降 40%—45%。截至 2019 年底，我国碳强度较 2005 年降低约 48.1%，提前实现了对外减排承诺[1]。2020 年 9 月 22 日，在第七十五届联合国大会一般性辩论上，习近平总书记提出我国将争取在 2030 年前实现碳达峰，2060 年前实现"碳中和"[2]。目前我国的年碳排放量约为 160 亿吨，这也就意味着 2060 年前的 40 年内我

---

[1] 环球网，《中国减排承诺激励全球气候行动》，https://world.huanqiu.com/article/40FfAQg35fo。

[2] 中华人民共和国中央人民政府网，《习近平在第七十五届联合国大会一般性辩论上的讲话》，http://www.gov.cn/xinwen/2020-09/22/content_5546169.htm。

国的净排放要从百亿吨级别降至零亿吨。由此可见，中国将进一步加快生态文明建设的步伐，绿色发展将成为实现"碳达峰"和"碳中和"的重要内容。

我国现阶段的经济增长模式正处于由粗放型向集约型的转型阶段，尽管能源需求增速放缓，但能源消费强度高，使用效率低，投入产出比率与发达国家相比仍具有一定的差距，环境问题成为制约经济社会发展的主要因素，这在我国不同的区域带已经逐渐显现。长三角地区大气和水污染问题尤为突出，几乎已成为全域事件，太湖蓝藻事件、淀山湖水源污染等使长三角内各个城市和地区均受到不同程度的影响；粤港澳地区自然生态系统面临严峻挑战，生态环境功能退化严重，大气、水、土壤等自然资源分别受到不同程度的破坏；京津冀地区除环境容量较前两者更小之外，同样存在水土流失和污染、土地沙化、草场退化、沙尘暴等问题，首都北京更是多次出现供水危机等相关系列问题。这些区域存在的生态环境问题，依然是社会主义生态文明建设中亟待清除的阻碍。这对区域协同发展提出了更高的要求，不仅要在资源要素配置方式、产业结构、企业技术改造、治理力度等方面进行相应的调整，更要求在调整的基础上注重绿色，保证保护环境与经济发展协同推进，在实践中实现生态文明的发展理念。

之所以称区域绿色协同发展是社会主义生态文明建设的必然要求，是因为建设社会主义生态文明蕴含着复杂的区域协调与联动效应。环境污染作为强烈的外部性问题，只有明确中央与地方的权责分配，界定清楚其中的利益关系，建立起一套清晰可行的激励机制，加快构建区域绿色协同发展的共同体，才有望得以落实。区域绿色协同发展将习近平总书记倡导的绿色发展和生态文明建设战略目标融入到区域发展建设当中，在区域"分工合作"的多个方面都注入了"绿色"的元素。在政策协同领域，区域绿色协同发展要求在制定国家各类区域政策与地区间政策的过程中，将环保问题纳入重点考虑范畴，保证资源要素在各地区间的绿色流动，为建设社会主义生态文明提供良好的制度环境；在创新协同领域，区域绿色协同发展不仅要求区域内部各单元提升绿色创新能力，还要求区域整体单元间进行更加高端的绿色创新技术协作，通过绿色创新提高区域整体资源的开发利用率，为生态文明建设提供技术基础；在产业协同领域，区域绿色协同发展致力于改变各地产业趋同，能源利用率低下的局面，注重发展区域绿色产业，通过区域间的产业协调分工，构建区域产业环保绿色发展平台，为早日打造世界级生态绿色产业集群，建设社会主义生态文明提供坚实的基础；在规划协同领域，区域绿色协同发展为区域发展提供了良好的政策工具，建立起区域间绿色协同的约束机制，通过对区域之间绿色发展规划、土地规划以及公共服务规划等，为社会主义生态文明建设指明正确的政策方向。综上所述，区域绿色协同发展是建设社会主义生态文明的必然要求。

（二）区域绿色协同发展为构建世界级城市群参与全球角力提供新思路

城市群的基本概念可以概括为：以中心城市为核心向周围辐射构成的多个城市的集合体，城市群在经济上紧密联系，在功能上分工合作，在交通上联合一体，并通过城市规划、基础设施和社会设施建设共同构成具有鲜明地域特色的社会生活空间网络（顾朝林，2011）。关于城市群的研究，最早源自法国地理学家戈特曼的研究，他指出特大城市群，具备城市数量多且密集、城市规模大、核心城市与外围地区的经济一体化程度较高、交通网络快速便捷、全球经济影响力大等特点。构建世界级城市群，有利于在全球资源配置竞争中占据主导地位，掌握全球产业链、价值链高端生产要素，在全球经济发展走势中争夺话语权，提升国家影响力。结合当下经济全球化竞争趋势日益加强的局面来看，构建世界级城市群，对参与全球角力能够提供强力支援。区域绿色协同发展能够在保证资源节约与环境友好的前提下，通过打破地域阻碍、提高资源配置效率、增强区间合作、促进城市联动等方面为我国加快构建世界级城市群另辟蹊径。增强区域绿色协同发展，构建世界级城市群将成为未来经济增长的核心驱动力。

目前，在全球范围内普遍承认的世界级城市群有 6 个，分别是：美国东北部大西洋沿岸城市群、北美五大湖城市群、日本太平洋沿岸城市群、英伦城市群、欧洲西北部城市群、长江三角洲城市群。美国东北部大西洋沿岸城市群是世界公认综合实力最强的城市群，以纽约为核心城市，包括波士顿、费城、华盛顿等重要节点城市，其制造业产值占全美的70%，城市化水平达到90%以上，是美国最大的生产基地、商业贸易中心、经济核心地带以及世界最大的国际金融中心；北美五大湖城市群分布于北美五大湖沿岸，以蒙特利多—多伦多—底特律—芝加哥为轴线，以"钢铁城"与"汽车城"著称，其中汽车产业包括美国通用、福特和克莱斯勒三大公司，产量和销售额约占美国总数的80%，是北美最大的制造业中心和最大的期货交易市场；其他城市群也均拥有显著优势的特色产业，在工业、金融、交通等领域的某个或多个环节占据本国行业高地，以极强的实力辐射周边地区，在全球经济发展中具有较高的影响因子。整体看，这些世界级城市群都具有经济发达的核心城市、布局合理的产业结构、流动高效的生产要素以及协调有效的治理机制等相同的优势特征。

我国城市群现已进入加速形成阶段，城市聚集辐射效应显著提高，且各具特色，已基本形成世界级城市群的雏形。中国长三角城市群位于长江入海之前的冲积平原，以上海为中心，包括上海、杭州、南京、苏州、合肥等26个城市，2017年其城市化水平达到69.5%，是中国交通网络最发达的区域，目前已初步建立起区域协调发展的组织形式。从各城市群对比数据看（见表1-1），我国长三角城市群虽已跻身世界级城市群行列，但无论从GDP各类指标，还是从核心城市的生态环境指数、PM 2.5浓度以及国际专利申请数看，仍然存在明显差距，环境治理迫在眉睫，仍需在各方面提高发展质量与国际竞争力。表1-1中京津冀城市群对标世界级城市群各项指标来看，除国际专利数表现优异外，其经济体量、经济密度、生态环境指数均显著落后于世界级城市群，特别是PM 2.5浓度，明显高于其他核心城市。我国城市群环境上的明显劣势不仅对吸引人才造成潜在重要影响，也同时意味着产业布局及区域协调机制有待进一步优化。因此，区域绿色协同发展为推动我国城市群向世界级城市群迈进提供了新思路。

表 1-1　中国城市群与全球世界级城市群对比（2017 年）

指标	中国京津冀城市群	中国长三角城市群	美国东北部大西洋沿岸城市群	北美五大湖城市群	日本太平洋沿岸城市群	英伦城市群	欧洲西北部城市群
面积（万平方公里）	21.8	21.5	13.8	24.5	3.5	4.5	14.5
人口（万人）	11 205	15 033	6 500	5 000	7 000	3 650	4 600
GDP（亿美元）	11 623	20 652	40 320	33 600	33 820	20 186	21 000
人均 GDP（美元/人）	10 373	13 737	62 030	67 200	48 315	45 652	55 305
地均 GDP（万美元/平方公里）	533	974	2 920	1 370	9 962	4 485	1 448
核心城市	北京	上海	纽约	多伦多	东京	伦敦	巴黎
核心城市生态环境指数	0.218	0.406	0.547	0.854	0.588	0.647	0.674
核心城市 PM 2.5 浓度（微克/立方米）	80.6	52	9	8	15	15	18
国际专利申请数（2017 年 1—9 月）	16 453	4 519	16 036	1 228	21 100	6 685	5 889

　　资料来源：中国产业信息网（www.chyxx.com）；粤港澳大湾区研究院发布的《2017 年世界城市营商环境评价报告》

　　注：①核心城市生态指数引用粤港澳大湾区研究院发布的《2017 年世界城市营商环境评价报告》中的指标数据，使用空气、水、绿地三个指标，分别用 PM 2.5 年均浓度、城市人均污水排放量、人均绿地数来测算，空气占 50%权重，水和绿地分别占 25%权重；PM 2.5 和城市人均废水排放量为逆向指标，值越大，得分越低。②国际专利申请数采用世界知识产权组织 2017 年 1—9 月累计的国际专利申请数提供的数据，反映了科技研发投入产出的效率情况

　　伴随我国《粤港澳大湾区发展规划纲要》的出台，湾区经济进入人们的视野。湾区经济是依托共享湾区形成的开放型区域经济的高级形态，具有"拥海""抱湾""合群""联陆"的特点，是高端要素聚集的重要经济高地。世界银行数据显示，全球在距海岸 100 公里的范围内，集聚着 60%的经济总量、75%的大城市、70%的工业资本和人口①，湾区地带更是世界 500 强、创新公司、研发资源和专利密集的地

_____

　　①　人民网，《人民日报新论：建设一流湾区和世界级城市群》，http：//opinion.people.com.cn/n1/2019/0318/c1003-30980 002.html。

区。世界著名的湾区地带有纽约湾区、东京湾区、旧金山湾区、伦敦港、悉尼湾区等，其中名列"世界三大湾区"的是经济实力最强的旧金山湾区、东京湾区和纽约湾区。

对标 2018 年粤港澳大湾区和世界三大湾区的基础数据可以看出（见表 1-2），粤港澳大湾区已初步具备形成世界一流湾区的基本条件，但内部政治经济体制的复杂性却隐含着极大的协调难度，成为区域间实现合作共赢的阻碍，极易出现严重的内耗问题。此外尽管粤港澳大湾区国际机场数量均高于三大湾区，但却从侧面反映了粤港澳大湾区内部交通网络协同不高的现象，可能造成资源浪费的局面。同时，粤港澳大湾区 PM 2.5 浓度是世界三大湾区的 2—3 倍（见图 1-5），且城市内部资源利用及环境相关指标差距明显，因此区域绿色协同发展对我国湾区经济建设也具有十分重要的意义。

表 1-2　2018 年粤港澳大湾区与世界三大湾区主要指标统计对比

指标	粤港澳大湾区	东京湾区	旧金山湾区	纽约湾区
占地面积（万平方公里）	5.59	3.68	1.79	2.15
人口（万人）	6 958	4 396	777	2 340
GDP（万亿美元）	1.51	1.86	0.83	1.4
人均 GDP（万美元/人）	1.43	4.23	10.68	5.98
第三产业比重（%）	65.6	82.3	82.8	89.4
国际机场数量	5	2	3	2
世界 500 强企业总部数	20	38	12	23
代表产业	金融、航运、电子、互联网	装备制造、钢铁、化工、物流	电子、互联网、生物	金融、航运、计算机
国际 PCT 专利申请量占专利申请总量比重（%）	5.8	98.1	21.9	31.3

资料来源：据中国产业信息网（www.chyxx.com），中国社会科学院财经战略研究院、孙中山研究院：《四大湾区影响力报告（2018）：纽约·旧金山·东京·粤港澳》整理

注：国际 PCT 专利申请是指专利申请人通过《专利合作条约》（简称 PCT）途径递交国际专利申请以向多个国家申请专利的一种专利申请方式

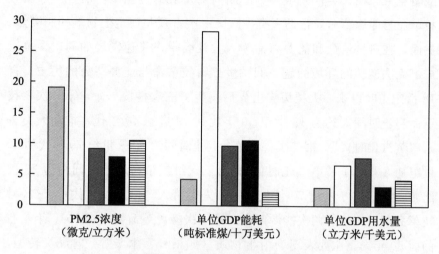

图 1-5　2016 年国际四大湾区核心城市高质量发展指数对比

资料来源：PM 2.5数据来源于美国哥伦比亚大学国际地球科学信息中心（CIESIN）；单位 GDP 能耗数据根据《广东省统计年鉴（2017）》、香港统计年刊、美国能源信息署（EIA）州概括和能源估算数据、日本能源经济研究所整理测算得到；单位 GDP 用水量根据《广东省统计年鉴（2017）》、香港统计年刊、美国地质调查局各州（县）用水数据、日本国家统计局、东京都环境局整理测算得到

　　综上，要加速我国构建世界级城市群建设，势必要通过增强区域绿色协同，提升核心城市的全球资源吸引力，形成资源节约、环境友好、互联互通的产业结构，建设一体化的交通网络。建立稳定高效的对话机制，以核心城市带动重点和支点城市，让城市群真正地形成合理分工的"经济一体化"，并以此为基点，逐步实现中国城市群经济、社会、生态环境协同共进及可持续发展，增强综合竞争能力、参与全球经济角力。

（三）区域绿色协同发展是适应科技革命新趋势的必然选择

　　科技革命包括科学革命和技术革命，是从科学以及技术层面给人类的生产、生活带来根本性变革的改革；能源革命则是从能源生产和能源消费结构等领域发生根本性的变化，这些革命对一国社会经济发展乃至全球地缘都具有深刻的影响，因此具有举足轻重的重要地位及战略意义。在人类社会生产力不断向前发展的过程中，催生出数次科技革命与能源革命，帮助人类一次又一次占领并锁定生物链的制高点。然而，在科技革命和能源革命为人类社会带来飞速发展的同时，也造成了无法逆转的环境问题。回顾世界科技革命与能源革命的历史，自18世纪中叶以来，人类历史上先后发生了三次科技革命，第一次科技革命起止时间大约为18世纪60年代到19世纪40年代，推动人类进入"蒸汽化时代"；第二次科技革命起止时间约为19世纪70年代到20世纪初，开创了"电气化时代"；第三次科技革命起止时间约为20世纪40年代到20世纪70年代，率领人类跨入"信息化时代"。三次科技革命期间相伴有两次能源革命，第一次能源革命发生在1910年左右的前50年内，主要表现为由生物质（如秸秆、木柴等）向煤炭转型，煤炭能源比重在1910年左右达到峰值，此后逐渐呈下降趋势；第二次能源革命发生在1980年左右的前30年内，主要表现分两个阶段，前期表现为由煤炭向石油的转变，后期表现为天然气以及核电的应用。两次能源革命均以一次不可再生能源为主，"高碳化"的能源特征致使全球环境问题日益凸显，对空气、水、土壤、生物等均造成较大的负面影响。其中，以生物质为主的固体燃料燃烧不仅导致固体废弃物的产生积累，更会通过排放 CO_2 对大气造成污染，久而久之导致"温室效应"形成；煤炭的燃烧则通过形成以 SO_2 为主的氮氧化物，形成酸雨对空气质量及水资源造成污染；石油在利用过程会产生油气混合物，这些混合物具有易挥发性，排放到大气中造成理化反应污染，沉淀到土壤中对土壤质量造成损伤；天然气的使用也存在巨大的潜在风险，未充分燃烧的有毒气体（CO）排放不仅污染大气，易爆炸的特点也使安全性能大幅降低。从能源革命中不断转型的能源特征来看，能源革命逐渐呈现"降碳化"趋势，随着科技革命和能源革命的继续推进，现如今，第四次科技革命已悄然拉开帷幕，人类进入以信息化技术为依托的智能化时代，与此同时，绿色、清洁的可再生能源将逐步登上世界舞台，代替不可再生能源，改善环境的同时拉动经济增长，促进国家可持续发展，保证人类便利当代的同时亦能造福子孙后代。

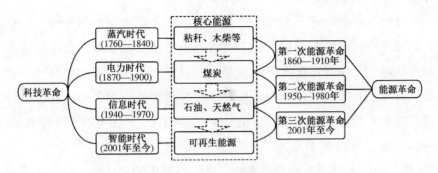

图 1-6 历代科技革命与能源革命发展历程图示

在科技持续创新进步的正向促进和环境问题日益加剧的负向刺激下，以"绿色"为核心要素的第四次科技革命应运而生，在新时代下表现出不同于以往科技革命的新趋势。首先，科技革命新趋势体现在"智能"层面。"工业 4.0[①]"中创造的人工智能、数字化、5G 技术和大数据等信息技术使人与人、人与物、物与物之间的联系日益网络化、智能化，现代交通物流体系快速发展，加大了空间聚集的可能性；其次，科技革命新趋势体现在"绿色"层面。新能源技术下，可再生能源技术和节能技术不断获得长足发展，节能、低碳、储能、智能等关键技术持续得以突破与进展，风电、光伏发电的成本呈持续下降趋势、纤维素乙醇技术日趋成熟、电动汽车、储能技术等逐步成熟（马丽梅等，2018）。在巨大减排压力和政治压力下，科技革命新趋势亦将变得更加务实，各国纷纷提出本世纪中期实现碳中和的目标，并因地制宜采取了适合本国国情的战略举措。我国作为《巴黎协定》承诺的坚定践行者，提出于2030 年前实现碳排放达峰，非化石能源消费比重达 25%，并于 2060 年实现碳中和的目标。科技革命的新趋势对世界各国的综合实力具有深远的影响力，谁能在新一轮的科技革命下快速适应新趋势，谁就能为本国经济增长带来新的动能，增强自身产业竞争力，实现世界领先。由此来看，科技革命的战略意义不仅体现在对于人类社会整体层面的提升，更

---

① 中华人民共和国中央人民政府网，《李克强为什么要提工业 4.0》，http：//www.gov.cn/xinwen/2014-10/11/content_2763019.htm。

体现在一国国家竞争力的构建和重塑上。

科技革命新趋势下，产业链、创新链随之产生相应的变化，提出区域绿色协同发展是必然选择。产业链由传统工业、服务业等逐步向新兴战略产业偏移，智能产业和绿色产业成为时代主流；创新链向能源以及环境领域的转移，不再局限于传统技术的创新发明，能源科技研发投入不断加大；全球价值链分工不断细化，专业化生产对各空间主体提出更高的发展要求，不仅要"协同"，更要"绿色协同"。从"智能"角度考量，区域绿色协同发展能够利用区域优势，发挥区域间的联动作用，打破传统市场壁垒（如能源、土地、劳动力等）和时空局限，促进智能化生产要素的自由流动，使智能技术实现空间聚集与空间协同发展。不同主体之间的"距离"被大幅缩短，不同地区的资本市场、劳动力市场、数据市场加速融合，地区和地区间的角色分工也逐渐深化，区域经济一体化程度不断提高。从"绿色"角度考量，无论从政策规划层面，还是产业创新层面，区域绿色协同发展对绿色发展的要求都与新趋势不谋而合。区域绿色协同发展的不断深化，有助于新能源技术在区域内与区域间的聚集扩散，将"绿色"实实在在的带入区域发展当中，从技术出发保护和建设区域生态环境。如若能将长期有效的区域绿色协同发展机制建立起来，新能源技术的创新和应用将产生"1＋1＞2"的效应，区域正外部性也将逐渐体现出来。由此可见，区域绿色协同发展是适应科技革命新趋势的必然选择。

（四）区域绿色协同发展是实现经济可持续增长的重要路径

经济增长通常是指一个国家或地区在一定时期内由于就业人数的增加、资金的积累和技术进步等原因，经济规模在数量上的扩大，经济持续增长则要求经济在一个较长的时期保持较高的增长速度，在可持续发展战略下，增长要突出经济长期的持续增长（洪银兴、高波，2000）。经济可持续增长是新时代区域发展的目标，包括经济增长、社会公平、可持续发展等子目标，每个目标的实现都涉及到区域经济增长路径和区域经济增长模式的再选择。2008 年全球金融危机大爆发以来，世界经济虽受到强烈冲击，但也已逐渐走出国际金融危机阴影，西方国家通过再工业化总体保持复苏势头，国际产业分工格局发生新变化。在第三届中国国际进口博览会开幕式上，习近平主席强调中国提出构建以国内大循环为主体、国内国际双循环相互促进的新发展格局①。在这样的大背景下，区域经济的引擎作用将更加显现出来，从合作模式、产业转型、创新驱动等多个角度，区域绿色协同发展都将作为经济发动机，辐射进而带动周边乃至全国经济的发展。

区域绿色协同发展是解决区域经济增长不平衡问题的重要路径。改革开放以来，我国经济社会发展建立在以 GDP 为核心的地方竞争激励机制之上，有效地调动了地方官员发展经济的积极性，实现了经济的高速发展目标，但也带来了一系列亟待解决的问题，主要体现在两个方面：一是产业同构现象严重，低水平产能重复建设，导致恶性竞争问题突出；二是地区间的经济差距明显，存在不断扩大的风险。全国各地区尽管面临同一中央的领导，却因为地区资源禀赋以及不同的针对性政策等因素，在长期的发展中逐渐拉大差距，穷者越穷，富者更富。图 1-7 显示了 1978—2016 年我国人均 GDP 最高省份和最低省份差距变化情况，1978 年最高省份与最低省份的人均 GDP 差距只有 2 000 元左右，1978 年到 1993 年间最高省份与最低省份之间尽管存在差距但在图中并不十分明显；1993 年以后，最高省份人均 GDP 增长呈明显上升趋势，而最低省份人均 GDP 上升较为缓慢，这导致两者差距迅速扩大；到 2008 年，二者差距值已经达到 57 077 元，到 2016 年达到 84 952 元，而 2016 年最低省份人均 GDP 仅 33 246 元，也就是说，仅二者差距值就已有最低省份人均 GDP 的两倍之多。令人担忧的是，未来这一差距还将继续增加。为解决地区间恶性竞争问题，必须进行地区竞争模式转型，从制度的顶层设计入手并强力推动地区政府执行。区域发展模式应将重心从"个别"转向"整体"，从"区域内"转向"区域间"，破除生产要素的区域流动限制，降低区域壁垒和流动成本。

---

① 新华网，《习近平：中国新发展格局不是封闭的国内循环，而是更加开放的国内国际双循环》，http://www.xinhuanet.com/world/2020-11/04/c_1126698222.htm。

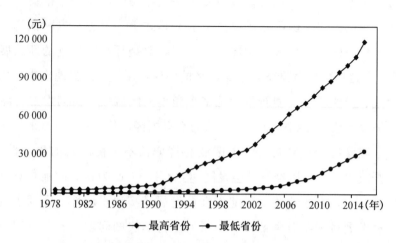

图 1-7　1978—2016 年我国人均 GDP 最高省份和最低省份差距变化情况

资料来源：各省统计年鉴（1978—2016 年）

　　区域绿色协同发展是培育区域经济增长极、点、带的重要路径。我国经济进入新常态后，生态承载力即将到达临界值、劳动力要素价格不断上升、资源稀缺性逐步显现等经济可持续增长的制约因素不断增加。从区域经济的角度来看，我国需要尽快培育和扩展区域经济增长新空间，为我国经济未来继续保持中高速增长提供新动力。"十三五"规划建议提出，以区域发展总体战略为基础，以"一带一路"建设、京津冀协同发展、长江经济带建设为引领，形成沿海沿江沿线经济带为主的纵向横向经济轴带①。这些都为培育区域经济增长极、点、带指明了方向。以长三角为例，2019 年，长三角地区生产总值合计23.7 万亿元，区域经济总量占全国的比重达 23.9％，同比增长 6.4％，高于全国增速 0.3 个百分点；区域创新辐射带动力指标自 2014 年以来加速提升，2018 年，科技创新辐射带动力为 261 分，同比增长 60 分，增幅历史最大。但就目前来看，我国区域经济增长仍需要补齐政策、建立规划、协同产业、持续创新，将区域核心增长极的特色优势尽快

---

　　①　新华网，《中华人民共和国国民经济和社会发展第十三个五年规划纲要》，http：//www.xinhuanet.com//politics/2016lh/2016-03/17/ c_1118366322.htm。

转化为产业优势，并使其向外溢出辐射区域内其他经济体。区域绿色协同发展通过搭建区域经济一体化平台，由极及点、以点到带，环环相扣，逐步培养区域经济增长良好稳定输出，赋予区域经济新的动能。因此，区域绿色协同发展是培育区域经济增长极、点、带的重要路径。

自 2015 年 3 月 26 日国务院批复我国第一个国家级城市群——长江中游城市群起，国家级城市群在我国已完成多地的分散建立，区域经济增长模式逐渐形成。2018 年，中共中央、国务院印发《关于建立更加有效的区域协调发展新机制的意见》，明确提出区域协调发展的战略意见。目前，我国大小城市群广泛分布于全国各地，全国范围内由北到南形成以"京津冀城市群""长江经济带""粤港澳大湾区"为代表区域的空间群体（图 1-8）。不同地区核心城市作为区域经济增长极，带动区域城市群的发展形成区域经济增长点，进而广泛辐射到城市群以外的其他区域，形成区域经济增长带，逐步实现整体经济的持续增长。

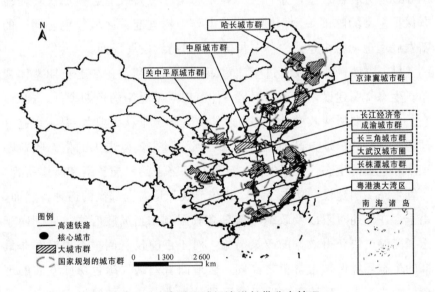

图 1-8　我国区域经济增长带分布情况

综上所述，经济可持续增长是未来世界经济发展的主旋律。无论是从制度设计、区域差异还是经济增长的新发力点来看，区域绿色协同发展都是新时代、新发展格局下实现经济可持续增长的重要路径。

三、区域绿色协同发展的现实困境

(一) 区域绿色协同理念的缺失

目前我国经济运行已进入新常态，伴随着经济结构的不断优化升级，对各地区经济发展模式提出更高的要求，即要从根本上转变思想，树立区域绿色协同理念。然而，我国地方政府区域绿色协同发展理念仍较为缺乏，即使地方政府已或多或少地出台诸如"区域合作""区域协调"一类的政策，但政策落实依然与理想效果具有一定的差距，在生态环境治理方面表现得尤为明显。出现这样的现象，归根结底还是由于政府观念的缺乏导致政策难以真正落到实处。一方面，地方保护主义思想严重，地方政府各自为政，为实现区域内经济增长不惜建立行政壁垒，企图组织市场要素的自由流动，以优先保证自身发展，竞争现象过于明显，产业结构严重趋同。这不仅造成资源过度浪费，甚至导致地方利益产生严重冲突。新常态下，地方政府必须加快转变地方保护主义的陈旧观念，顺应时代潮流，树立起"区域绿色协同"的新发展理念，尽快建立"合作共赢"的可持续发展局面。

另一方面，地方政府过于注重短期与局部利益，缺乏长期整体视角。生态文明建设，从来都不是一件可以立竿见影的短期事件，相反，它是一个需要历代政府共同努力才能实现的"千秋大业"。要实现这一理想，势必要求地方政府立足未来、回溯过去，以未来的生态收益贴现率和过去的生态代价损失值去反思自己当下的思想觉悟和所作所为。尽管生态文明建设"功在当代，利在千秋"是人人都懂的道理，然而，由于存在任期时限以及政绩考核等多种限制，当局政府往往更倾向于选择能够更快获得效益的政策措施，对于目前投资回报率相对并非最高的生态环境保护常常束之高阁，区域间普遍缺失绿色协同发展的理念。加之，生态环境存在明显的区域外部性，这也导致地方政府容易出现"搭便车行为"，只愿享受外部区域生态治理带来的正外部性，对自己在建设过程中造成的区域负外部性却闭口不谈。如果任由这种局面发展，未来将会有越来越多的"搭便车者"和越来越高的"负外部性"，即使有区域合作，也会因其长期利益与地方短期利益相冲突而被抛弃。因此，地方政府必须尽快调整视角和思维方式，切莫让短期利益制约了新型区域绿色协同发展模式和区域整体生态环境的保护和建设。

(二) 区域绿色协同机制的缺失和不健全

跨区域绿色协同发展是以生态系统完整性为基本前提，不仅要求对区域发展路径、区域环境治理方式、资源和能源的协同发展方式进行全方位的调整和优化，对构建适宜区域绿色协同发展的政策框架和有效的激励约束机制也提出了更高的标准。区域绿色协同发展的重点应集中在政策、规划、生态和产业四大协同领域，还需有权威组织负责发展规划的顶层设计，在实施过程中，协调各主体之间的利益冲突，从而实现全系统的协同效应。当前区域协同在机制建设上的主要问题包括三个方面：

1. 缺乏权威的助推跨区域协同发展的组织机构和实体部门

权威组织机构的确立更利于实现政策、规划、生态和产业的协同，能够从全局、整体思维进行布局，保障政策制定与执行对整个区域的绿色发展产生正向积极影响，避免多头领导、条块分割的行政权力分配所带来的"各扫门前雪"效应。建议建立权威的跨区域环境治理机构，一方面从环境的角度有效约束区域内部各主体的发展路径选择，制定出更有效的生态发展策略；另一方面，构建跨区域生态环境问题的长效治理机制，明确综合管理部门和地方各级政府在生态环境治理中的权责划分，形成相关各方责权对等、激励相容的协调机制，进而保障生态环境保护政策得以执行到位。

2. 缺乏完整统一的协同治理政策工具体系和有效的利益协调补偿机制

2000 年以来，中央政府和地方政府相继联合出台了系列区域性合作文件，如《泛珠三角区域合作框架协议》(2004)、《长江三角洲地区环境保护工作合作协议》(2008)、《京津冀协同发展规划纲要》(2015)、《粤港澳大湾区发展规划纲要》(2019)，然而，现有的推进协同发展治理的文件和法律法规仅起到指导性作用，可操作性和强制性效力较弱，利益协调机制难以有效运行，推进生态环境协同治理进程缓慢。推动协同发展的政策工具体系可大致分为三类：激励性政策、约束性政策和协调性政策，激励性政策主要包括区域性产业发展基金、区域性创新基金等；约束性政策包括环境政策、土地政策等；协调性政策应重点侧重于建立有效的利益协调补偿机制，地方政府之间有效合作的核心问题是协调好相互之间的利益关系，如果污染治理责任和费用分担没有明确，受损利益难以得到补偿，就难以实现有效的激励和约束，推进跨域绿色协同发展将变得更加困难重重。

　　3. 缺乏科学合理的"绿色"政府绩效评价体系

　　将生态与经济发展协同增长作为生态文明建设的重要目标，将生态资源资产核算纳入国民经济核算体系，建立科学合理的"绿色"政府绩效评价考核体系，可以起到明确的导向作用，是保障政府推动绿色发展的动力机制。然而，面临的主要难点在于：一是涉及资源利用、环境质量的指标难以度量，且受到地区资源禀赋差异的影响，实现横纵向比较的难度大；二是生态环境治理的投入大，但收效缓慢，需要长期持续的积累和投入，无法快速转化为地方政府的绩效，难以实现有效激励。基于此，一些"绿色发展"指标在实践运用中容易受到外部条件的干扰，还没有获得满意的效果，如果能够构建一套科学合理的"绿色"政府绩效考核体系，对于区域绿色协同发展的推进落实将起到十分积极的正面效果。

（三）区域绿色协同主体的缺失

　　在跨区域的生态协同发展体系中，有政府、公众、企业三个重要主体。政府在环境使用中为公众和企业的享有与消费权利提供生态环境产品，同时扮演着生态环境治理的主要参与角色。但按照资源有偿使用付费原则，公众和企业在环境使用和治理中也应同政府共同承担协同发展成本。从目前的跨区域生态协同发展体系的运营情况来看（见图1-9），公众、企业的有效参与程度较低，导致跨域绿色协同发展主体缺失，因此也阻碍了区域绿色协同的推进与落实。

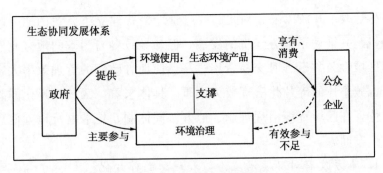

图 1-9　生态协同发展体系

目前仅以政府为单一主体，公众、企业有效参与率低的跨区域协同发展局面存在以下两个问题：一是发展意愿不一致。生态协同发展缺少、甚至违背公众等社群的基层意愿，单一的主体推进阻碍系统协同发展的顺利进行；二是资源利用不充分。主体缺位的发展系统在资源供应上明显存在劣势，制约协同发展的有机推动。

跨区域生态协同发展系统中，政府、公众与企业三大发展主体缺一不可。建议三者有机参与到跨区域生态协同发展体系中，共同推动跨区域生态协同发展。政府作为三者中较为理性的主体，在整个环节中，其不仅是跨区域协调发展的顶层设计者，也是协调地方利益的有力推手，因此，政府应负责整个体系中的总体发展规划和机制设计，跨区域生态协同发展情况的监管、监测。如果说人类从事的社会经济活动造成了生态环境危机，那么对社会经济活动的"绿色"约束便能够解决生态环境危机。在跨区域生态协同发展过程中，要不断强化公众的生态环保意识，建立社会公众参与的生态监督机制。企业作为资源配置的重要参与者，在跨区域生态协同发展体系中，要充分发挥企业参与资源性资产配置的作用，通过建立跨区域专用性资产的产权交易平台，积极采用先进技术节省资源利用，减少废弃物排放，积极承担生态环境建设中的责任与义务，实现共享绿色发展成果、共担绿色发展成本。只有当三个主体共同参与时，才能更有效地聚集发展要素，更有力地推进跨区域生态协同发展。

（四）碎片化管理较为严重

尽管改革开放以来分割式的政府管理模式建立了有效的地方政府激励机制并推动了地方经济的发展，但却导致各自为政的地方政府在处理区域性公共事务时交易费用过高，使地方政府的管理效率大幅下降，区域整体的碎片化管理较为严重。具体来看，区域碎片化的管理主要体现在区域环境治理理念、地方协同体制、技术以及地方信息共享几个方面。

1. 地方政府对环境治理价值和理念的碎片化

首先，区域环境治理中地方政府价值和理念的碎片化体现在地方成本方面。区域环境治理的整体性必然会造成地方政府治理过程中所要承担的成本不平等化，但长期碎片化的地方政府价值和理念使地方政府形成"成本最小化"的惯性思维模式，一旦建立地方协作关系需要付出较高的成本，区域绿色协同就很难展开。其次，区域环境治理中地方政府价值和理念体现在地方利益方面。面对环境治理这一区域"集体行动"，"利益最大化"的思维模式使拥有不同利益趋向的地方政府总是基于自身利益考量，如果区域环境治理给自身带来的边际收益未能很高，那么区域环境治理对地方政府带来的激励便会很低，区域环境治理变得难以实现。

2. 地方政府在环境治理中协作机制的碎片化

我国的环境保护实行基于行政区域的管理制度。在这种模式下，地方政府环保视野难以扩展，仅单独负责本属地环保情况，缺乏对整个县域、省域、生态流域的宏观情况掌控能力，缺乏对生态环境保护与治理的统一性和治理资源的有效配置。

3. 地方政府环境治理协作技术和规划的碎片化

过度完善的市场机制和精确的点源监测技术等技术壁垒，阻碍了许多省份实施区域河流交接断面水质保护管理条例和排污权交易等政策。目前，在区域环境治理中采用排污权交易制度，然而，这种理论上的设计在实际操作中未必能够取得实际成效。

4. 区域环境治理中地方政府信息共享的碎片化

联防联控是区域环境治理的有效手段，但需要政府环境信息的实时共享和交流，这些环境信息主要包括污染源排放清单、空气质量检测数据、污染治理效果评估等公共信息。2015 年 1 月 1 日正式实施的《中华人民共和国环境保护法》有明确规定，"县级以上人民政府环境保护主管部门应当依法公开环境质量、环境监测等相关信息"，但并未明确地方政府之间的环境信息共享责任与义务。由于省域内政府并未建立起规范的信息沟通程序和渠道，相邻但属于不同省份的地方政府更难实现环境信息的实时共享和有效交流。信息获取不及时、不具体使一些生态环境问题不能得到及时有效的解决，这在很大程度上阻碍了政府推进区域绿色协同发展的进程。

第四节　本书的视角、结构和主要内容

一、研究内容

本书通过空间的视角对区域经济发展与环境的关联进行分析，以空间经济学、区域经济学和空间计量经济学为理论和实证基础，探讨我国经济发展、环境政策以及污染呈现的空间特征，通过基于空间计量方法的实证，对该问题进行研究，特别针对中国区域新格局背景下的绿色协同发展进行空间维度的量化测度，分析京津冀、长江经济带和粤港澳大湾区三个区域的空间演进历程及绿色发展新方向。

全书的章节安排如下：

第一章为导论，主要阐述空间视角下绿色协同发展对中国区域环境治理的重要意义。主要讨论环境经济问题研究中引入空间维度的必要性，并从资源与环境视角对区域进行界定和解释，在此基础上，提出空间环境治理的必然选择——区域绿色协同发展。

第二章重点探讨绿色协同的内涵及其机制。本章主要围绕中国环境治理政策的特征与演进方向、区域绿色协同发展的内涵及研究进展、区域绿色协同发展的制度安排与框架设计三大方面进行细致阐述。首先，全面梳理"初创→深化发展→全面形成→协同共生"各阶段中国

的环境治理政策，并点明环境治理政策的特征与发展方向；其次，对区域绿色协同发展的内涵、概念进行梳理和界定，围绕区域协同发展、区域绿色协同发展，采用文献计量技术对相关文献进行量化梳理与分析，为后续的理论分析框架奠定基础；最后，从政策规划、产业、交通和生态环保四个维度，全面阐释区域绿色协同发展的制度安排与框架设计。

　　第三章为空间计量理论基础，系统研究空间计量模型理论。主要内容包括五个部分：一是空间计量经济学的概念描述，以及七类空间计量模型的空间属性特征；二是空间溢出效应理论；三是空间计量模型的极大似然估计，特别探讨了极大似然估计的局限及解决方案；四是空间计量模型的比较及选择机制；五是空间计量模型的局限与前沿进展。

　　第四章为经济理论基础，讨论影响环境污染的空间经济驱动机制。本章主要围绕新经济地理学的兴起及其发展、中国环境污染的空间经济驱动机制、中国环境污染的空间效应三大方面进行细致阐述。首先，以"缺失空间维度经济理论→空间经济理论→空间计量经济学（拓展）→环境经济学"顺序，层层递进，结合研究主旨，系统论述新经济地理学的萌芽及发展；其次，以上述理论分析为依据，从产业集聚、产业转移、环境规制和地方财政四个维度诠释其与环境污染间的关联，讨论环境污染的空间经济驱动机制，为后续实证分析搭构理论框架；最后，以中国 31 省域层面面板数据为基础，采用空间计量模型，探讨了环境污染的影响因素及其空间溢出效应，并根据实证检验结果，总结研究结论、可能存在的理论价值和政策启示。

　　第五章、第六章和第七章为中国区域发展新格局背景下的绿色协同研究。以第四章辨识的区域污染空间经济特征为基础，结合当前中国区域发展的重要战略，特别针对京津冀、长江经济带以及粤港澳大湾区的空间演进历程与发展方向进行研究，通过构建绿色发展指数，运用空间计量模型，对区域空间协同发展进程进行量化测度及实证研究。

　　第八章为结论及政策建议，从政策规划协同、产业协同、交通协同和生态环保协同四个维度进一步剖析京津冀、长江经济带以及粤港澳大湾区的绿色协同特征，对标国际首都经济圈、世界级湾区和大流域地区的发展，总结国际经验并获得政策启示，提出推动中国区域绿色协同发展的政策建议。

二、研究思路

本书以区域环境治理为主线，以区域经济学和空间经济学为理论基础，以空间计量模型为量化分析工具，深层次、多维度挖掘区域经济与环境污染的空间互动关联，结合当前中国区域发展的重要战略，从空间视角探讨区域绿色发展的协同问题，以期顺利实现十九大报告中提出的和谐共生现代化与2035年美丽中国的美好愿景。图1-10为本书的技术路线图。

我国的环境污染，特别是大气污染，追根溯源实质上是区域经济发展问题，因此，分析环境问题，很有必要以区域经济学和新经济地理学为理论基础。然而，我国的经济发展与环境污染均呈现出明显的空间特性，地理上邻近的省域相互作用影响，关系极为密切，虽然新经济地理学将空间维度纳入经济学的分析框架中，但它的缺陷在于对区域经济问题的讨论缺乏定量分析工具。而空间计量经济学是以经济学理论和空间统计学为基础，研究经济活动在时间和空间维度上的相互作用关系与数量规律性的一门经济学学科，目前已广泛地应用于国际经济学、生物学、政治学科等多个领域，它的发展可以弥补新经济地理学的上述缺陷。

基于此，本书的重要贡献在于将空间计量方法融入区域环境问题的分析中，从空间视角来研究区域绿色协同发展问题，同时针对我国的环境问题——雾霾污染，运用空间统计及空间计量方法对其展开实证分析，并对中国三大区域的协同发展进程进行了量化测度研究。

空间经济学作为跨多领域的交叉学科，集中讨论了人类经济活动的空间分布和地理特征，学者们运用空间的视角针对中国的经济问题展开了较为深入的探讨。同样，地理空间也是环境经济学的一个重要范畴。然而，有关我国污染地理维度的环境经济学实证文献还相对较

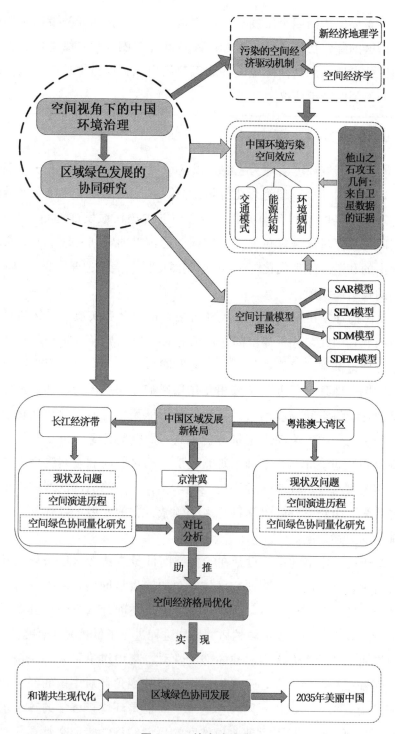

图 1-10　技术路线图

少，本书突破单纯定性分析的框架，运用空间统计方法直观地分析了污染的空间变化特征，以空间视角建立"经济发展—能源结构—大气环境"的关系模型，对污染的溢出效应进行量化测度，以此作为剖析不同问题之间定量关系的工具，厘清环境问题产生、发展的经济机制，为深入研究奠定基础。主要贡献体现在以下四个方面：

第一，对空间计量模型理论进行全面阐述，明晰了空间计量模型的嬗变过程及其关联特征。目前，国内学者对于空间计量的研究主要集中于实证应用方面，几乎没有针对空间计量理论的研究文献。然而，近几年来，空间计量理论得到不断的突破和发展，因此本书在国外学者理论研究的基础上，归纳总结了三个空间计量理论的重要内容：一是系统地总结了空间计量模型的比较与选择，结合流程图的方式，简要明了地阐述了四类空间模型（空间滞后模型、空间误差模型、空间杜宾模型和空间杜宾误差模型）基于横截面和面板数据的不同选择机制，并结合实证分析对这一选择机制进行验证说明；二是针对空间计量的重要理论"空间溢出效应"进行理论推导和说明；三是探讨了空间计量模型的局限与前沿进展，特别针对"贝叶斯估计""空间 Probit 模型和空间 Tobit 模型"和"MESS 模型（Matrix Exponential Spatial Specification）"的优劣势及其前沿方向进行了讨论。

第二，探讨空间计量经济学与空间经济学的内在关联及互补机制。在已有研究的基础上，通过全新的梳理和总结，探寻经济与环境的空间互动关联，并特别探讨空间计量经济学在数量分析方法上如何弥补了新经济地理学在区域经济问题分析上的缺陷。随着空间经济学和空间计量经济学的发展，从空间视角来探讨区域经济发展的文献逐渐增多，但关注点大多停留在对经济的分析，对于污染的讨论却仅仅是一带而过，现实当中我国对于环境污染的治理主要还是停留在"各扫门前雪"的阶段，本书通过对这些文献的综述和梳理，从空间的视角，厘清区域经济发展以及地方政府行为与环境的关系问题。

第三，着重探讨了区域绿色协同发展的制度安排与框架设计，提升研究实证和理论的指导意义。"绿色协同"是对传统意义上区域发展路径和跨域公共事务治理模式的优化与升级，不仅需要对资源要素配置方式、公共问题治理方式等方面进行统筹安排，更需要科学、系统地优化域内相关政策，形成适宜区域"绿色协同"发展的跨域性政策机制和法律保障。鉴于此，我们提出区域绿色协同发展的重点应集中于四大领域：政策规划协同、产业协同、交通协同和生态环保协同，并从这四个维度对京津冀、长江经济带和粤港澳大湾区的绿色协同发展特征进行分析，在此基础上，提出更具针对性的切实可行的政策建议。

　　第四，从空间维度进行区域绿色协同发展的量化测度研究。京津冀、长江经济带和粤港澳大湾区三个区域是当前我国区域经济发展的重要战略，实现三大区域的环境治理对于经济的绿色发展具有重要意义。国内学者多采用定性分析的方式，缺少必要的量化分析，抑或是采用传统的计量经济学模型进行建模分析，在建模中未考虑空间效应对环境治理的重要影响。本书在已有研究的基础上，将空间计量方法融入区域环境问题的分析中，充分考虑到了地区之间的空间交互影响，以空间视角分析区域绿色协同发展问题，采用空间环境库兹涅茨曲线的再检验和空间杜宾模型的驱动因素分析两种方式对京津冀、长江经济带和粤港澳大湾区三个区域的绿色协同发展进程进行了量化测度研究，并结合国际区域发展的成功案例提出借鉴经验和建议措施。

第二章 中国环境治理政策与区域绿色协同机制

第一节 中国环境治理政策的特征与演进方向

一、中国环境治理政策的演进历程

（一）初创阶段的环境治理政策

1972—1982 年：初创阶段。这一阶段，我国坚持"以粮为纲"的方针，同时大力发展重工业，严重破坏了生态环境。从农业来说，我国粮食产量增加是以"毁林开荒"为代价实现的。从工业来说，曾出现于欧美国家的"环境公害"问题在我国显现。初创阶段环境治理制度演变历程：1972 年，我国政府派代表出席联合国人类环境会议，会议议决的《人类环境宣言》将社会因素与环境相联系，我国政府于会后首次提出了"保护环境"的概念。1973 年 8 月，在北京召开第一次全国环境保护会议，会议颁布《关于保护和改善环境的若干规定》，再次强调要"保护环境"。1979 年 9 月，《中华人民共和国环境保护法（试行）》出台，这是我国第一部环境基本法，内容中首次将环境评价制度作为法律制度确立。随后，我国政府又出台了一系列与环境关联的法律法规。譬如：《中华人民共和国森林法》（1979）、《基本建设项目环境管理办法》（1981）、《中华人民共和国海洋环境保护法》（1982）、《征收排污费暂行办法》（1982）等。初创阶段环境治理制度特点：制度供给、执行和绩效考评主体为政府；明确"谁污染谁治理"的制度设计原则；工业污染问题未受广泛关注；治理制度可操作性较差、计划色彩浓厚。

（二）深化发展阶段的环境治理政策

1983—1989年：深化发展阶段。这一阶段，我国政府对环境保护的重视程度得到提升。深化发展阶段环境治理制度演变历程：1983年，第二次全国环境保护会议将"保护环境"立为基本国策，并提出"预防为主，防治结合""谁污染，谁治理"与"强化环境管理"三项政策。1989年，第三次全国环境保护会议通过归结环境管理制度的成功经验，提出适用于我国环境管理的"八项制度"。在此之后，我国政府又颁布了一系列与环境相关的法律法规。譬如：《中华人民共和国水污染防治法》（1984）、《中华人民共和国大气污染防治法》（1989）。深化发展阶段环境治理制度特点：制度供给、实施和绩效考评主体为政府；治理制度计划色彩依旧浓厚；开始注意到工业污染问题，并注重"源头治理"；制度往往缺少实施具体措施，可操作性仍有待加强；对环境保护重视程度提升，即将环境保护定为我国的基本国策。

（三）全面形成阶段的环境治理政策

1990—2012年：全面形成阶段。这一阶段，我国的环境治理制度建设取得了极大的进展。全面形成阶段环境治理制度演变历程：1992年6月，我国政府派代表出席联合国环境与发展大会，会议议决了《里约热内卢环境与发展宣言》和《联合国气候变化框架公约》等规划，着重强调环境与经济发展的联系。1994年3月，国务院出台《中国世纪议程——中国世纪人口、环境与发展白皮书》，书中点明以可持续发展为战略目标，并做出了实施方案。1996年3月，八届人大四次会议议决《关于国民经济和社会发展"九五"计划和年远景目标纲要》指出，"至2000年，部分城市和地区环境质量有所改观""至2010年，城乡环境质量明显改观"的发展目标。1996年7月，第四次全国环境保护会议强调"保护环境就是保护生产力"。1996年8月，国务院出台的《关于环境保护若干问题的决定》指出，要关停放射性制品等"十五小"企业。在此之后，我国政府又颁布了一系列与环境相关的法律法规。譬如：《固体废物污染环境防治法》（1995）、《中华人民共和国刑法》（1997）新增"破坏环境资源保护罪"。2002年1月，第五次全国环境保护会议指出，"将环境保护纳入政府职能中"。2005年12月，国务院颁布的《关于落实科学发展观加强环境保护的决定》指出，"至2010年，重点地区和城市环境质量有所改观""至2020年，环境质量明显改观"的发展目标。2006年4月，第六次全国环境保护会议指出，要"保护环境与经济增长并肩发展""可运用法律手段保护环境"。2007年10月，党的十七大首次将"生态文明"写入党的行动纲领。2011年12月，第七次全国环境保护会议明晰了各级地方政府的环保职分。全面形成阶段环境治理制度特点：生态环境治理中的"自发秩序"正在形成，转变政府主导的外在环境治理制度。

（四）协同共生阶段的环境治理政策

2013年至今：协同共生阶段。2013年，随着雾霾污染在全国蔓延，我国环境形势不容乐观。2013年9月，国务院颁布《大气污染防治计划》（即"大气污染防治国十条"），特别强调了"建立区域协作机制，统筹区域环境治理"。随后，各地方政府也相继出台一系列合作治理大气污染的相关政策，由于京津冀地区的大气污染问题突出，环保部专门颁布了《京津冀及周边地区落实大气污染防治行动计划实施细则》，北京、天津和河北分别出台了《北京市2013—2017年清洁空气行动计划》《天津市清新空气行动方案》和《河北省大气污染防治行动计划实施方案》。2014年4月，第十二届全国人民代表大会第八次会议通过对《中华人民共和国环境保护法》（1989年版）修订。《环境保护法》第二十条指出，"国家建立跨行政区域的重点区域、流域环境污染和生态破坏联合防治协调机制"，协调统筹治理成为环境保护重点关注领域。2015年10月，《中共中央关于制定国民经济和社会发展第十三个五年规划的建议》提出，塑造"要素有序自由流动、主体功能约束有效、基本公共服务均等、资源环境可承载的区域协调发展新格局"，进一步强调了协同发展是环境治理的重要路径。此后，促进区域协调发展、共同应对环境问题不断被写入地方政府的工作报告中。协同共生阶段环境治理制度特点：区域协作关系开始形成，联防联控机制逐步建立。

二、中国环境治理政策的特征与发展方向

中国环境治理制度的基本特点主要表现在三个方面：第一，政府占据垄断地位。在我国环境治理制度中，政府占据垄断地位，企业、民众等其他角色则较少参与环境治理。造成这种现象的原因主要包括两方面：一方面，环境作为一种"公共产品"，也会存在外部性问题，此时政府会通过干预的方式以避免"市场失灵"现象。通常，政府会通过强制性行政手段对环境资源进行合理配置。另一方面，我国长期实行"计划经济"，企业或民众对政府存在一种惯性依赖心理，这会在环境治理中体现出来，即民众认为环保工作应由政府承担，自己只做被动接受者即可。第二，以行政强制性手段为主。我国环境治理常采用强制性行政手段，这是由于强制性手段可对环境参与主体的行为进行有效限制，违反规定则会受到相应惩罚，同时也可节约成本和时间。第三，激励性不足。我国现行的环境治理制度在设计和执行时，未充分考量企业的切身利益，容易打击企业环境治理的主动性。同时，政府垄断地位可能造成政府竞争意识淡薄、资源误置、规模膨胀、寻租行为及双重领导等问题，这在一定程度上会弱化政府治理的积极性。

当前，伴随着协同理念逐步深入人心，中国环境治理制度得到了较大完善，但仍存在进一步改革调整的领域，主要体现在两个方面：一是环境治理权责的明确与调整，特别是中央与地方环境权责的划分与调整。对于"全国性""跨流域""跨地区"的环境事务，应归属中央环境权责，而本辖区的环境事务，应归属地方环境权责。环境责任的明确将有助于建立起有权威、激励相容的区域利益协调机制，使环境治理政策得到有效执行；二是环境治理成效及绿色发展将逐步纳入地方政府的行政考核体系中。以 GDP 为导向的行政考核机制极大地推动了经济增长，但环境成为了经济发展的"牺牲品"，逐步调整行政考核机制，将绿色 GDP 等"绿色考评指标"真正纳入地方政府的行政考核机制，俨然成为未来环境治理制度改革的重点领域。

第二节　区域绿色协同发展的内涵及研究进展

一、区域绿色协同发展的内涵

"协同"的理论渊源和学术探讨兴起于西方。1965年，Ansoff初次界定"协同"（Synergy），指两个个体在资源同享基础上形成的联动发展关系。随后，Haken（1988）系统论述协同理论，将协同界定为：系统各子单元间交互协作的集体行为，呈宏观系统有序化特征。"协作"是协同治理的基本观点，囊括行为主体（政府、企业、个人）内部及其之间的协同合作。除协同治理外，公私伙伴关系（Public-Private Partnership，PPP）、民营化（Privatization）、协同公共管理（Collaborative Public Management）等概念均与协作关联。协同主要包含以下内容：

第一，协同效应，又称"增效作用"，指主体间通过资源同享、交互协作放大系统整体功效。一般来说，复杂系统中各子系统能否有效协同并发挥子系统的强大联合作用，是判定复杂系统是否具有自组织能力的体现，即实现"1＋1＞2"的协同效果。田培杰（2013）指出，外力作用使复杂系统中各子系统间出现协同，是系统有序结构形成的内驱力。

第二，伺服原理，即变量"快遵慢"，序参量左右系统行为。田培杰（2013）指出，伺服原理的实质在于，当系统靠拢临界点时，系统动力学和突现结构往往由序参量确定，其他变量行为受序参量主导。伺服原理从系统内部稳定和不稳定因素间交互影响角度切入，诠释系统自组织过程。

第三，自组织原理，是相对于他组织而言的。他组织指组织指示、能力等源于系统外部，自组织指系统未获外部指示情境下，内部子系统间按某种准则自发搭起组织骨架，符合内在性、自生性特征。自组织原理阐明在外部物质流、信息流和能量流注入情境下，系统内部子系统间协作产生新的时空或功能有序结构。

　　继 Ansoff 首次提出协同理念之后，Haken 的系统协同理论带给西方学者很大的影响和启发，学者们在社会学、经济学和组织行为学等学科探索中，陆续将协同思想引入其中，逐步形成了不同学科下的协同理论。在社会学领域，法国"社会学之父"奥古斯特·孔德最早提出了社会静力学理论，即将人类社会自然秩序的一般理论与协同理念相结合，指出为保障社会秩序安稳，各社会组成单元应秉持彼此协同观念。协同治理相关研究可追溯于省际协作，McGuire（2006）将其本源追溯至美国联邦制度产生，并称为"协同治理方面极富生命力的有效模型"。在经济学范畴，融入协同思想，既有文献包含博弈论、交易成本理论、委托代理理论等。在组织行为学范畴，Williamson（1990）剖析了部门生产行为的结构、功能和瑕疵等；Grand（1993）从"准市场"概念切入，讨论英国后撒切尔时期私人部门介入教育、卫生等社会性矛盾。此外，伴随学术界逐步聚焦于网络社会，部分学者的研究焦点转为网络的组织构架与关联，另有学者聚焦网络管理与协调，更有学者聚焦联盟成员资源、行为等制度因素。

　　生态环境是人类赖以生存发展的基础。习近平总书记在十九大报告中指出："建设生态文明是中华民族永续发展的千年大计。"随着中国社会经济发展步入新常态的新阶段，区域协同发展应向纵深延伸，坚持以生态文明建设为指导，谋求以"生态"为内核的绿色协同发展。传统意义上偏重辖区内利益诉求的环境治理主体为中央和各地方政府，忽视了跨区域政府、企业和民众等社会主体在环境治理中的有效联动，进而弱化治理效率，致使环境污染尚未改观。祝尔娟和鲁继通（2016）指出，"一同参与、成本同承、收益同享的机制不完善；统一规划、从严监督、法律护航的治理体系不健全；尚未构建以市场运作为基础、政策支持为补充的区域生态补偿机制"是制约区域绿色共生发展的主要因素。张伟等（2017）认为，"利益不均衡、缺乏顶层设计与协调机制、生态环保的责任与义务缺乏合理明晰的制度化保障"将导致区域生态环境协同保护难以真正形成。如今，诸多地方性公共事务治理愈发呈"外部＋跃区"特征，这击破了"现有行政区划"的壁垒，沿袭已久的"各自为战、画地为牢"的碎片化地方政府公共事务治理思维定式亟待改观，任何一方都无法单凭自身力量独善其身。生态环境是彼此关联的有机整体，环保属于典型的"绿色"跨域公共事务，"哪痛医哪"的治理观念难以根除治理过程外部性、低效率等问题，推动地方政府协同治理是提升政府环境治理绩效、打造区域生态共同体的必然选择。协同治理作为一种制度安排，是新兴公共事务治理模式，冲破了"一元主导"的治理局限，具有治理成本、治理效率和制度安排优势，旨在解决跨区域、超越单一主体能力范围的公共问题，对优化生态治理成效富有重要意义。近年来，学界逐渐关注到协同治理在跨域绿色协同发展领域的独特价值。滕堂伟（2017）指出，事实上绿色协同发展核心在于生态利益如何实现政府、社会、企业间最大限度的共享。简单来说，绿色协同发展是指不同地区间建立系统性连接，各地区通过相互资源共享，实现区域生态环境共建共享，形成一种区域环境治理"多赢"局面。姚蓉（2017）进一步指出，绿色协同发展是指以经济体系为子系统，以资源同享为枢纽，以生态产业为着力点，构建全域生态协同治理机制，实现"生态"与"经济"双丰收。底志欣（2017）指出，绿色协同发展是指在特定互不统辖的行政区域间，以打造良好的生态环境和实现各地区经济社会可持续发展为目标，政府、企业、社会通过协商互助，对跨域环境问题进行综合防治，实现生态共建、利益共享。周伟（2021）强调，绿色协同治理是指为推动区域生态环境系统性和整体性治理，增进区域整体利益和共同福祉，协商构筑生态保护共同体，优化生态治理绩效。

综上所述，本书认为绿色协同发展是指互不统辖的行政区域间，政府、企业和民众等多元主体，在现代信息技术等支撑下，通过一定协同准则使各主体高度配合，对跨域环境问题进行综合防治，实现生态共建、利益共享。

二、区域协同发展的文献研究

本书采用科学知识图谱可视化工具 Citespace，系统分析了国内区域协同发展和绿色协同发展研究的文献。

(一)关于区域协同发展研究的文献数量变化趋势分析

学术论文的数量是衡量科学知识的重要尺度之一,年度发文量及变动走势能够有效衡量该领域理论水平与发展速度。本书以"区域"＋"协同"为主题词,并设置期刊来源为"CSSCI"、期刊论文类别为"经济或管理科学"。

由于"中文社会科学引文索引(CSSCI)"数据库在 1998 年才正式出版,因此,研究时间跨度年份设置为"1998—2019 年",剔除会议纪要、优秀项目介绍、编者评语、稿约、学术自传、刊首语、会议通知、新书评介、区域简介等与研究领域相关度较低的文献数据后,在 CNKI 数据库进行检索,共得文献 1 178 篇。图 2-1 可以清晰地看到区域协同相关文献数量变化趋势。具体来说,1998—2019 年发文量整体呈波动上升趋势。2013 年是较为明显的增长点,2012 年为 55 篇,2013 年升至 95 篇,涨幅达 72.7%,自 2013 年后新一轮研究热潮开启,发文量持续维持在高水平。

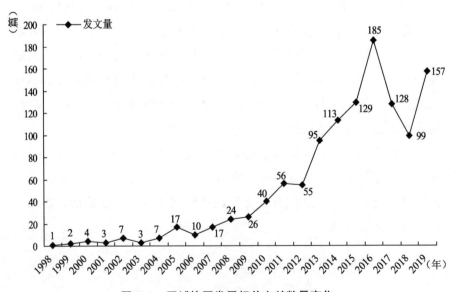

图 2-1　区域协同发展相关文献数量变化

（二）基于 Citespace 的区域协同发展知识图谱分析

由于区域协同发展在中国经济社会发展中一直占据着举足轻重的地位，为更深刻理解有关区域协同发展的研究现状，本书采用知识图谱可视化工具 Citespace 进行分析。

数据来源。本书所采用的文献数据源于中国知识资源总库（CNKI），考虑到研究数据须具备较高的解释力与可信度，在 CNKI 学术期刊高级检索中设置检索条件为"主题：区域＋协同；期刊来源类别：CSSCI；检索期刊论文类别：经济或管理科学；研究跨度时间设置为 1998—2019 年"。为保证研究结果的精准度，本书对样本数据进行手动净化工作（剔除会议纪要、优秀项目介绍、编者评语、稿约、学术自传、刊首语、会议通知、新书评介、区域简介等与研究领域相关度较低的文献数据），终获有效文献 1 178 篇，检索和更新时间为 2020 年 12 月 8 日，所有文献均以"Refworks"格式导入 Citespace 软件进行处理，并将数据编码由 ANSI 格式转为 UTF-8 格式，Years Per Slice 设置为一年。

研究方法。科学知识图谱是显示科学知识的发展进程与结构关系的一种图形，本书主要基于文献计量分析方法，采用科学知识图谱可视化工具 Citespace，从文献时间、学者、科研机构等方面对我国区域协同发展研究进行全方位展示。当前，学术界绘制知识图谱主流软件包括 Spss、Pajek、Ucinet、Citespace 等，而 Citespace 软件凭借其操作简单、可视化效果好、易于图谱解读等优势，被广泛应用于多个领域，这款软件是由美国德雷克塞尔大学陈超美团队开发的 Java 应用软件，通过知识图谱绘制及数据聚类分析功能，可以较好地解决抽象知识表征难的问题，进一步协助研究人员挖掘和阐释研究数据背后的深层含义。

（三）区域协同发展研究结果分析

区域协同发展研究领域的代表人物。作者发文量在一定程度上反映学者的学术研究能力。对 1998—2019 年区域协同发展领域的 1 178 篇文献进行统计分析，发现以第一作者发表文献数量最多的作者是魏丽华和李琳，发文频次均为6篇，在这一领域具有较强的学术影响力。其次，冷志明、张满银、王庆金发文频次均为5篇，薄文广、李林等6位作者发文频次为4篇，辜胜阻等17位作者发文频次为3篇，也为该研究领域的代表人物，见表2-1。

表 2-1　1998—2019 年区域协同发展研究领域发表 CSSCI 期刊数量前 28 名作者

序号	发文频次	作者	主要研究领域
1	6	魏丽华	政治经济、产业经济
1	6	李　琳	区域经济、产业经济、人口资源与环境经济
3	5	冷志明	技术经济与管理
3	5	张满银	企业战略与产业集群创新
3	5	王庆金	技术经济及管理、创新创业管理和区域创新
6	4	解学梅	创新管理
6	4	薄文广	区域经济
6	4	李　林	项目管理、绩效评价、创新管理
6	4	刘华军	资源环境经济、绿色发展、空间网络分析
6	4	朱俊成	区域经济
6	4	祝尔娟	区域经济与首都圈发展
12	3	辜胜阻	城镇化与社会发展
12	3	侯　兵	区域旅游与管理
12	3	金　浩	区域经济
12	3	李振华	科技创新与中小企业管理
12	3	刘　兵	组织行为与人力资源管理
12	3	刘　浩	城市与区域规划、区域经济与可持续发展
12	3	欧光军	区域经济、产业集群创新
12	3	张秀萍	高等教育战略与政策、高等教育与区域竞争力
12	3	赵　弘	区域经济、产业经济
12	3	孙久文	区域经济、区域规划
12	3	王国红	技术经济及管理、创新与创业管理
12	3	王金杰	产业与区域经济

（续表）

序号	发文频次	作者	主要研究领域
12	3	杨开忠	区域经济
12	3	杨 龙	区域经济
12	3	叶堂林	区域经济
12	3	余晓钟	石油工程管理
12	3	张 林	农村金融与普惠金融、农村产业融合发展

　　作者合作网络能够揭示研究领域作者之间的合作关系。图 2-2 中节点数量与大小代表了作者群体共现频次，线条粗细反映作者合作强度。从合作网络来看，图中孤立节点较多，各团体间网络联结较少，说明中国区域协同发展研究整体呈分散特征，仅少数学者存在一定的学术合作与交流，整体尚未形成一种交融合作的学术气氛。进一步来说，合作类型仍以"学缘"关系为主，即导师与同事、学生之间的关系。

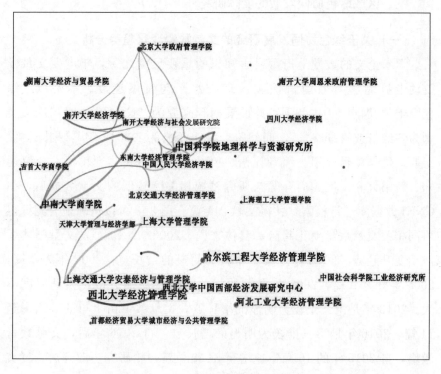

图 2-2　2003—2019 年区域协同发展研究领域代表机构

区域协同发展领域研究的代表机构。为了考察不同研究机构间的合作情况，绘制了区域协同发展领域机构合作图谱，其中节点大小代表发文量，线条粗细反映作者合作强度。发表 CSSCI 期刊论文数量位居前 12 位的机构分别为西北大学经济管理学院（18 篇）、哈尔滨工程大学经济管理学院（14 篇）、中国科学院地理科学与资源研究所（13 篇）、河北工业大学经济管理学院（12 篇）、西北大学中国西部经济发展研究中心（11 篇）、中南大学商学院（11 篇）、上海交通大学安泰经济与管理学院（10 篇）、上海大学管理学院（10 篇）、湖南大学经济与贸易学院（8 篇）、南开大学周恩来政府管理学院（8 篇）、中国社会科学院工业经济研究所（8 篇）、南开大学经济学院（8 篇），以上研究机构在区域协同发展研究领域具有较高的学术影响力。机构合作网络中共有节点 379 个，连线 121 条，网络整体密度为 0.001 7，说明区域协同发展研究领域不同机构之间的交流合作与协同创新尚需加强。

三、区域绿色协同发展的文献研究

（一）关于绿色协同发展研究的文献数量变化趋势分析

学术论文的数量是衡量科学知识的重要尺度之一，年度发文量及变动走势能够有效衡量该领域理论水平与发展速度。本书以"绿色"＋"协同"为主题词，并设置期刊来源为"CSSCI"、期刊论文类别为"经济或管理科学"、时间跨度截止年份为"2019 年"，剔除会议纪要、优秀项目介绍、编者评语、稿约、学术自传、刊首语、会议通知、新书评介、区域简介等与研究领域相关度较低的文献数据后，在 CNKI 数据库进行检索，共得文献 211 篇。图 2-3 可以清晰地看到绿色协同相关文献数量变化趋势。具体来说，2003—2019 年发文量整体呈波动上升趋势。2008 年是第一个较为明显的增长点，2007 年为 0 篇，2008 年升至 9 篇，2008 年之前的相关文献零星而分散，波动程度不大。2013 年是第二个较为明显的增长点，文献数量由上年的 3 篇增至 11 篇。2016 年是第三个较为明显的增长点，自 2016 年后，文献数量激增，自 2015 年的 16 篇迅速增至 34 篇，新一轮研究热潮开启，发文量持续维持在高水平。

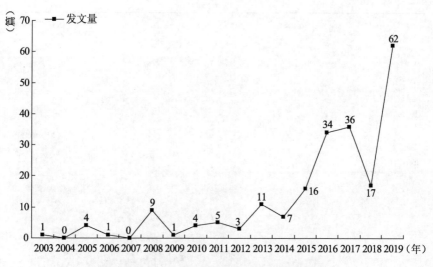

图 2-3　绿色协同发展相关文献数量变化

（二）绿色协同发展领域研究热点的聚类分析

关键词是科学文献的凝练，高频关键词反映该领域的研究热点。经热点聚类，形成主题词知识共现图谱（见图 2-4），网络节点数为 278 个，连线数为 407 条，网络密度为 0.010 6。主题词知识共现图中展示了绿色发展（24 次）、协同发展（19 次）、京津冀（15 次）、生态文明（8 次）、协同（8 次）、绿色创新（8 次）、京津冀协同发展（8 次）、协同创新（7 次）、长江经济带（7 次）、循环经济（5 次）、协同效应（5 次）、新型城镇化（5 次）、绿色供应链（5 次）、绿色全要素生产率（5 次）、绿色技术创新（4 次）、环境政策（4 次）、技术创新（4 次）、制造业集聚（4 次）等频次较高的主题词。

图谱中呈现 4 大主要聚类，代表国内绿色协同发展领域研究的主要方向：协同发展、创新发展、创新网络、绿色创新。综合来看，学者们往往将京津冀城市群、长江经济带、长三角城市群作为研究的地域范畴，聚焦京津冀绿色全要素生产率、长三角经济带绿色创新、协同管理方面研究，研究主题主要涵盖科技绿色发展模式、绿色管理、生态城市、和谐发展、绿色崛起、环保新技术、绿色智慧城市、污染转

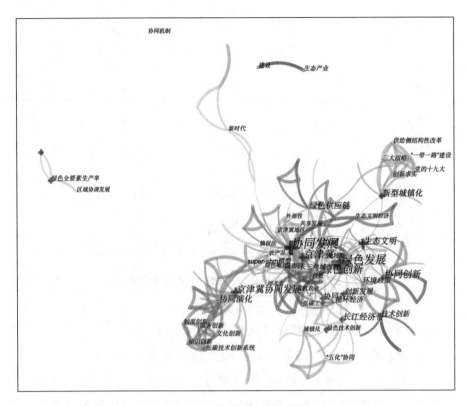

图 2-4　国内绿色协同发展研究领域主题词知识共现图

移、绿色低碳发展、绿色供应链管理、企业低碳创新等。此外，对于雄安新区和河北省的研究也较多。

　　研究前沿反映了科学研究的新进展和新趋势，突现词探测算法可有效把控该领域研究的前沿动态，见表 2-2。由于有关绿色协同发展的研究开始时间不久，故本书遴选 11 个突变词展开讨论。不难发现，2003—2019 年，研究区域由京津冀逐步转向长江经济带，研究主题由技术创新拓展至循环经济、协同演化、生态文明、新型城镇化、协同发展、协同创新，最后趋于研究绿色创新、绿色全要素生产率、制造业集聚。具体来看，2003—2013 年，学者们主要研究技术创新与循环经济，期待通过加大对生态及环境保护科技方面的合作与交流，转变经济增长方式，探索区域绿色发展新路径。2014—2017 年，学者们主要聚焦于京津冀绿色协同发展，包括绿色协同发展保障机制、绿色协同度评价、绿色协同发展效果、绿色协同发展进程、治理大气污染财政金融政策协同配合、企业低碳创新协同模式等。2018—2019 年，学者们主要研究绿色全要素生产率和制造业集聚，主要讨论制造业集聚与城市绿色全要素生产率之间的关系，进而提出针对性的政策思考。

表 2-2　2003—2019 年绿色协同发展研究热点示意图

突现词	突现系数	起始年份	骤减年份	2003—2019 年
技术创新	1.63	2003	2008	▬▬▬▬▬▬▬▬▬▬▬
循环经济	2.13	2005	2013	▬▬▬▬▬▬▬▬▬▬▬▬▬▬
协同演化	1.68	2014	2015	▬▬▬▬▬▬▬▬▬▬▬▬▬▬
生态文明	2.73	2015	2017	▬▬▬▬▬▬▬▬▬▬▬▬▬▬
新型城镇化	2.11	2016	2017	▬▬▬▬▬▬▬▬▬▬▬▬▬
京津冀协同发展	1.98	2016	2017	▬▬▬▬▬▬▬▬▬▬▬
协同创新	1.71	2017	2017	▬▬▬▬▬▬▬▬▬▬▬
绿色创新	1.65	2017	2019	▬▬▬▬▬▬▬▬▬▬▬▬▬▬
长江经济带	2.81	2018	2019	▬▬▬▬▬▬▬▬▬▬▬▬▬▬
绿色全要素生产率	2.00	2018	2019	▬▬▬▬▬▬▬▬▬▬▬▬▬▬
制造业集聚	1.59	2018	2019	▬▬▬▬▬▬▬▬▬▬▬▬▬▬

第三节　区域绿色协同发展的制度安排与框架设计

区域绿色协同发展是不断向纵深延伸、谋求以生态发展为内核的高阶协同发展。"绿色协同"是对传统意义上区域发展路径和跨域公共事务治理模式的优化与升级，不仅需要对资源要素配置方式、公共问题治理方式等方面进行统筹安排，更需要科学、系统地优化域内相关政策，形成适宜区域"绿色协同"发展的跨域性政策机制和法律保障。我国地区间经济规模、人口规模差距较大，在"新常态"下既要保持经济整体稳步增长、缩小地区间差距，更要关注环境治理的共享共赢等问题。鉴于此，我们提出区域绿色协同发展的重点应集中于四大领域：政策规划协同、产业协同、交通协同和生态环保协同，见图2-5。

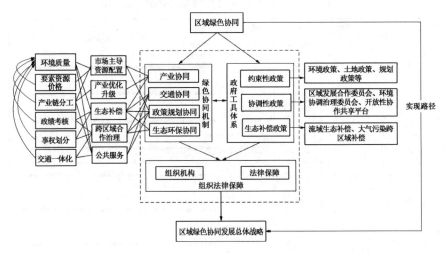

图 2-5　促进区域绿色协同发展的制度安排与政策框架

一、政策规划协同

政策规划协同包含两层内涵，一层为政策协同，是指针对具体公共问题，政策主体在充分磋商的前提下，拟定出合乎整体利益的政策，并采取跨区域政策整合的行为过程；另一层为规划协同，是指不断进行调整的政策循环过程当中，政策主体通过多种互动模式所构建的层级明确、关联密切的政策网络。政策协同是规划协同的基础指导纲领，规划协同是政策协同的重要实现手段。政策规划协同是绿色协同发展的顶层设计，可以发生在组织之间，也可以发生在组织之内，体现出区域发展的整体定位和区域内部各城市的功能定位。制度的本质是协调，基于顶层设计的目标愿景，各区域在各类政策及规划的制定上要逐渐趋于协调化与一体化，并在不消除区域边界的前提下达到各区域结构、要素、功能的有效整合与分工，激发各区域在政策协调上的自主意识。按作用性质准则，政策类型大致分为三类：一是约束性政策，如土地、城区规划等政策，其目的是严把"资源浪费"关卡，约束并规范资源运用主体行为，通过对绿色协同治理过程的监控，把握发展的方向，在应对市场不完美时进行必要的政策引导和干预。具体来说，可通过修订《地区空气清洁法》，明晰污染源检测标准、奖惩措施等，深化和落实生态环保主体的"权责清单"，健全相关监督和考核机制，同时应加大执法力度，提升治理主体的违法成本。二是协调性政策，如宏观经济政策、交通管理政策、税收管理政策等，其目的是统筹规划各类资源利用，推动资源要素跨区域流动。具体来说，在地区 A 中，子地区 A_1、A_2 等之间经贸、生态联动日益频繁，迫切需要在地区 A 政府"联合治理"的顶层设计下，以绿色发展、协调区域利益为导向，确保子地区 A_1、A_2 政府间协商对话，完善公众交流协商机制，保障环境治理政策一致、畅通，降低沟通和协调成本。特别地，在大数据的时代背景下，各子地区政府间应强调信息资源的重要性，可通过防控数据共享和构建信息通报平台，达到协同增效的效果。三是鼓励性政策，如农业扶持政策、创业补贴政策、产业扶贫政策等，其目的是调动公众的积极性，引导社会合理开发及管理资源。具体来说，地方政府可出台相关污染治理补助政策，对治污投入大的企业，给予适当的政策优惠，从而有效缓解跨界污染治理的"搭便车"现象，最大限度激活多元主体介入跨域治理事务的自主意识。规划类型依托政策类型并随之改变。总而言之，政策规划协同的核心是通过政策与规划的协同设计，促进区域间和区域内关系、要素等方面的优化改进，进而实现单元整体的系统提升。

二、产业协同

产业协同是以区域的宏观战略管控为依托，以科学产业发展规划为手段，以加快产业链纵向延伸、横向拓展为主要目标，解决区域间产业趋同、产能过剩等痛点的一种产业对冲方案的实现结果。为了更好地实现区域间的产业协同，应当以重点产业转移项目为抓手，同心协作，引导区域内的产业布局优化，深入践行创新驱动发展战略，推动创新链和产业链深度融合，突破相关技术领域"卡脖子"难题，促进产业布局的高质量发展。同时，产业协同为多方面、多层次的协同形式，不拘泥于经济增长或技术进步的单方向结果。产业协同发展，是以人与自然和谐相处为根柢，引导域间产业实现自身差异化选择、错位发展，实现经济、政治和生态等各子系统的交融促进，既囊括社会各子系统的横向协调性，又囊括社会发展的纵向持续性。具体来说，生态环境问题，本质上是经济发展方式问题。为实现经济社会发展和环境保护的高度融合，应按照各地区主体功能区划要求，充分整合要素资源，因地制宜地对区域内现有的生产力布局进行调整，加速生态环保技术研发，加快发展清洁能源和节能环保等产业，严格管控生态脆弱地区建设高耗能、高污染工业项目，规避未来对区域产生的潜在环境压力。

三、交通协同

交通协同，也称"交通一体化"，是指为缩短城市间的空间距离，以轨道交通为骨干，大力推动高速公路、城际铁路等交通基础设施建设，搭建域间与域内高效衔接的一体化综合交通网络。交通协同的目的在于完善区域交通网络建设，全面提升区域交通运输水平，为生态可持续发展筑牢根基。交通协同是城镇化过程中的产物，也是绿色协同发展的空间纽带，构建交通协同有利于实现区域各单元交通供给、交通需求以及环境系统的整体优化。作为区域绿色协同的子系统，交通协同有如下特性：首先，交通协同是对交通供给的整体优化。交通协同将整体区域的交通工具、设施和信息等要素进行统一规划、管理，充分利用系统交通资源，提高系统的应急联动反应与信息互联互通，达到交通运输系统资源与结构的合理分配与跨域共享。其次，交通协同是对交通需求的整体优化。交通协同能够通过统一的管理平台向社会提供丰富的交通信息资源，有效满足公众的出行需求以及行业的运输需求。此外，结合互联网产业、物流业等现代产业，合理的区域一体化综合交通网络能够大大优化交通需求。最后，交通协同是对环境系统的整体优化。在交通系统中，环境系统是支持交通系统的外围系统，主要包括生态、社会经济两部分。交通协同构筑起以人为本、与自然和睦共处的交通空间，通过大范围公共交通的投入使用，在与生态环境相协调的同时为社会提供安全、清洁、高效、舒适的交通服务，进而实现环境系统的区域改进。

四、生态环保协同

跨域生态环保协同，是为创造优质生活环境，在政府、企业、民众等主体的共同努力下，充分依托科技、金融和信息等方面优势，形成有效的协同合作体系，从而遏制生态环境污染。具体来说，传统意义上的属地治理模式与大气等污染物扩散规律不符，无法充分唤起各方主体自主治污意识，加之"污染避难所效应"会抵消单边治污的效果，导致全域治理低效率。譬如，当地区 A 整治 PM 2.5 时，邻近地区 B 只承诺限制 PM 10 排放（但对本地区的 PM 2.5 排放却不作要求），这非但没有减少地区 B 空气污染物向地区 A 扩散，反而加剧地区 A 向地区 B 转移，最终导致双方的治污效果皆不理想。因此，唯有打破行政区划这一刚性藩篱，形成治污合力才能有效治理跨域大气污染。区域生态环保协同是一种基于积极配合的新型治理观，区域间政府应秉承协同发展的善治理念，淡化突出层级明确的传统官僚制，不以牺牲他人利益换取自身利益的实现，通过协商对话，主动克服单个政府的"搭便车"现象和非合作行为，以共赢的精神构建良好的伙伴关系，达成联合治理共识，从而优化治污资源配置，确保利益相关者生态环保效益最大化，实现"共享一片蓝天，共饮一河清水"的生态目标。

实现生态环保协同最优化，先决条件是治理主体地位平等和行为独立。政府主动分享一些权力至其他协同主体，使之获得与自身相匹配的知情权、参与权、决策权和监督权，这种治理模式以政府权威治理为中心，追求权威治理基础上多元主体之间的合作与互动，这一"善治"方略旨在强调社会合意性，致力于调适政府间、政府与企业和社会间合作关系，努力寻求社会力量有效参与和生态环境有效治理的最大公约数，使之成为环保事业的同盟军和生力军，从而提升各协同主体在处理生态环保领域事务中的责任感和协同水平。

第三章 空间计量模型理论

空间计量经济学诞生于 20 世纪 70 年代，伴随着空间经济学和地理信息系统（GIS）的发展，空间计量经济学逐渐成为主流。传统的计量经济学假定地区间是相互独立的，而这与现实并不相符，"地理学第一定律"指出，"任何事物都与其他事物相关联，并且距离越近关系越为密切"。空间计量经济学考虑了地区间的空间关联，特别是对各空间单元间的"溢出效应"进行了测度和分析。它的方法就是运用空间权重矩阵构建各横截面单元的地理位置信息，将这种空间结构参数化，构建空间模型进行计量分析。当前，空间计量经济学的研究已经跨越了多个领域，其中包括地理学、区域经济学、国际经济学、政治科学等等。目前，空间计量经济学的经典教材主要有三部，分别为 Anselin 于 1988 年出版的《空间计量经济学：模型与方法》、Lesage & Pace 于 2009 年出版的《空间计量经济学导论》、Elhorst 于 2014 年出版的《空间计量经济学：从横截面数据到空间面板数据》。此外，Bivand 于 2013 年出版的《空间数据分析与 R 语言实践》也很有借鉴意义。Anselin（1988）主要是对于基础的空间统计及空间模型进行讲解，Lesage & Pace（2009）的特色在于讨论了空间贝叶斯模型，Elhorst（2014）针对空间面板数据的估计进行了详细的讨论。在软件实现上，一般情况下，处理横截面可以用 Geoda、ArcGIS 实现，由于已经存在很多相关的程序和命令，针对面板数据的研究大多使用 Matlab、Stata。

第一节　空间模型的类型

一、空间滞后变量

空间模型区别传统的计量模型之处在于包含了空间滞后变量。目前，空间计量模型的设定过程中涉及三种类型的空间滞后变量：因变量的空间滞后变量、自变量的空间滞后变量和误差项的空间滞后变量。由于空间滞后变量用于代表或解释空间单元间的交互影响过程，这三类空间变量也可称之为三种类型的交互影响过程。Elhorst（2014）对这三种变量做出了较为详尽的说明。

第一，因变量的空间滞后变量，可看作内生的交互影响效应，具体关系如下：

空间单元 A 的因变量 y ⟷ 空间单元 B 的因变量 y

上式可具体解释为，对于任何一个空间结构，内部各空间单元是交互影响的，对于单元 A 的因变量来说，要受到 B 单元的因变量的影响。同时，单元 B 的因变量也要受到单元 A 因变量的影响。更进一步来讲，某一空间单元的因变量的取值一部分是由其所有邻近空间单元的因变量取值共同作用所决定的。例如，对地区的环境问题进行研究，在中国，北京的大气污染水平可能会受到其相邻省份河北、天津大气污染水平的影响，也很有可能受到其临近省份辽宁、山东的污染水平的影响。

在空间计量模型中，因变量的空间滞后变量一般记为 $\boldsymbol{WY}$。$\boldsymbol{W}$ 代表空间权重矩阵，是将空间结构参数化的关键，根据不同的空间结构及影响机制，权重矩阵可以有不同的设定方法。

第二，自变量的空间滞后变量，可看作外生的交互影响效应，具体关系如下：

空间单元 A 的自变量 x ⟷ 空间单元 B 的因变量 y

在一个空间结构中，空间单元 B 的因变量 y 不仅要受到自身自变

量 x 的影响，同时也要受到来自其他空间单元自变量 x 的影响，即如上式所示。承接第一点的例子进行说明，北京地区的大气污染水平要受到自身很多变量的影响，如重工业占地区生产总值的比重等等，那么由于大气之间是相互流动的，河北地区的重工业比重增加很可能会对北京地区的大气污染产生一定的影响。换句话说，地区的大气污染水平也取决于相邻地区的重工业比重情况。必须强调的是，如果线性回归模型中，解释变量的数目为 K，在假定常数项为独立变量的情况下，外生交互影响效应的个数很可能也是 K。进一步来说，不仅仅是重工业的比重，邻近地区的其他解释变量也很可能影响大气污染水平。大气污染水平不仅取决于本地区的经济发展水平、重工业比重、能源结构，还取决于邻近地区的这些变量。

在空间计量模型中，自变量的空间滞后变量一般记为 $\boldsymbol{WX}$。$\boldsymbol{W}$ 为空间权重矩阵，同样根据空间作用机制的不同，$\boldsymbol{W}$ 的取值也是不同的。

第三，误差项的空间滞后变量，具体关系如下：

空间单元 A 的误差项 u ←——→ 空间单元 B 的误差项 u

误差项间的交互影响不要求理论模型是一个空间或社会交互影响过程，但是它要求被忽略的变量是空间相关的，或者不可观测的扰动项遵循空间模式。对于地区的大气污染水平来说，除了邻近地区的因变量和自变量会对其产生影响外（或者假定它们不产生影响），其他可能影响大气污染并且具有空间性质的因素就会进入到误差项 u 中，使得随机误差项具有较强的空间相关性。

在空间计量模型中，误差项的空间滞后变量记为 $\boldsymbol{Wu}$。$\boldsymbol{W}$ 为空间权重矩阵，表征空间作用机制。

二、空间计量模型的形式

（一）基于横截面数据的空间计量模型

在横截面数据的基础上，考虑以上三种类型的空间交互影响过程，广义嵌套空间计量模型可记为以下形式：

$$\boldsymbol{Y} = \delta\boldsymbol{WY} + \alpha\boldsymbol{l}_N + \boldsymbol{X}\beta + \boldsymbol{WX}\theta + \boldsymbol{u} \qquad (3.1a)$$

$$u = \lambda W\mu + \varepsilon \qquad (3.1b)$$

其中，**WY** 为被解释变量的空间滞后变量，代表不同地区的因变量之间的内生交互影响效应，**WX** 为解释变量的空间滞后变量，表示解释变量之间的内生交互影响效应，**Wu** 表示干扰项之间的交互影响。由于（3.1a，b）包含了所有类型的交互影响效应，我们将其称为广义嵌套空间模型（General Nesting Spatial Model，简称 GNS）。δ 被称为空间自回归系数，λ 被称为空间自相关系数，θ、β 代表 $K \times 1$ 阶待估计参数。**W** 为空间权重矩阵，是 $N \times N$ 阶非负矩阵，用来描述各地区之间的空间交互影响关系。

空间权重矩阵的说明。最简单的一种空间权重矩阵为 0-1 矩阵，它的设定原则是如果两个空间单元相邻则将对应权重设为 1，不相邻则设定为 0。目前，空间权重有几种常规的设定方法：基于邻接（Contiguity）关系的权重矩阵、基于距离的权重矩阵、k 最近邻居（K-nearest）权重矩阵。数值的设定上空间权重矩阵又分为平均加权矩阵和加权权重矩阵。此外，式（3.1a）与（3.1b）的空间权重矩阵也可以不同，如果它们不同，我们将其称为非嵌套（Non-nested）模型；如果相同，则为嵌套（Nested）模型。本书仅对嵌套模型进行研究。为了解释的方便，通常的做法是按照每一行加总的方法将 **W** 标准化。由于 **W** 是非负的，因此要确保每一个权重值在 0 和 1 之间，并且邻近地区所产生的效应可以解释为邻近地区的一个均值。

根据所包含的三种类型的空间变量的数目不同，可衍变出 7 种类型的空间计量模型，见图 3-1（Vega & Elhorst，2013）。图 3-1 自上而下，由繁到简，通过 δ、θ、λ 的设定，由最复杂的 GNS 模型转化成为最简单的 OLS 模型。目前，应用较广的三类模型为空间滞后模型（SAR）、空间误差模型（SEM）和空间杜宾模型（SDM），关于三者之间的选择和比较将在本章第三节进一步说明。

（二）基于面板数据的空间计量模型

Elhorst（2014）对基于面板数据的空间计量模型进行了比较详细的研究。将公式（3.1）扩展至空间时间模型，即共有 T 个时期，t 表

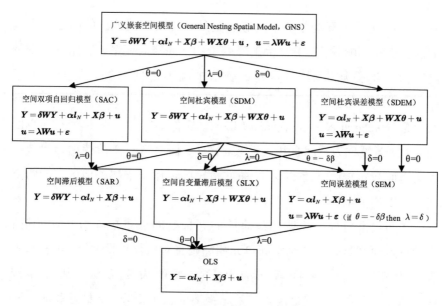

图 3-1　各类型空间模型的联系

示时间，则 t 的取值从 1 到 T，得到：

$$Y_t = \delta W Y_t + \alpha l_N + X_t \beta + W X_t \theta + u_t \qquad (3.2a)$$

$$u_t = \lambda W u_t + \varepsilon_t \qquad (3.2b)$$

　　相应的，根据参数 δ、θ、λ 的设定，面板 GNS 模型可以转换为面板 OLS、SAR、SEM、SLX、SAC、SDM 和 SDEM。W 为 $NT \times NT$ 阶空间权重矩阵，设定原则与横截面数据相同，两个不同时期的空间单元所对应的权重均为 0。与普通面板不同的是，空间面板数据的堆积方法是以空间单元为序号按照时间顺序进行排列，例如有 3 个空间单元 a、b、c，共两个时期 1、2，那么面板数据的摆放按照如下顺序：a_1、a_2、b_1、b_2、c_1、c_2。

　　异质性问题。空间结构中的每一个单元很可能会存在一些其他单元不具有的特性，但考虑时间因素时，这样的特性可分为两类：不随时间变化的空间特性、由时间变化而带来的空间特性。对于不随时间变化的空间特性，我们可以举例进行说明，某一空间单元靠海，而另一空间单元周围环山，一般情况下，这些特性是不会随时间的变化而变化的。对于由时间变化而带来的空间特性同样也可以举例进行说明，这种类型的变量的例子仍然存在：某一年份是经济衰退，而另一年份却是经济增长；法律和政策的变化会从某一年份开始显著影响经济的功能，因此，以这一年为节点的前后一定会有很大的不同。无法解释这些变量很可能会导致估计结果出现偏差。针对第一种情形可以引进截距变量 μ_i 来表示那些每一个空间单元独有的遗漏变量所产生的影响。针对第二种特性，可以引入时间特定效应 ξ_t。针对以上两种特性，则公式（3.2）转化为：

$$Y_t = \delta WY_t + \alpha l_N + X_t\beta + WX_t\theta + \mu + \xi_t \, \iota_N + u_t \qquad (3.3a)$$

$$u_t = \lambda Wu_t + \varepsilon_t \qquad (3.3b)$$

式（3.3）所引入的空间和时间的特定效应，可以被看作固定效应或随机效应。在固定效应模型中，对于每一个空间单元和时间趋势都引入一个虚拟变量（除了要避免多重共线性的情况），而在随机效应模型中，u_i、ξ_t 被看作随机变量，它们都是相互独立的且各自均服从 0 均值方差为 σ_μ^2 和 σ_ξ^2 的分布。进一步来讲，随机变量 u_i、ξ_t、ε_{it} 是相互独立的。

第二节　空间溢出效应

在一个空间结构中，某一空间单元与解释变量相关的任何一个自身变量的改变都会对该单元本身产生影响，我们将其称为直接效应（Direct Effects），与此同时也会影响空间结构中的其他单元，这种影响我们将其称之为间接效应（Indirect Effects）或溢出效应（Spillover Effects）。例如，某一地区的环境污染是由本地区自身因素和来自邻近地区的污染共同作用而成的，那么，自身因素所造成的影响就是直接效应，而来自邻近地区的影响可称为间接效应。Behrens & Thisse（2007）指出空间计量模型非常重要的一个作用在于考察地区间的交互影响关系，而这种地区间的交互影响我们可以运用间接效应或溢出效应来表述。Lesage 在其出版的《空间计量经济学导论》前沿中指出：在处理由空间中的区域、区位点或区域构成的样本数据时，区位特征变量的变化，经常会对邻近区域或区位的结果变量产生影响，这种现象被称为空间溢出，而空间回归模型能够定量地分析溢出效应大小和空间范围（勒沙杰和佩斯，2014）。

一、间接（溢出）效应实例

为了说明空间模型如何度量空间溢出效应，Lesage & Pace（2009）运用了一个中央商务区及周边地区所用交通时间实例详细地进行了说明。

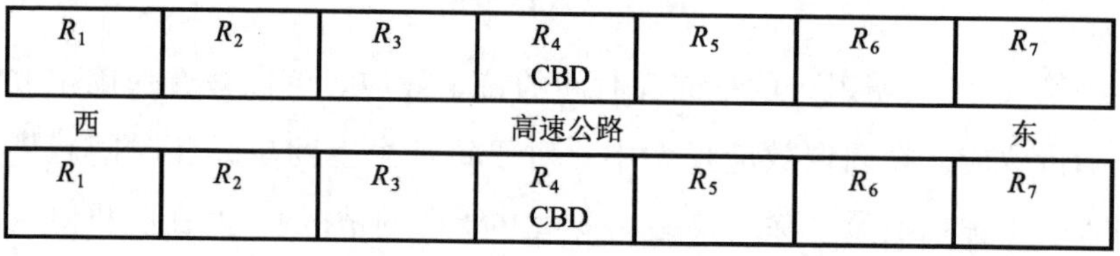

R_1	R_2	R_3	R_4 CBD	R_5	R_6	R_7
西		高速公路				东
R_1	R_2	R_3	R_4 CBD	R_5	R_6	R_7

图 3-2 中央商业区的西部与东部地区

图 3-2 是一个大都市区，由 7 个地区组成，其中 R_4 为 CBD（中央商务区）。整个市区仅有一条高速公路，所有往来中央商务区的乘客都使用这条公路。因变量 y 表示居住于各地区的居民到 CBD 的通行时间，自变量为各地区至 CBD 的距离和地区本身的人口密度，某一天的具体平均测量数值如下：

$$y = \begin{bmatrix} 出行时间 \\ 42 \\ 37 \\ 30 \\ 26 \\ 30 \\ 37 \\ 42 \end{bmatrix} \qquad x = \begin{bmatrix} 密度 & 距离 \\ 10 & 30 \\ 20 & 20 \\ 30 & 10 \\ 50 & 0 \\ 30 & 10 \\ 20 & 20 \\ 10 & 30 \end{bmatrix} \begin{matrix} 偏郊区 & R_1 \\ 远郊区 & R_2 \\ 近郊区 & R_3 \\ CBD & R_4 \\ 近郊区 & R_5 \\ 远郊区 & R_6 \\ 偏郊区 & R_7 \end{matrix} \qquad (3.4)$$

　　由于仅有一条交通公路到达 CBD，如果某一路段发生交通拥堵，那么一个地区较长的交通时间会导致其邻近地区也有较长的交通时间。如果 R_5 地区有较短的交通时间，R_6、R_7 要经过 R_5，那么 R_6、R_7 也获得了较短的交通时间。进而，我们可以看到，交通拥堵效应可以看作一种空间溢出。我们可以肯定的是 y_i 不仅仅是由 $\boldsymbol{X}$ 决定的，而且与交通拥堵效应相关，即邻近地区的交通时间 y_j，换句话说，地区 i 的交通时间 y_i 与邻近地区的交通时间 y_j 相关，可以作为其解释变量。由此，建立以下空间模型：

$$\boldsymbol{y} = \rho \boldsymbol{W} \boldsymbol{y} \mu + \boldsymbol{X} \beta + \varepsilon \tag{3.5a}$$

$$\boldsymbol{y} = (\boldsymbol{I}_n - \rho \boldsymbol{W})^{-1} \boldsymbol{X} \beta + (\boldsymbol{I}_n - \rho \boldsymbol{W})^{-1} \varepsilon \tag{3.5b}$$

$$\varepsilon \sim N(0, \ \sigma^2 \boldsymbol{I}_n) \tag{3.5c}$$

　　该模型为上文中的空间滞后模型（SAR），以此模型来说明空间溢出效应的度量。在运用空间计量方法进行建模时，首先要解决的关键问题就是设定空间权重矩阵。这里采用最简单的 0-1 权重阵，根据图 3.2，可得到 W 的具体形式：

$$W = \begin{array}{c} \\ R_1 \\ R_2 \\ R_3 \\ R_4 \\ R_5 \\ R_6 \\ R_7 \end{array} \begin{bmatrix} R_1 & R_2 & R_3 & R_4 & R_5 & R_6 & R_7 \\ 0 & 1 & 0 & 0 & 0 & 0 & 0 \\ 1 & 0 & 1 & 0 & 0 & 0 & 0 \\ 0 & 1 & 0 & 1 & 0 & 0 & 0 \\ 0 & 0 & 1 & 0 & 1 & 0 & 0 \\ 0 & 0 & 0 & 1 & 0 & 1 & 0 \\ 0 & 0 & 0 & 0 & 1 & 0 & 1 \\ 0 & 0 & 0 & 0 & 0 & 1 & 0 \end{bmatrix} \tag{3.6}$$

　　接下来，运用（3.4）中的 X 进行参数估计，采用最大似然法，得到 $\hat{\beta} = [0.314, \ 0.561]$，$\hat{\rho} = 0.462$。基于（3.4）式的估计记为如下形式：$\hat{\boldsymbol{y}}^{(1)} = (\boldsymbol{I}_n - \rho \boldsymbol{W})^{-1} \boldsymbol{X} \hat{\beta}$。为了说明单一地区人口密度的变化所产生的空间溢出效应。仅将 R_2 地区的人口密度增加一倍，记为：

$$x = \begin{bmatrix} 密度 & 距离 \\ 10 & 30 \\ 40 & 20 \\ 30 & 10 \\ 50 & 0 \\ 30 & 10 \\ 20 & 20 \\ 10 & 30 \end{bmatrix} \tag{3.7}$$

将运用（3.4）式所得到的估计值记为 $\hat{y}^{(2)}$，估计结果见表 3-1。由表 3-1 可以得到，R_2 地区的人口密度变化使得其自身交通时间延长 4 分钟，这是直接效应。同时，可以看到，其他 6 个地区的交通时间均被延长了，此为间接效应或溢出效应。我们可以看到，距离 R_2 较近的 R_1 和 R_3 所受的影响最显著，分别延迟了 2.57 分钟和 1.45 分钟，随着各地区与 R_2 地区距离的逐渐增加，其人口密度的变化所带来的溢出效应逐渐减弱。可以计算总的溢出效应：$2.57 + 1.45 + 0.53 + 0.20 + 0.07 + 0.05 = 4.78$，那么由 R_2 地区的人口密度变化所带来的总效应应为溢出效应与直接效应之和，等于 8.78 分钟。

表 3-1　R_2 地区人口密度变化的溢出效应

地区	$\hat{y}^{(1)}$	$\hat{y}^{(2)}$	$\hat{y}^{(1)} - \hat{y}^{(2)}$
R_1	42.01	44.58	2.57
R_2	37.06	41.06	4.00
R_3	29.94	31.39	1.45
R_4	26.00	26.54	0.53
R_5	29.94	30.14	0.20
R_6	37.06	37.14	0.07
R_7	42.01	42.06	0.05

直观来看，R_2 地区人口密度的增加会延长所有观测地区的交通时间。实际上，深入进行分析，是随着时间的推移，人口密度变化使交

通时间与距离和密度二者之间的关系发生变化，最终形成了一个新的均衡状态。人口密度直接效应的预测将其表示为 $\dfrac{\partial \boldsymbol{y}_i}{\partial \boldsymbol{X}_{i2}}$，$\boldsymbol{X}_{i2}$ 为第 2 个解释变量人口密度在第 i 个地区的观测值，$\boldsymbol{X}_{i2}$ 对第 j 个地区产生的间接效应则为 $\dfrac{\partial \boldsymbol{y}_j}{\partial \boldsymbol{X}_{i2}}$。

二、直接与间接效应理论

在空间模型中，解释变量的变化会引起两种类型的影响：一是某一空间观测单元解释变量的变化会引发该空间单元被解释变量的变化，这种变化即可称为直接效应；二是某一空间观测单元解释变量的变化会引发其他空间单元被解释变量的变化，这种变化被称之为间接效应。由于在同一个样本中不同地区的直接和间接效应是不同的，如果研究对象为 N 个空间单元和 K 个解释变量，直接效应和间接效应将转换为求解 $N \times N$ 阶矩阵的问题，即使当 N 和 K 都非常小时，也很难将结果进行合并描述直接效应和间接效应。因此，如何度量空间模型中所有解释变量的直接效应和间接效应是溢出效应理论需要解决的核心问题。

Lesage & Pace（2009）的重要贡献在于使用被解释变量的偏导数矩阵计算直接效应和间接效应，并提出了平均直接效应和平均间接效应的概念，即平均间接效应＝平均总效应－平均的直接效应。为了更好地理解偏导数的性质，通常把空间杜宾模型 SDM 作为分析的出发点，经过变换得到：

$$(\boldsymbol{I} - \delta \boldsymbol{W})\boldsymbol{Y} = \boldsymbol{X}\beta + \boldsymbol{W}\boldsymbol{X}\theta + \iota_N \alpha + \varepsilon \tag{3.8}$$

$$\boldsymbol{Y} = \sum_{k=1}^{m} \boldsymbol{S}_k(\boldsymbol{W}) x_k + (\boldsymbol{I} - \delta \boldsymbol{W})^{-1} \iota_N \alpha + (\boldsymbol{I} - \delta \boldsymbol{W})^{-1} \varepsilon \tag{3.9}$$

$$\boldsymbol{S}_k(\boldsymbol{W}) = (\boldsymbol{I} - \delta \boldsymbol{W})^{-1}(\boldsymbol{I}\beta_k + \boldsymbol{W}\theta_k) \tag{3.10}$$

将（3.10）式展开，代入（3.9）式中，得到：

$$
\begin{bmatrix} \boldsymbol{y}_1 \\ \boldsymbol{y}_2 \\ \vdots \\ \boldsymbol{y}_3 \end{bmatrix} = \sum_{k=1}^{m} \begin{bmatrix} \boldsymbol{S}_k(\boldsymbol{W})_{11} & \boldsymbol{S}_k(\boldsymbol{W})_{12} & \cdots & \boldsymbol{S}_k(\boldsymbol{W})_{1n} \\ \boldsymbol{S}_k(\boldsymbol{W})_{21} & \boldsymbol{S}_k(\boldsymbol{W})_{22} & \cdots & \\ \vdots & \vdots & \ddots & \\ \boldsymbol{S}_k(\boldsymbol{W})_{n1} & \boldsymbol{S}_k(\boldsymbol{W})_{n2} & \cdots & \boldsymbol{S}_k(\boldsymbol{W})_{mn} \end{bmatrix} \begin{bmatrix} \boldsymbol{x}_{1k} \\ \boldsymbol{x}_{2k} \\ \vdots \\ \boldsymbol{x}_{nk} \end{bmatrix}
$$
$$
+ (\boldsymbol{I} - \delta\boldsymbol{W})^{-1}\iota_N\alpha + (\boldsymbol{I} - \delta\boldsymbol{W})^{-1}\varepsilon \tag{3.11}
$$

另 $\boldsymbol{V}(\boldsymbol{W}) = (\boldsymbol{I} - \delta\boldsymbol{W})^{-1}$，用 $\boldsymbol{S}_k(\boldsymbol{W})_{ij}$ 表示 $\boldsymbol{S}_k(\boldsymbol{W})$ 的第 $(i, \ j)$ 个元素，$\boldsymbol{V}(\boldsymbol{W})_i$ 表示 $\boldsymbol{V}(\boldsymbol{W})$ 的第 i 行元素，可以得到：

$$
\boldsymbol{y}_i = \sum_{k=1}^{m} [\boldsymbol{S}_k(\boldsymbol{W})_{i1}\boldsymbol{x}_{1k} + \boldsymbol{S}_k(\boldsymbol{W})_{i2}\boldsymbol{x}_{2k} +, \ \cdots, \ + \boldsymbol{S}_k(\boldsymbol{W})_{in}\boldsymbol{x}_{nk}]
$$
$$
+ \boldsymbol{V}(\boldsymbol{W})_i\iota_N\alpha + \boldsymbol{V}(\boldsymbol{W})_i\varepsilon \tag{3.12}
$$

由式（3.12）可得到：

$$
\frac{\partial \boldsymbol{y}_i}{\partial \boldsymbol{x}_{jk}} = \boldsymbol{S}_k(\boldsymbol{W})_{ij} \tag{3.13}
$$

那么，可以看到空间单元 j 的变量 $\boldsymbol{x}_{jk}$ 对任何空间单元 i 的被解释变量都可能产生潜在影响，空间计量模型的核心问题就是测度总潜在影响的大小。特别地，当 $j = i$ 时，得到：

$$
\frac{\partial \boldsymbol{y}_i}{\partial \boldsymbol{x}_{ik}} = \boldsymbol{S}_k(\boldsymbol{W})_{ii} \tag{3.14}
$$

根据间接效应的性质，偏导数矩阵的对角线元素就代表了直接效应，所有非对角线元素则代表了间接效应。由于不同空间观测单元的直接效应和间接效应都是不同的，如何度量空间模型中所有解释变量变化引发的整体直接效应和间接效应是空间计量模型理论关注的焦点。Pace & Lesage（2009）提出了平均直接效应和平均间接效应的概念，可以用如下公式表示：平均间接效应＝平均总效应－平均的直接效应。其中，变量 $\boldsymbol{x}_k$ 的平均直接效应为 $\boldsymbol{S}_k(\boldsymbol{W})$ 主对角元素取均值，记为：$\frac{1}{n}trace[\boldsymbol{S}_k(\boldsymbol{W})]$，其中，$trace$ 为矩阵的迹。变量 x_k 平均总效应的计算方法有两种：一种方法是假设所有空间单元的变量 x_k 均发生变化，其

对空间单元 i 被解释变量 y_i 的总效应为 $\boldsymbol{S}_k(\boldsymbol{W})$ 的第 i 行元素之和，即

$\sum_{j=1}^n \boldsymbol{S}_k(\boldsymbol{W})_{ij}$，进而 x_k 的平均总效应为：$\dfrac{1}{n}\sum_{i=1}^n\sum_{j=1}^n\boldsymbol{S}_k(\boldsymbol{W})_{ij}$；另一种方法

是假设仅空间单元 j 的 x_{jk} 发生变化，那么它对所有空间单元的被解释

变量都产生影响，总效应为 $\boldsymbol{S}_k(\boldsymbol{W})$ 的第 j 列元素之和，即 $\sum_{i=1}^n\boldsymbol{S}_k(\boldsymbol{W})_{ij}$，

那么，针对所有空间单元，x_k 的平均总效应为：$\dfrac{1}{n}\sum_{i=1}^n\sum_{j=1}^n\boldsymbol{S}_k(\boldsymbol{W})_{ij}$，可

以看到，两种方法得到的总效应是相等的，用 $\boldsymbol{i}_n$ 表示 $n\times 1$ 阶列向量，

向量中的元素均为 1，进而得到变量 x_k 的平均间接效应为：

$$平均间接效应 = \frac{1}{n}\{\boldsymbol{i}_n^{\mathrm{T}}\boldsymbol{S}_k(\boldsymbol{W})\boldsymbol{i}_n - trace[\boldsymbol{S}_k(\boldsymbol{W})]\} \tag{3.15}$$

三、直接与间接效应的性质

Elhorst（2014）运用 GNS 模型对直接效应与间接效应进行了更为

清晰的说明。GNS 模型经过变换可以转换为如下形式：

$$\boldsymbol{Y} = (\boldsymbol{I} - \delta\boldsymbol{W})^{-1}(\boldsymbol{X}\beta + \boldsymbol{W}\boldsymbol{X}\theta) + \boldsymbol{R} \tag{3.16}$$

其中，$\boldsymbol{R}$ 包含了截距项和误差项，由 $\boldsymbol{Y}$ 的期望值 $E(\boldsymbol{Y})$ 对 x_1 到 x_N 求偏

导，得到如下表达式：

$$
\left[\frac{\partial E(\boldsymbol{Y})}{\partial x_{1k}} \cdot \frac{\partial E(\boldsymbol{Y})}{\partial x_{Nk}}\right] =
\begin{bmatrix}
\dfrac{\partial E(y_1)}{\partial x_{1k}} & \cdots & \dfrac{\partial E(y_1)}{\partial x_{Nk}} \\
\cdots & \cdots & \cdots \\
\dfrac{\partial E(y_N)}{\partial x_{1k}} & \cdots & \dfrac{\partial E(y_N)}{\partial x_{Nk}}
\end{bmatrix}
$$

$$
= (\boldsymbol{I} - \delta\boldsymbol{W})^{-1}
\begin{bmatrix}
\beta_k & w_{12}\theta_k & \cdots & w_{1N}\theta_k \\
w_{21}\theta_k & \beta_k & \cdots & w_{2N}\theta_k \\
\cdots & \cdots & \cdots & \cdots \\
w_{N1}\theta_k & w_{N1}\theta_k & \cdots & \beta_k
\end{bmatrix}
$$

$$\tag{3.17}$$

其中，w_{ij} 表示空间权重矩阵 $\boldsymbol{W}$ 的第 i 行第 j 列元素。由（3.17）式可以得到直接效应与间接效应，偏导矩阵的每一个对角元素都代表一个直接效应，每一个非对角元素均代表一个间接效应。根据参数 δ 与 θ_k 的不同，直接与间接效应呈现出不同的特性。

（1）当 $\delta = 0$ 且 $\theta_k = 0$ 时，间接效应就不会产生，只存在直接效应。

（2）当 $\delta \neq 0$ 且 $\theta_k \neq 0$ 时，不同空间单元的直接效应和间接效应均是不同的。

（3）在 $\theta_k \neq 0$ 的情况下，所产生的间接效应被称为局域效应；而在 $\delta \neq 0$ 的情况下，所产生的间接效应被称为全局效应。如果 $\delta \neq 0$ 且 $\theta_k \neq 0$，全局效应和局域效应均会发生，且相互不能明确区分。之所以称之为局域效应是因为间接效应来自于邻近空间单元的解释变量，即如果空间权重矩阵的元素 w_{ij} 是非零的，那么 x_{jk} 对 y_i 所产生的影响就是非零的。全局效应是指间接效应不仅仅来自于相邻空间单元的影响，还可能受到非相邻空间单元的影响，即与 $(\boldsymbol{I} - \delta \boldsymbol{W})^{-1}$ 取值相关。

由于 $\boldsymbol{Y}$ 对解释变量的偏导与包含了随机扰和截距项的 $\boldsymbol{R}$ 无关，根据空间模型的形式可以得到，SDM 模型与 GNS 模型的直接效应与间接效应相同，SAR 模型与 SAC 模型的直接效应与间接效应相同，OLS 模型与 SEM 模型的直接效应与间接效应相同，SLX 模型与 SDEM 模型的直接效应与间接效应相同，直接效应与间接效应的具体形式可见表 3-2。可以通过将 $(\boldsymbol{I} - \delta \boldsymbol{W})^{-1}$ 展开进一步观察直接效应的特性，$(\boldsymbol{I} - \delta \boldsymbol{W})^{-1} = \boldsymbol{I} + \delta \boldsymbol{W} + \delta^2 \boldsymbol{W}^2 + \delta^3 \boldsymbol{W}^3 + \cdots$，对于 OLS 来说，直接效应为 β_k，由于权重矩阵 $\boldsymbol{W}$ 的主对角元素为 0，所以 $\delta \boldsymbol{W}$ 的主对角元素仍为 0，而 $\delta^2 \boldsymbol{W}^2$、$\delta^3 \boldsymbol{W}^3$ 的主对角元素不为 0，SAR 模型的直接效应为 $\beta_k + \beta_k (\delta^2 \boldsymbol{W}^2 + \delta^3 \boldsymbol{W}^3 + \cdots)$、$\delta^2 \boldsymbol{W}^2 + \delta^3 \boldsymbol{W}^3$ 等代表二阶、三阶及更高阶的直接或间接效应，这种高阶效应是通过反馈机制作用于直接效应的，影响会通过邻近单元而反馈给自己，例如，1→2→1 或者 1→2→3→2→1。

表 3-2　$N \times N$ 阶空间模型的直接与间接效应

	直接效应	间接效应	全局/局域效应
OLS/SEM	β_k	0	——
SAR/SAC	$(I - \delta W)^{-1}\beta_k$ 的主对角元素	$(I - \delta W)^{-1}\beta_k$ 的非主对角元素	全局
SLX/SDEM	β_k	θ_k	局域
SDM/GNS	$(I - \delta W)^{-1}(\beta_k + W\theta_k)$ 的主对角元素	$(I - \delta W)^{-1}(\beta_k + W\theta_k)$ 的非主对角元素	既有全局又有局域

　　肖光恩等（2018）运用一个包含 3 个空间单元的实例进行详细介绍。空间单元的信息可以通过行标准化后的空间权重矩阵 W 进行展示：

$$W = \begin{bmatrix} 0 & 1 & 0 \\ w_{12} & 0 & w_{23} \\ 0 & 1 & 0 \end{bmatrix} \tag{3.18}$$

其中，$w_{21} + w_{23} = 1$。以 SDM 模型为例，进一步得到变量 x_k 对空间观测单位 1、2 和 3 的偏导数矩阵为：

$$\left[\frac{\partial Y}{\partial x_{1k}}, \ \frac{\partial Y}{\partial x_{2k}}, \ \frac{\partial Y}{\partial x_{3k}} \right]$$

$$= \frac{1}{1-\delta^2} \begin{bmatrix} (1-w_{23}\delta^2)\beta_k + (w_{21}\delta)\theta_k & \delta\beta_k + \theta_k & (w_{23}\delta^2)\beta_k + (\delta w_{23})\theta_k \\ (w_{21}\delta)\beta_k + w_{21}\theta_k & \beta_k + \delta\theta_k & (w_{23}\delta)\beta_k + w_{23}\theta_k \\ (w_{21}\delta^2)\beta_k + (w_{21}\delta)\theta_k & \delta\beta_k + \theta_k & (1-w_{21}\delta^2)\beta_k + (w_{23}\delta)\theta_k \end{bmatrix}$$

$$\tag{3.19}$$

　　以（3.18）式的权重矩阵为基础，可以得到对应空间计量模型的直接效应和间接效应，见表 3-3。

表 3-3　3×3 阶空间模型的直接与间接效应

	直接效应	间接效应	全局/局域效应
OLS/SEM	β_k	0	—
SAR/SAC	$\dfrac{(3-\delta^2)}{3(1-\delta^2)}\beta_k$	$\dfrac{(3-\delta^2)}{3(1-\delta^2)}\beta_k$	全局
SLX/SDEM	β_k	θ_k	局域
SDM/GNS	$\dfrac{(3-\delta^2)}{3(1-\delta^2)}\beta_k+\dfrac{2\delta}{3(1-\delta^2)}\theta_k$	$\dfrac{(3-\delta^2)}{3(1-\delta^2)}\theta_k+\dfrac{3+\delta}{3(1-\delta^2)}\theta_k$	既有全局又有局域

资料来源：肖光恩（2018）
注：计算结果的权重矩阵是基于（3.18）式

四、空间溢出效应的检验

Elhorst（2010）特别强调空间变量 **WX**、**WY** 的估计系数显著性与解释变量的间接效应是否存在不是等同的。当解释变量的间接效应是显著的，并不意味着 **WX**、**WY** 的估计系数是显著的，同理，当空间变量的估计系数是显著的，也很有可能出现某一个解释变量的间接效应是不显著的情况。因此，释变量的间接效应的估计最终应该归结到检验溢出效应是否存在的假设。

Lesage & Pace（2009）建立了一套适用于各种广义嵌套空间模型 GNS 的检验机制并设计了软件简洁的实现程序，节省了很多计算时间。该机制主要运用系数估计的方差协方差矩阵，其形式如下：

$$Var(\hat{\boldsymbol{\alpha}}, \ \hat{\boldsymbol{\beta}}, \ \hat{\boldsymbol{\theta}}, \ \hat{\boldsymbol{\delta}}, \ \hat{\boldsymbol{\lambda}}, \ \hat{\boldsymbol{\sigma}}^2)$$

$$=\begin{bmatrix} \dfrac{1}{\boldsymbol{\sigma}^2}(\boldsymbol{B}\widetilde{\boldsymbol{X}})^{\mathrm{T}}\boldsymbol{B}\widetilde{\boldsymbol{X}} & \dfrac{1}{\boldsymbol{\sigma}^2}(\boldsymbol{B}\widetilde{\boldsymbol{X}})^{\mathrm{T}}\boldsymbol{B}\widetilde{\boldsymbol{W}}_\delta\widetilde{\boldsymbol{X}}\hat{\boldsymbol{\gamma}} \\ \cdots & trace(\widetilde{\boldsymbol{W}}_\delta\widetilde{\boldsymbol{W}}_\delta+\boldsymbol{B}\widetilde{\boldsymbol{W}}_\delta\boldsymbol{B}^{-1})+\dfrac{1}{\boldsymbol{\sigma}^2}(\boldsymbol{B}\widetilde{\boldsymbol{W}}_\delta\widetilde{\boldsymbol{X}}\hat{\boldsymbol{\gamma}})^{\mathrm{T}}(\boldsymbol{B}\widetilde{\boldsymbol{W}}_\delta\widetilde{\boldsymbol{X}}\hat{\boldsymbol{\gamma}}) \\ 0 & 0 \\ trace(\widetilde{\boldsymbol{W}}_\lambda^{\mathrm{T}}\boldsymbol{B}\widetilde{\boldsymbol{W}}_\delta\boldsymbol{B}^{-1}+\boldsymbol{W}\widetilde{\boldsymbol{W}}_\delta\boldsymbol{B}^{-1}) & \dfrac{1}{\boldsymbol{\sigma}^2}trace(\boldsymbol{B}\widetilde{\boldsymbol{W}}_\delta\boldsymbol{B}^{-1}) \\ trace(\widetilde{\boldsymbol{W}}_\lambda\widetilde{\boldsymbol{W}}_\lambda+\widetilde{\boldsymbol{W}}_\lambda^{\mathrm{T}}\widetilde{\boldsymbol{W}}_\lambda) & 0 \\ \cdots & \dfrac{\boldsymbol{N}}{2\sigma^4} \end{bmatrix}^{-1}$$

$$(3.20)$$

其中，$B = I - \hat{\lambda}W$，$\tilde{W}_\delta = W(I - \hat{\delta}W)^{-1}$，$\tilde{W}_\lambda = W(I - \hat{\lambda}W)^{-1}$，$\tilde{X}_\lambda = [\iota_N \quad X \quad WX]$，$\hat{\gamma} = [\hat{\alpha} \ \hat{\beta}^\mathrm{T} \ \hat{\theta}^\mathrm{T}]$。运用该方差协方差矩阵提取系数向量，运用提取多个系数向量的均值，表示解释变量的间接效应和对应 t 值。

第三节 空间模型比较和选择

一、SDM 模型的优势

（一）实证研究的便利性

由表 3-3 可以更为直观地观察到，对于 SAR 模型而言，直接效应与间接效应的比值并不依赖于解释变量的估计系数 β_k，进一步根据表 3-2 判断，SAR 模型的直接效应与间接效应取决于空间权重矩阵 W 和空间滞后变量的估计系数 δ。对于不同的解释变量，其直接效应和间接效应的比值是相同的，这在实证研究中很难实现；而对于 SDM 模型而言，直接效应和间接效应由解释变量的估计系数 β_k、空间滞后变量的估计系数 θ_k 和空间权重矩阵 W 共同决定，对于不同的解释变量，其间接效应和直接效应的比值并不相同，这也是很多实证研究选择 SDM 模型的一个重要原因。

（二）参数估计的无偏性

在此，我们对四类空间模型进行比较，SAC、SAR、SEM 和 SDM，综合来看，SDM 模型是较有优势的一类模型，它不仅包含了因变量的空间依赖，更是包含解释变量的空间依赖，这种空间依赖一方面解释来自邻近地区解释变量对被解释变量的影响，另一方面可以将其视为另一种类型的干扰项的空间依赖，防止了遗漏变量偏误。无论真实的数据生成过程是上述四类的哪一种，SDM 模型的系数估计总是无偏的，且在大多数情况下，对系数估计离散程度的推断是正确的。目前我们所涉及的空间依赖包括三类：因变量的空间依赖 WY、自变量

的空间依赖 **WX** 和干扰项的空间依赖 **Wε**。因变量的空间依赖很大程度上影响着估计结果的无偏性，而干扰项的空间依赖则更大程度上影响着估计的有效性，但忽略干扰项的空间依赖，从估计量的离散程度考虑，仍然会导致有偏估计，只不过与忽略 **WY** 相比，可能性相对小很多。那么，可以进一步来讲，考虑 **Wε** 增加了估计的有效性，同时对 **WY** 正确的设定，解释变量系数的偏误将会减少且效率得到提高。

而自变量的空间依赖 **WX** 则有助于防止遗漏变量偏误。由于 SDM 模型包含了 **WX**，我们运用一个简单的证明过程来说明如果 SEM 模型出现变量遗漏问题，那么，SDM 模型很可能与真实的数据生成过程相关。

在空间建模过程中，一些不可观测的因素，如邻近地区的声誉、邻近地区的消费水平等等，也会对被解释变量产生影响，而运用解释变量来描述这种不可观测因素的潜在影响非常困难，即遗漏变量问题很容易发生。运用一个简化的方案进行说明：

$$y = x\beta + z\theta \tag{3.21}$$

其中，x 和 z 均为 $n \times 1$ 阶向量，且二者相互独立，服从正态分布 $N(0, I_n)$，β、θ 为标量参数。我们假定向量 z 是不可观测的，那么 $z\theta$ 就起到干扰项的作用，将其记为 ε，即得到：

$$y = x\theta + \varepsilon \tag{3.22}$$

那么，上式即为一个包含一项独立同分布的干扰项的线性模型，其普通最小二乘法的估计结果为 $\hat{\beta} = (x^{\mathrm{T}}x)^{-1}x^{\mathrm{T}}y$，该结果为线性无偏。

如果我们不将 z 看作干扰项，而是将其视为空间自回归过程，如下式：

$$z = \rho Wz + r \tag{3.23}$$

$$z = (I_n - \rho W)^{-1}r \tag{3.24}$$

r 为干扰项，服从正态分布 $N(0, \sigma_r^2 I_n)$，W 为空间权重矩阵。这样那些不可观测的且具有空间性质的变量可以通过 Wz 得以体现，将

（3.24）代入（3.21）得到：

$$y = x\beta + (I_n - \rho W)^{-1} u \tag{3.25}$$

$$E(y) = x\beta \tag{3.26}$$

其中，$u = \theta r$，可以看到 β 的最小二乘估计依然是无偏的，但却失去了有效性。由于遗漏变量的存在，x 与 u 很可能是相关的，我们将 u 看作 x 的线性方程，$u = x\gamma + v$，$v \sim N(0,\ \sigma_r^2 I_v)$，将其代入（3.25）式，得到：

$$y = x\beta + (I_n - \rho W)^{-1} x\gamma + (I_n - \rho W)^{-1} v \tag{3.27}$$

$$y = \rho Wy + x(\beta + \gamma) + Wx(-\rho W) + v \tag{3.28}$$

（3.27）式两边乘以 $(I_n - \rho W)$，经过变换得到（3.28），可以看到该模型可视作 SDM，此外，（3.23）、（3.21）实际上可看作随机误差 SEM 模型，那么，也就是说，SEM 模型中遗漏变量的出现将会导致真实的数据生成过程与 SDM 相关联。进一步的，将（3.27）两端乘以 $(I_n - \rho W)$，进而可以得到 SAR 模型，以上的数据生成过程也同时表明，SDM 模型嵌套着 SEM 模型和 SAR 模型。

由以上过程可知，如果存在遗漏变量问题，SDM 模型是较为合适的选择。此外，与 SEM、SAR 和 SAC 模型相比，无论数据的真实生成过程是四种模型中的哪一种，SDM 模型的估计均是无偏的，且在多数情况下系数估计离散程度的推断是正确的。我们分为以下四种情况进行探讨：

（1）当数据的真实生成过程为 SEM，由于数据的生成过程仅包含了干扰项的空间依赖，其余三种模型的系数估计均是无偏的。在构建方差-协方差矩阵时，忽略了误差依赖，SAR 模型对于解释变量的系数估计离散程度推断很可能是错误的，而其余两个模型的渐进方差-协方差均考虑了误差依赖，进而系数估计的离散程度不会受到影响。

（2）当数据的真实生成过程是 SAR 时，由于 SEM 未包含因变量的空间依赖，系数的估计结果将是有偏的，系数估计的离散程度也会受到影响，其余模型的无偏性和解释变量的离散程度则不会受到影响。

（3）当数据的真实生成过程是 SAC，SEM 忽略了因变量的空间依赖将会是有偏的，其余模型将得到无偏系数估计。由于忽略了干扰项的空间依赖，SAR 估计系数的离散程度推断很可能是错误的，值得注意的是，SDM 虽然未扰动项的空间依赖，但是它所考虑的干扰项的空间依赖与 SAC 是不同的，进而，所推断的 SDM 估计系数的离散程度是否正确，还需要进一步探讨。（4）当数据的真实生成过程为 SDM 时，由于未包含解释变量的空间依赖，其余三类模型的估计均会出现偏误，此外，由于 SEM 模型未考虑因变量的空间依赖，还会产生额外的偏误。关于这三类模型参数估计的离散程度的推断是否合适，目前还没有一个较为一致的看法。

二、模型选择

从上文可以看到，有很多种类型的空间模型，其中最常用于空间计量实证研究的有三种：SAR、SEM 和 SDM 模型。是否需要建立空间模型，进一步的如何从这些空间模型中选出最佳，就需要一系列的检验，下文针对横截面数据和面板数据两种情形来介绍检验方法以及模型的选择机制。

（一）横截面数据模型选择

针对横截面数据，存在三种统计检验 Moran's I、LM 和 Robust LM，Moran's I 和 LM 统计量是相关的，这里我们主要介绍 LM 统计量。Burridge（1980）提出了 LM 统计量，用于识别最小二乘法和 SEM 模型，该统计量服从自由度为 1 的卡方分布，统计量的形式如下：

$$\text{LM} = \left[e^{\mathrm{T}} W e / (e^{\mathrm{T}} e / n) \right]^2 / tr(W^2 + W^{\mathrm{T}} W) \tag{3.29}$$

其中，e 为代表最小二乘法的残差，W 为空间权重矩阵。Anselin（1988）对最小二乘法和 SAR 提出了 LM 统计量，形式如下：

$$\text{LM} = \left[e^{\mathrm{T}} \Omega^{-1} W e \right]^2 / tr(W^2 + \Omega W^{\mathrm{T}} \Omega^{-1} W) \tag{3.30}$$

其中，Ω 为空间误差模型中干扰项自回归模型中的残差的方差。Anselin 等人（1996）开发出了 robust LM 检验，用来检验在空间误差相关性局部存在下检验空间滞后变量，以及在空间滞后变量局部存在下检验空间误差自相关。这些检验在空间计量的实证研究中非常受欢迎，软件程序已经被编程好，例如 Spacestat 和 Geoda，可以直接运行得出结果。针对面板数据，Anselin（2005）提出了一套空间模型诊断性检验机制，见图 3-3。

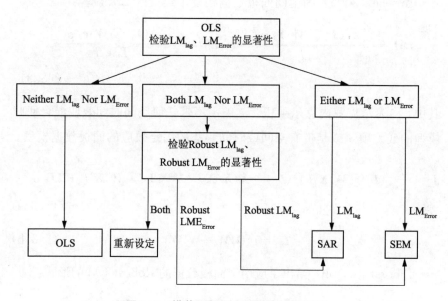

图 3-3　横截面数据空间模型选择机制

并非所有的模型都需要引入空间自回归模型，是否需要运用空间模型进行分析，必须首先进行空间诊断性检验。另外，在确定存在空间相关性后，具体选用 SEM 模型还是 SAR 模型还需要根据具体的统计量来分析判断，以下是判断分析的思路：首先，确定是否需要建立空间回归模型。考虑检验统计量 Moran's I（error）、LM_{Error} 和 LM_{Lag}，值得注意的是在某些实证分析中，Moran's I（error）是不显著的（很可能是由异方差性或非正态分布等情况导致的），而 LM_{Error} 或 LM_{Lag} 却是显著的，这种情况我们也认为需要引入空间模型；其次，模型的选择。需要考察两个统计量，LM_{Error} 和 LM_{Lag}，LM_{Error} 对应 SEM 模型，LM_{Lag} 则对应 SAR 模型。若其中某一个统计量通过检验则选择其对应的模型，若两个均通过了检验，则需进一步引入稳健的 LM_{Lag} 和 LM_{Error} 统计量，值得注意的是，稳健统计量均显著的情况是不常见的，这种情况下模型可能存在其他的设定误差源，如遗漏了某些重要变量，需要重新考察模型的设定，或是考虑使用空间杜宾模型 SDM。

(二) 面板数据模型选择

Anselin（2006）为空间面板数据构建了经典的 LM 检验：

$$LM_{\delta} = \frac{\left[e^{\mathrm{T}}(I_T \otimes W)Y/\hat{\sigma}^2\right]^2}{J}, \quad LM_{\lambda} = \frac{\left[e^{\mathrm{T}}(I_T \otimes W)e/\hat{\sigma}^2\right]^2}{T \times T_w}$$

（3.31）

其中，$\otimes$ 表示克罗内克尔乘积，e 表示不带任何空间时间效应混合回归模型的残差项，或是带有空间或时间趋势的固定效应的面板数据模型。

$$J = \frac{1}{\hat{\sigma}^2}\left[(I_T \otimes W)X\hat{\beta})^{\mathrm{T}}(I_{NT} - X(X^{\mathrm{T}}X)^{-1}X^{\mathrm{T}})(I_T \otimes W)X\hat{\beta} + TT_W\hat{\sigma}^2\right]$$

（3.32a）

$$T_w = tr(WW + W^{\mathrm{T}}W)$$

（3.32b）

Elhorst（2010b）给出了应用于面板数据的 Robust LM 的形式：

$$\mathrm{Robust\ LM}_{\delta} = \frac{\left[e^{\mathrm{T}}(I_T \otimes W)Y/\hat{\sigma}^2 - e^{\mathrm{T}}(I_T \otimes W)e/\hat{\sigma}^2\right]^2}{J - TT_W}$$ （3.33）

$$\mathrm{Robust\ LM}_{\lambda} = \frac{\left[e^{\mathrm{T}}(I_T \otimes W)e/\hat{\sigma}^2 - TT_w/J \times e^{\mathrm{T}}(I_T \otimes W)Y/\hat{\sigma}^2\right]^2}{TT_W\left[1 - TT_w/J\right]}$$

（3.34）

可以看到，无论是 LM 检验，还是稳健性检验，都是基于 OLS 的残差，并服从 $\chi^2(1)$ 分布。而且已经有了编辑好的 Matlab 程序，在两个网站上可以直接得到并使用，Donald Lacombe 的程序网址在 http：//oak. cats. ohiou. edu/ * lacombe/research. html；Paul Elhorst 的程序网址在 www. regroningen. nl。经典的 LM 和 Robust LM 检验是基于非空间模型的，这种非空间模型可以带有或是不带有空间或时间趋势的固定效应，并且服从 1 自由度的卡方分布。此外，还有条件 LM 检验，用于检验某一种类型的空间条件依赖。Debarsy & Ertur（2010）推导出了带有空间固定效应的面板数据模型的 LM 检验。条件 LM 检验与 Robust LM 检验的不同之处在于后者是基于非空间模型的残差，前者是基于空间滞后或空间误差模型的残差。Elhorst（2009）针对面板数据的模型选择提供了一套机制，见图 3-4。

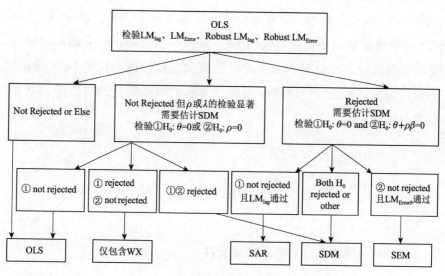

图 3-4　面板数据空间模型选择机制

首先，估计 OLS 模型并检验 SAR 或是 SEM 哪个更为适合，需要检验基于 OLS 残差的四个统计量 LM_{lag}、LM_{Error}、Robust LM_{lag}、Robust LM_{Error}。与横截面一致，LM_{lag}、Robust LM_{lag} 对应空间滞后模型，LM_{Error}、Robust LM_{Error} 对应空间误差模型。如果 OLS 被拒绝，统计检验显示，SAR 或者 SEM 合适，或是两个均合适，那么接下来不能直接进行选择，还需对 SDM 模型进行估计。这里需要注意的是，要执行图 3-4 所示的模型选择机制，估计方法必须选择极大似然估计，所得到的似然比 LR 可以用来检验两个假设：$H_0: \theta = 0$ 和 $H_0: \theta + \rho\beta = 0$，其中，$H_0: \theta = 0$ 是用来检验 SDM 模型是否可简化为空间滞后模型，$H_0: \theta + \rho\beta = 0$ 是用来检验 SDM 是否可简化为 SEM。如果两个假设均被拒绝，那么就说明 SDM 模型最优；如果第一个假设未被拒绝并且上面的稳健性检验 Robust LM_{lag} 也选择了 SAR，那么就说明 SAR 最优，这两个条件必须同时满足，否则应选择 SDM。类似地，如果第二个假设未被拒绝并且稳健性检验也指向 SEM，那么说明 SEM 模型能够更好地描述数据的生成过程，若两条件中有一个不满足，应选择 SDM。

如果 OLS 模型被估计，并且 LM、Robust LM 检验拒绝 OLS 模型扩展为空间模型，这种情况下仍然有必要对 SAR 和 SEM 进行估计，如果 ρ 或 λ 的检验显著，则有必要进一步估计 SDM，检验假设 $H_0: \theta = 0$，如果该假设未被拒绝，说明 OLS 最优，相反的，如果该假设被拒绝，需要进一步检验 $H_0: \rho = 0$，此假设也被拒绝，说明 SDM 最优，若该假设未被拒绝，说明空间模型仅带有被解释变量的空间滞后就能满足要求。

第四节　空间模型的参数估计

一、空间模型估计与基本经典假设

首先，来阐述当模型中带有被解释变量的空间滞后 $\boldsymbol{WY}$ 时，在运用经典的 OLS 估计时所遇到的问题。举一个简单的例子来说明：

$$\begin{bmatrix} y_1 \\ y_2 \\ y_3 \end{bmatrix} = \delta \begin{bmatrix} 0 & 1 & 1 \\ 1 & 0 & 0 \\ 1 & 0 & 0 \end{bmatrix} \begin{bmatrix} y_1 \\ y_2 \\ y_3 \end{bmatrix} + \begin{bmatrix} \varepsilon_1 \\ \varepsilon_2 \\ \varepsilon_3 \end{bmatrix} = \delta \begin{bmatrix} y_2 + y_3 \\ y_1 \\ y_1 \end{bmatrix} + \begin{bmatrix} \varepsilon_1 \\ \varepsilon_2 \\ \varepsilon_3 \end{bmatrix} \quad (3.35)$$

可以看到上式中，$n = 3$，$\begin{bmatrix} 0 & 1 & 1 \\ 1 & 0 & 0 \\ 1 & 0 & 0 \end{bmatrix}$ 为空间权重矩阵，很显然，

（3.35）为一个联立方程系统，如果对其进行 OLS 估计，将会导致联立方程偏差。此外，由于存在着空间相关性，各被解释变量 y_i 之间是相互影响的，违背了基本假定 $E(y_j \varepsilon_i) = 0$，存在内生性问题。

其次，考虑模型中仅包含解释变量的空间滞后 $\boldsymbol{WX}$ 的情况：

$$Y = X\beta + WX\theta + \varepsilon \qquad (3.36)$$

由于不包含 **WY**，故上式不存在内生性问题，因此可以直接进行 OLS 估计。但是，需要注意的是，**W** 和 **WX** 之间很可能存在多重共线性问题。

最后，考虑误差项的空间依赖：

$$Y = X\beta + u \qquad (3.37a)$$

$$u = \lambda Wu + \varepsilon \qquad (3.37b)$$

扰动项 **u** 存在着空间相关，说明被解释变量不存在空间相关，但是对被解释变量有影响的遗漏变量可能存在着空间依赖，也有可能是不可观测的随机冲击存在空间相关性。由于不包含 **WY**，因此包含误差项的空间滞后不引发内生性问题，OLS 估计是一致的，但是扰动项的自相关被忽略，将损失估计的效率（陈强，2014）。

由于存在着内生性、联立方程等问题，OLS 估计不再 BLUE，空间计量的估计方法主要包括五种：极大似然估计（Maximum Likelihood，简称 ML）、准极大似然估计（Quasi-maximum Likelihood，简称 QML）、工具变量法（Instrumental Variables，简称 IV）、一般距估计法（Generalized Method of Moments，简称 GMM）和贝叶斯马尔可夫链蒙特卡罗法（Bayesian Markov Chain Monte Carlo method，简称 Bayesian MCMC）。目前，应用较广的估计方法为 ML 估计。ML 方法是空间计量应用文献中应用最普遍的一种，这里主要对空间滞后模型（SAR）及空间误差模型（SEM）的极大似然估计（ML）进行介绍，通过两种模型的介绍推至其他空间模型的估计，主要分为两部分：一是横截面数据的估计，二是面板数据的估计。横截面数据的估计主要参考 Lesage & Pace（2009），面板数据的估计主要参考 Elhorst（2014）。

二、空间横截面数据的极大似然估计

（一）空间滞后模型（SAR）与空间杜宾模型（SDM）

SAR 的数据生成过程如下：

$$Y = \delta WY + X\beta + u \qquad (3.38a)$$

$$u \sim N(0,\ \sigma^2 In) \qquad (3.38b)$$

另 $M = I - \delta W$，（3.38a）式可转化为：

$$My = (I - \delta W)Y = X\beta + u \qquad (3.39)$$

进而，得到对应的样本似然函数为：

$$L(y \mid \delta,\ \sigma^2,\ \beta) = (2\pi\sigma^2)^{-n/2}(\mathrm{abs} \mid M \mid) \cdot$$

$$\exp\left\{-\frac{1}{2\sigma^2}(My - X\beta)^{\mathrm{T}}(My - X\beta)\right\} \quad (3.40)$$

其中，$\mathrm{abs} \mid M \mid$ 表示行列式 $\mid M \mid$ 的绝对值。对数似然函数为：

$$\ln L(y \mid \delta,\ \sigma^2,\ \beta) = -\frac{n}{2}\ln(2\pi\sigma^2) + \ln(\mathrm{abs} \mid M \mid) -$$

$$\frac{1}{2\sigma^2}(My - X\beta)^{\mathrm{T}}(My - X\beta) \qquad (3.41)$$

　　与古典线性回归模型的 MLE 估计相似，最大化问题分为两个步骤。首先，在给定 δ 的情况下，选择最优的 β、σ^2；其次，将最优的 $\hat{\beta}(\delta)$、$\hat{\sigma}^2(\delta)$ 带入到对数似然方程，得到"简化的对数似然方程（Concentrated Log Likelihood Function）"，进而求得 δ。

　　第一步，在给定 δ 的情况下，选择最优的 β、σ^2，使得 $\ln L(y \mid \delta,\ \sigma^2,\ \beta)$ 最大。首先，对 β 求偏导，运用一阶条件求得 β。但是，值得注意的是对数似然函数的最大化问题可以等价于使 $(My - X\beta)^{\mathrm{T}}(My - X\beta)$ 最小，而这正是 My 对 X 进行回归所得到的最小二乘法的目标函数：

$$\hat{\beta} = (X^{\mathrm{T}}X)^{-1}X^{\mathrm{T}}My = (X^{\mathrm{T}}X)^{-1}X^{\mathrm{T}}(I - \delta W)y$$

$$= (X^{\mathrm{T}}X)^{-1}X^{\mathrm{T}}y - \delta(X^{\mathrm{T}}X)^{-1}X^{\mathrm{T}}Wy = \hat{\beta}_0 - \delta\hat{\beta}_L \qquad (3.42)$$

其中，$\hat{\beta}_0$ 可以看作 y 对 X 的回归系数，$\hat{\beta}_L$ 可以看作 Wy 对 X 的回归系数。其次，对 σ^2 求偏导，运用一阶条件 $\dfrac{\partial L}{\partial \sigma^2} = -\dfrac{n}{2\sigma^2} +$

$\dfrac{(\boldsymbol{My} - \boldsymbol{X}\widehat{\boldsymbol{\beta}})^{\mathrm{T}}(\boldsymbol{My} - \boldsymbol{X}\widehat{\boldsymbol{\beta}})}{2(\boldsymbol{\sigma}^2)^2}$ 得到其估计值:

$$\widehat{\boldsymbol{\sigma}}^2 = \frac{(\boldsymbol{My} - \boldsymbol{X}\widehat{\boldsymbol{\beta}})^{\mathrm{T}}(\boldsymbol{My} - \boldsymbol{X}\widehat{\boldsymbol{\beta}})}{n} = \frac{\boldsymbol{e}^{\mathrm{T}}\boldsymbol{e}}{n} \tag{3.43}$$

其中,$\boldsymbol{e}$ 为 $\boldsymbol{My}$ 对 $\boldsymbol{X}$ 回归的残差向量。

$$\begin{aligned}
\boldsymbol{e} &= \boldsymbol{My} - \boldsymbol{X}\widehat{\boldsymbol{\beta}} \\
&= \boldsymbol{My} - \boldsymbol{X}(\boldsymbol{X}^{\mathrm{T}}\boldsymbol{X})^{-1}\boldsymbol{X}^{\mathrm{T}}\boldsymbol{My} \\
&= [\boldsymbol{I} - \boldsymbol{X}(\boldsymbol{X}^{\mathrm{T}}\boldsymbol{X})^{-1}\boldsymbol{X}^{\mathrm{T}}]\boldsymbol{My} = [\boldsymbol{I} - \boldsymbol{X}(\boldsymbol{X}^{\mathrm{T}}\boldsymbol{X})^{-1}\boldsymbol{X}^{\mathrm{T}}](\boldsymbol{I} - \delta\boldsymbol{W})\boldsymbol{y} \\
&= [\boldsymbol{I} - \boldsymbol{X}(\boldsymbol{X}^{\mathrm{T}}\boldsymbol{X})^{-1}\boldsymbol{X}^{\mathrm{T}}]\boldsymbol{y} - \delta[\boldsymbol{I} - \boldsymbol{X}(\boldsymbol{X}^{\mathrm{T}}\boldsymbol{X})^{-1}\boldsymbol{X}^{\mathrm{T}}]\boldsymbol{Wy} \\
&= \boldsymbol{e}_0 - \delta\boldsymbol{e}_L \tag{3.44}
\end{aligned}$$

其中,$\boldsymbol{e}_0$ 可以看作 $\boldsymbol{y}$ 对 $\boldsymbol{X}$ 的回归残差,而 $\boldsymbol{e}_L$ 可以看作 $\boldsymbol{Wy}$ 对 $\boldsymbol{X}$ 的回归残差。进一步的得到:

$$\widehat{\boldsymbol{\sigma}}^2 = \frac{(\boldsymbol{e}_0 - \delta\boldsymbol{e}_L)^{\mathrm{T}}(\boldsymbol{e}_0 - \delta\boldsymbol{e}_L)}{n} \tag{3.45}$$

第二步,将 $\widehat{\boldsymbol{\beta}}(\delta)$、$\widehat{\boldsymbol{\sigma}}^2(\delta)$ 带入到 (3.45) 中,得到仅包含 δ 的简化对数似然函数。

$$\begin{aligned}
\ln L(\delta) &= \kappa + \ln |\boldsymbol{I} - \delta\boldsymbol{W}| - \frac{n}{2}\ln\boldsymbol{S}(\delta) \\
&= \kappa + \ln |\boldsymbol{I} - \delta\boldsymbol{W}| - \frac{n}{2}\ln(\boldsymbol{e}_0^{\mathrm{T}}\boldsymbol{e}_0 - 2\delta\boldsymbol{e}_0^{\mathrm{T}}\boldsymbol{e}_L + \delta^2\boldsymbol{e}_L^{\mathrm{T}}\boldsymbol{e}_L)
\end{aligned}$$

$$\tag{3.46}$$

其中,$\boldsymbol{S}(\delta) = (\boldsymbol{e}_0 - \delta\boldsymbol{e}_L)^{\mathrm{T}}(\boldsymbol{e}_0 - \delta\boldsymbol{e}_L)$,$\kappa$ 是一个不依赖于参数 δ 的常数。该函数最大化过程中,需要注意的一点是,由于 δ 出现在行列式 $|\boldsymbol{I} - \delta\boldsymbol{W}|$ 中,这给计算 δ 的具体值带来了很多不便。计算行列式 $|\boldsymbol{I} - \delta\boldsymbol{W}|$ 的一种方法是运用空间权重矩阵 $\boldsymbol{W}$ 的特征值进行计算:

$$|\boldsymbol{I} - \delta\boldsymbol{W}| = \prod_{i=1}^{n}(1 - \delta w_i) \tag{3.47}$$

其中,w_i 为权重矩阵的特征值。此外,对于 δ,为了确保得到正定的扰动项协方差矩阵,其取值应该满足 $\delta \in (w_{\min}, \ w_{\max})$,其中,$w_{\min}$、

$w_{\max}$ 为权重矩阵 $\boldsymbol{W}$ 的最小特征值和最大特征值。

由于 $\boldsymbol{e}_0$、$\boldsymbol{e}_L$ 可以在计算最优似然解之前算出，$\boldsymbol{e}_0 = \boldsymbol{y} - \boldsymbol{X}(\boldsymbol{X}^{\mathrm{T}}\boldsymbol{X})^{-1}\boldsymbol{X}^{\mathrm{T}}\boldsymbol{y}$，$\boldsymbol{e}_L = \boldsymbol{Wy} - \boldsymbol{X}(\boldsymbol{X}^{\mathrm{T}}\boldsymbol{X})^{-1}\boldsymbol{X}^{\mathrm{T}}\boldsymbol{Wy}$，那么，$\ln L(\delta)$ 为 δ 的二次多项式，计算 δ 的对数似然值可以通过在区间 $w_{\min}$，$w_{\max}$ 内得到一个 $m \times 1$ 阶向量，如下式：

$$\begin{bmatrix} \ln L(\delta_1) \\ \ln L(\delta_2) \\ \vdots \\ \ln L(\delta_m) \end{bmatrix} = \boldsymbol{\kappa} + \begin{bmatrix} \ln |\boldsymbol{I} - \delta_1\boldsymbol{W}| \\ \ln |\boldsymbol{I} - \delta_2\boldsymbol{W}| \\ \vdots \\ \ln |\boldsymbol{I} - \delta_m\boldsymbol{W}| \end{bmatrix} - \frac{n}{2} \begin{bmatrix} \ln S(\delta_1) \\ \ln S(\delta_2) \\ \vdots \\ \ln S(\delta_m) \end{bmatrix} \quad (3.48)$$

通过（3.48）式，可以得到 δ 的最优解所在的更为精细的区间 $[\delta_p, \delta_q]$，p、$q \in [1, m]$ 运用内推法插值到达任何想要的精度，得到 $\hat{\delta}$。

极大似然估计的渐进协方差矩阵可以通过信息矩阵来进行估计：

$$\Omega - \left\{ E \left| \frac{\partial^2 \ln L}{\partial \boldsymbol{\theta} \partial \boldsymbol{\theta}^{\mathrm{T}}} \right|^{-1} \right\} = \boldsymbol{\sigma}^2 [(\boldsymbol{I}_n - \delta\boldsymbol{W})^{\mathrm{T}}(\boldsymbol{I}_n - \delta\boldsymbol{W})]^{-1} \quad (3.49)$$

其中，$\boldsymbol{\theta} = (\delta, \boldsymbol{\sigma}^2, \boldsymbol{\beta})$。空间滞后模型 SAR 的极大似然估计值为：

$$\hat{\boldsymbol{\beta}} = \hat{\boldsymbol{\beta}}_0 - \hat{\delta}\hat{\boldsymbol{\beta}}_L \quad (3.50)$$

$$\hat{\boldsymbol{\sigma}}^2 = n^{-1}S(\hat{\delta}) \quad (3.51)$$

$$\hat{\Omega} = \hat{\boldsymbol{\sigma}}^2 [(\boldsymbol{I}_n - \hat{\delta}\boldsymbol{W})^{\mathrm{T}}(\boldsymbol{I}_n - \hat{\delta}\boldsymbol{W})]^{-1} \quad (3.52)$$

对于空间杜宾模型（SDM）的估计，只需令 $\boldsymbol{X} = [\boldsymbol{W}, \boldsymbol{WX}]$ 即可。最后还需要说明的一点是运用（3.47）式，即用 $\boldsymbol{W}$ 的特征值来计算 $|\boldsymbol{I} - \delta\boldsymbol{W}|$，这种方法虽然较为简便，但是只适用于 N 小于 1000 的情形，当 N 大于 1 000 的情况下，需要考虑运用其他方法，可参见 Barry & Pace（1999）。

（二）空间误差模型（SEM）

用 $\boldsymbol{X}$ 表示 $n \times k$ 阶的解释变量矩阵，β 为 $k \times 1$ 阶参数向量，SEM

的数据生成过程如下：

$$y = X\beta + u \tag{3.53a}$$

$$u = \lambda Wu + \varepsilon \tag{3.53b}$$

经过变换得到：

$$y = X\beta + (I_n - \lambda W)^{-1}\varepsilon \tag{3.54}$$

完整的对数似然函数：

$$\ln L = = -(n/2)\ln(\pi\sigma^2) + \ln |I - \lambda W| - \frac{e^{\mathrm{T}}e}{2\sigma^2} \tag{3.55}$$

$$e = (I_n - \lambda W)(y - X\beta) \tag{3.56}$$

最大化问题可以分为两个步骤进行，第一步，给定 λ，通过最优化对数似然函数求得 $\hat{\beta}(\lambda)$、$\hat{\sigma}^2(\lambda)$。$\hat{\beta}(\lambda) = [X(\lambda)^{\mathrm{T}}X(\lambda)]^{-1}X(\lambda)^{\mathrm{T}}y(\lambda)$，$\hat{\sigma}^2(\lambda) = e(\lambda)^{\mathrm{T}}e(\lambda)/n$，其中，$X(\lambda) = X - \lambda WX$，$y(\lambda) = y - \lambda Wy$，$e(\lambda) = y(\lambda) - X(\lambda)\hat{\beta}(\lambda)$；第二步，将 $\hat{\beta}(\lambda)$、$\hat{\sigma}^2(\lambda)$ 带入到 (3.55) 式，得到仅含 λ 的简化的对数似然方程(3.57)，求解最优的 $\hat{\lambda}$。

$$\ln L(\lambda) = \kappa + \ln |I - \lambda W| - (n/2)\ln[S(\lambda)] \tag{3.57}$$

其中，$S(\lambda) = e(\lambda)^{\mathrm{T}}e(\lambda)$。$(3.57)$ 的最优解 $\hat{\lambda}$ 没有具体的解析解，只能求得"数值解"（Numerical Solution）。具体的计算方法一般采用迭代法，如"高斯-牛顿法"（Gauss-Newton Method），即给定初始的 $\hat{\lambda}^{(1)}$，带入到(3.57)中得到 $\hat{\lambda}^{(2)}$，以此类推，直至收敛得到 $\hat{\lambda}$。关于初始值的确定，可以将模型运用 OLS 进行估计，所得到的 λ 的估计值作为初始值带入到 (3.57) 式。空间误差模型的估计值为：

$$\hat{\beta} = \beta(\hat{\lambda}) \tag{3.58}$$

$$\hat{\sigma}^2 = n^{-1}S(\hat{\lambda}) \tag{3.59}$$

$$\hat{\Omega} = \hat{\sigma}^2[(I - \hat{\lambda}W)^{\mathrm{T}}(I - \hat{\lambda}W)]^{-1} \tag{3.60}$$

值得注意的是，与 SAR 与 SDM 不同之处在于，$S(\lambda)$ 不是一个简单的二次式，对于任何一个给定的 λ，带入到简化的对数似然函数(3.57)

中，都需要对每一个 λ 控制 $n\times1$ 和 $n\times k$ 的矩阵，这对大样本数据集来说很繁杂，可以通过提前计算一些矩量矩阵来简化 $S(\lambda)$ 的矩阵，通过简化，使 $S(\lambda)$ 的计算只需要 k 维度的或小于 k 维度的矩量矩阵，具体简化方法如下：

$$Axx(\lambda) = X^{\mathrm{T}}X - \lambda X^{\mathrm{T}}WX - \lambda X^{\mathrm{T}}W^{\mathrm{T}}X + \lambda^2 X^{\mathrm{T}}W^{\mathrm{T}}WX \qquad (3.61)$$

$$Axy(\lambda) = X^{\mathrm{T}}y - \lambda X^{\mathrm{T}}Wy - \lambda X^{\mathrm{T}}W^{\mathrm{T}}y + \lambda^2 y^{\mathrm{T}}W^{\mathrm{T}}Wy \qquad (3.62)$$

$$Ayy(\lambda) = y^{\mathrm{T}}y - \lambda y^{\mathrm{T}}Wy - \lambda y^{\mathrm{T}}W^{\mathrm{T}}y + \lambda^2 y^{\mathrm{T}}W^{\mathrm{T}}Wy \qquad (3.63)$$

$$\beta(\lambda) = Axx(\lambda)^{-1}Axy(\lambda) \qquad (3.64)$$

$$S(\lambda) = Ayy(\lambda) - \beta(\lambda)^{\mathrm{T}}Axx(\lambda)\beta(\lambda) \qquad (3.65)$$

三、空间面板数据的极大似然估计

(一) 空间面板数据的估计策略

与普通的面板数据相同，估计方法存在两种极端策略。第一种是进行混合回归（Pooled Regression），即假定样本中每个个体的回归方程是完全相同的，对其进行截面数据的回归。另一种是将每一个个体单独对待，均进行单独的回归，而这样的做法将个体间的共性忽略掉，使模型的估计复杂且没有较大的实际意义。而第一种方法忽略了个体间不可观测或被遗漏的空间和时间上的异质性，这种异质性很可能与解释变量相关进而使估计结果不一致。基于以上两种极端的做法，空间面板数据的估计采取较为折中的估计策略，假定个体的回归方程拥有相同的斜率以体现个体间的共性，同时可以允许个体拥有不同的截距项来捕捉空间和时间差异所带来的异质性。

空间面板的异质性表现为两种类型，一种类型是各空间单元存在着空间特定而时间不变的变量，即不随时间变化但空间上却不同的变量，这种变量确实能对因变量产生一定的影响，而且很难进行测量描述。例如，在研究地区经济问题时，某一空间单元是靠海的，而另一空间单元则在内陆，还比如，在研究大气污染问题时，其中一个空间单元经常降雨、多风，而另一地区则常年干旱，不能对这些具有空间特性的变量进行测度，很可能使模型的估计出现偏差。克服由空间上带来的异质性问题，一种办法是引入一个不可观测的随机变量 μ_i，用以代表个体异质性的截距项；另一种类型的异质性表现在空间单元存在着时间特定而空间不变的变量，例如，某一年正处于经济危机，而另一年则处于经济复苏阶段，还比如，从某一个时间节点开始，一项经济政策的实施，这一时间节点前后对因变量的影响可能差异巨大。克服时间因素带来的异质性问题，一种办法是引入一种时间特定效应 ξ_t。

根据以上所描述的估计策略，（3.1）式可以表述为：

$$y_{it} = \delta \sum_{j=1}^{N} w_{ij} y_{jt} + x_{it}\beta + (\sum_{j=1}^{N} w_{ij} x_{jt})\theta + u_i + \xi_t l_N + u_{it}$$

$$(3.66a)$$

$$u_{it} = \lambda W u_{it} + \varepsilon_{it} \qquad (3.66b)$$

其中，$i = 1$，$\cdots$，N，用以代表空间单元，$t = 1$，$\cdots$，T，用以表示时间维度。若不考虑 $\xi_t l_n$，如果 μ_i 与某个解释变量相关，则进一步称之为"空间固定效应模型"。μ_i 与所有解释变量均不相关，则进一步称之为"空间随机效应模型"。

此外，以上所指的固定效应解决了不随时间而变但随空间个体而异的遗漏变量问题，类似地，可考虑引入时间固定效应模型，用以解决不随个体而变但随时间而变的遗漏变量问题。定义 $\varphi = \xi_t l_N$，则上式可写为：

$$y_{it} = \delta \sum_{j=1}^{N} w_{ij} y_{jt} + x_{it}\beta + (\sum_{j=1}^{N} w_{ij} x_{jt})\theta + u_i + \varphi_t + u_{it} \quad (3.67a)$$

$$u_{it} = \lambda W u_{it} + \varepsilon_{it} \qquad (3.67b)$$

那么 φ_t 即为时间固定效应，若不考虑 μ_i，（3.67）式称为"时间固定效应模型"。若既考虑 φ_t，同时也考虑 μ_i，可将模型进一步称之为"空间时间固定效应模型"。

针对空间模型的面板数据估计，Elhorst（2014）进行了较为全面的总结，参考该文献将面板数据划分为固定效应和随机效应分别进行讨论。在进行空间面板的估计问题讨论之前，首先介绍非空间面板数据的估计方法，在非空间面板的基础之上，进行空间面板的讨论。一个带有特定效应但没有空间交互影响的混合的线性回归模型如下：

$$y_{it} = \boldsymbol{x}_{it}\beta + \mu_i + \varepsilon_{it} \tag{3.68}$$

其中，$i = 1$，$\cdots$，N，用以代表空间单元，$t = 1$，$\cdots$，T，用以表示时间维度。μ_i 为模型中的个体效应。空间滞后模型可以记为：

$$y_{it} = \delta \sum_{j=1}^{N} w_{ij} y_{jt} + x_{it}\beta + \mu_i + \varepsilon_{it} \tag{3.69}$$

其中，w_{ij} 为空间权重矩阵的元素，空间误差模型可记为：

$$y_{it} = x_{ij}\beta + \mu_i + u_{it} \tag{3.70a}$$

$$u_{it} = \lambda \sum_{j=1}^{N} w_{ij} u_{it} + \varepsilon_{it} \tag{3.70b}$$

需要强调的是，空间面板数据的处理与非空间面板不同，它首先按时间进行划分，然后按空间单元进行划分。当 y_{it}、x_{it} 的 T 个时期的 N 个观察值不断堆积，最后，得到 $NT \times 1$ 阶的 $\boldsymbol{Y}$ 和 $NT \times K$ 阶的 $\boldsymbol{X}$。下文讨论空间滞后模型（SAR）和空间误差模型（SEM）的估计方法，仅需令 $\boldsymbol{X} = [\boldsymbol{X}\ \boldsymbol{WX}]$，以上两种模型可扩展至空间杜宾模型（SDM）和空间杜宾误差模型（SDEM），其中，SAR 对应 SDM，SEM 对应 SDEM。

（二）固定效应与随机效应的选择

空间模型的固定效应和随机效应存在两类选择机制，一类是以空间模型的理论为依据，另一类是以统计为依据。

理论依据表现为：如果样本和总体几乎一致，只推断样本特征，选择空间固定效应模型；若样本仅是总体的随机抽取部分，并且个体效应具有确定的均值和方差，则选择空间随机效应模型。

统计依据表现为：若个体效应和模型中的解释变量相关，选择空间固定效应模型，否则选择空间随机效应模型。为了检验随机效应与解释变量之间的零相关假设，可以运用 Hausman 检验（Baltagi，2003）。
原假设：$h = 0$，其中：

$$h = d^{\mathrm{T}} [var(d)]^{-1} d \tag{3.71}$$

$$d = \hat{\beta}_{RE} - \hat{\beta}_{FE} \tag{3.72}$$

$$var(d) = \sigma^2_{RE} (X^{\cdot \mathrm{T}} X^{\cdot})^{-1} - \sigma^2_{FE} (X^{* \mathrm{T}} X^{*})^{-1} \tag{3.73}$$

这个检验服从 K 自由度的卡方分布。Hausman 检验也可以被应用于带
有误差项或是空间滞后项的模型。由于空间滞后模型存在一个额外的
解释变量，模型的检验统计量服从自由度为 $K+1$ 的卡方分布。Lee &
Yu（2012b）推导出针对所有空间面板数据模型的 Hausman 检验，如
果这一假设被拒绝，随机效应将被拒绝而选择固定效应。另外，也可
以检验原假设：$h = 0$ 看是否随机效应被拒绝而选择固定效应。Debarsy
（2012）将 Mundlak 方法应用于 SDM 模型来帮助应用研究者确定是否
可选择随机效应。

Beenstock（2007）认为原则上应该选择随机效应模型。最主要的
原因在于固定效应常常无法估计某些关键变量的系数，这种类型的变
量的主要特征为随时间不变或是随时间变化不大，并且固定效应模型
会导致损失大量的自由度。此外，从理论上来讲，随机效应还存在两
个固定效应不具备的优势：首先，与固定效应相比较，空间随机效应既
考虑了面板数据的横截面分支，同时也考虑了数据的横截面性质。其
次，N 和 T 是否足够大对于固定效应模型的估计会产生很大的影响，
而随机效应则会避免这样的影响。

然而，对于绝大多数空间实证模型来说，固定效应则更为适合。
经验表明，由于空间权重矩阵在非完整区域难以定义，空间计量经济
学更强调在完整的研究区域里解析时空数据问题。例如，一个国家的
所有省份或是某一省份的所有地区。这样做的一个重要原因在于空间
权重矩阵，空间权重矩阵是空间模型的重要变量，它定义了邻近地区
交互影响的关系，如果选取总体的样本进行研究，空间单元的邻近地
区很可能不包含在研究的样本范围内，那么很多空间样本单元与其邻
近地区的关系将无法描述，进而不能事先设定权重矩阵，空间模型的

回归分析便无法向下进行。因此，数据必须覆盖全部总体，更为形象的说，空间计量的研究对象多为"未打破的空间区域"。在这种情况下，固定效应模型显然比随机效应模型要更为合适。Lee（2012b）认为固定效应模型的估计在一定程度上稳健，同时计算上与随机效应模型一样简便。

在大多数情况下，在实证中倾向于选空间固定效应模型，但是固定效应模型也具有一些问题。例如，固定效应模型只有在样本数据跨越的时间长度 T 足够大的情况下，模型参数的估计量才具有一致性，但这种情况在实际应用中会存在诸多问题。

四、极大似然估计的局限及改进方法

（一）残差的异质性问题

极大似然估计中，假定残差的条件分布概率服从 $\varepsilon \mid X \sim N(0, \sigma_1^2 \boldsymbol{I}_v)$，也就是假定常数方差是同质的，然而，在空间数据的处理中，这种假定在很多情况下是不成立的。实际上，空间数据是以观测单位为基础的，由于各观测单位的地理位置和形状存在差异，可能会导致残差的异质性，体量较大的地区往往有较大的方差。可以通过两种方法进行改进：一是通过参数化估计异质性残差的方差-协方差矩阵来实现；二是非参数方法进行估计，非参数估计将在本章的第五小节进行详细介绍。

（二）离散的被解释变量

本章第三节讨论的极大似然估计方法主要针对连续被解释变量的空间回归，当回归模型中的被解释变量为离散值时，如继续使用极大似然估计进行估计，由于忽略了方差-协方差矩阵中非对角线元素所包含的信息，估计值虽然是一致的，但不是有效的。并且由于极大似然估计需要使用数值逼近法得到方程解，对计算的要求非常高。此时采用广义矩估计（GMM）和线性广义矩估计（LGMM）能够在一定程度上缓解这个问题，但在处理大数据集时仍然无法消除这一问题。为了降低运算量，LeSage & Pace（2009）建议使用贝叶斯估计，在马尔科夫链蒙特卡洛法（MCMC）的条件下展开相应的估计。

（三）非线性空间模型的估计

现实世界中，经济社会系统各变量之间不仅仅存在线性关系，还存在大量的非线性关系。参数极高的非线性程度会导致似然函数不能进行最大化分析，必须使用数值逼近法，而数值逼近法需要较大的计算量才能够得到结果，极大似然估计并不是非线性空间模型的最优方法。改进的方法主要包括构建 MESS 模型、非参数或半参数空间模型。MESS（Matrix Exponential Spatial Specification）模型改变了空间权重矩阵外生的假定，用指数衰减代替传统的空间几何衰减，其思想来源于 Chiu 等（1996）在协方差建模中采用的矩阵指数法，避免了较大的运算量；非参数或半参数空间模型的估计将在本章的第五节进行详细介绍。

（四）IV/GMM 估计

IV 估计是通过寻找工具变量来减轻或完全解决解释变量与随机误差的相关性，进而使估计量具备无偏性。工具变量存在两个条件：一是找到一个变量 Z，其与解释变量 X 高度相关；二是变量 Z 与随机误差项 ε 不相关。因此变量 Z 就可以作为新的解释变量处理这种相关性问题。广义矩估计，即 GMM（Generalized Method of Moments）是基于模型实际参数满足一定矩条件而形成的一种参数估计方法，是矩估计方法的一般化。

Elhorst（2014）总结了 IV 和 GMM 方法的三个优点。首先，IV 和 GMM 仅要求扰动项 ε_i 独立且同方差，不要求其服从正态分布。其次，避免了计算上存在的困难。空间计量模型的估计涉及 $N \times N$ 阶矩阵计算，特别是当 N 较大时，计算问题尤为突出。第三，由于解释变量的测量误差，忽略的变量与解释变量相关，或者潜在的联立结构存在，对于某一类型的线性空间模型，它们带有一个或多个内生解释变量，IV 和 GMM 估计方法极为有效。例如，对于空间滞后模型或空间杜宾模型的单一方程，ML 和贝叶斯方法很难进行估计，而这类模型运用两阶段最小二乘法进行直接估计。Kelejian 等（2004）建议运用

$[X\ WX\ \cdots\ W^g X]$（g 是事先选定的常数）作为空间滞后变量的工具变量进行估计。同样，对于空间误差模型或空间杜宾误差模型的单一方程，ML 和贝叶斯方法也很难实现，Kelejian & Prucha（1999）运用 GMM 方法对这类模型进行了讨论，后续的研究学者将他们研究的模型称为 Kelejian-Prucha 模型，并展开了拓展性的研究。

对于空间模型的 QML 估计也同样具有 IV 和 GMM 的第一个优势，不要求随机扰动项的正态分布，各扰动项之间独立同方差即可满足条件。很多学者运用该方法对动态空间计量模型进行估计。

第五节　空间计量模型的局限与前沿进展

一、空间计量模型的局限

Elhorst（2010）以"Raising the Bar"为标题结合相关研究，以更为宽阔的视角解读了 Lesage 和 Pace 在 2009 年出版的计量经济学导论，它认为此书的出版使空间计量经济学的发展实现了"质的飞跃"。Elhorst（2014）在 2010 年发表的文章基础上，主要探讨了基于极大似然估计的空间计量模型估计，该书从简单的线性模型将空间计量扩展至面板数据模型，进一步地，对动态空间面板进行了探讨，这些模型估计的实现大多数可以通过他本人和其他学者编程好的 MATLAB 程序得以实现，使空间计量经济学的发展逐渐趋于成熟，并能较快地应用在实证分析过程中。与此同时，空间计量方法的在 R 软件上的进展也得到了实现，Bivand（2013）最新出版的应用 R 做应用空间数据分析在实现技术上做了较大的补充。

然而，空间计量经济学目前仍存在两个较为突出的问题，一是空间模型是否能够真实的反应数据生成过程，是否存在着其他的误差设定源来影响模型的判断；二是空间权重矩阵的问题。首先，模型的选择，尽管 Elhorst（2010）基于极大似然估计的方法提出了空间模型的选择机制，但 Bivand（2012）以"After 'Raising the Bar'"

为标题，检验当运用新的技术 R 进行估计时，早期的研究结论是否有可能改变，同时运用了较大的数据集来讨论模型的拟合问题。该文的结论指出我们或许将空间相关性强加于模型中，我们所观测到的空间信号很可能是由遗漏变量问题所造成的，而不是由空间上的依赖关系所引起的。在模型拟合的过程中，同时包含两个空间变量（被解释变量的空间滞后和误差项的空间滞后）的空间模型拟合效果要比仅含一个空间变量的拟合程度要好，特别是当这个空间变量是被解释变量的空间滞后的情况，但是值得注意的是，拟合效果好并不意味着我们捕捉到了真实的空间关系。针对以上的观察 Bivand 提出了几点值得思考的问题：当我们运用包含三个空间变量的模型（因变量的空间滞后、解释变量的空间滞后和误差项的空间滞后）进行拟合时，我们如何解释所得到的输出结果？我们认为建模过程中所存在的潜在问题是否仅仅归因于空间变量系数 ρ 与 λ 不能够显著识别，这种情况是否是由于其他的错误设定，例如异方差性，进入到了另外一个较为明显的负的空间相关程序中？这一系列的问题都值得我们进一步去研究，这也是 Elhorst 的 "Raising the Bar" 所面临的值得争议的一些问题。此外，"Raising the Bar" 所运用的主要方法是极大似然估计，但该估计的大样本理论还尚待完善，这也是需要考虑的一个重要问题。

其次，空间权重矩阵的问题。空间模型需要研究者主观设定一个非随机的空间权重矩阵而不是用真实数据来估计，这样的设定就很可能导致无法完全反映不同地区之间复杂的交互影响关系。

为了解决这一问题，不同的权重矩阵被采用用于空间计量模型的估计，这些空间权重矩阵包括二元邻接矩阵，距离倒数的权重矩阵，q 阶最近邻居矩阵等等，随之而来所产生的问题就是如何从这一系列权重矩阵中选出最佳。Stakhovych & Bijmolt（2009）提出了一套运用蒙特卡罗法选择空间权重矩阵的方法，该方法通过计算对数似然方程值来进行判断，被选取的空间权重矩阵中，最佳的权重矩阵应该是基于该矩阵的空间模型的对数似然方程值最高。这种方法也存在着一定的质疑，即真正的空间权重矩阵可能并不在我们所选取的矩阵范围内，但是虽然存在着这样的可能性，但是当空间依赖关系较强时，出现这种情况的概率是相当小的。Lesage & Pace（2009）运用贝叶斯后验模型概率也提出了一套权重矩阵的选择机制，这种方法的优点在于即使估计结果对于不同的权重矩阵是稳健的，但是后验概率仍然区别很大，可以帮助我们选择较为合适的权重矩阵；第二，这种方法由于已经存在了事先编程好的 Matlab 程序，实现起来也较为容易。处理区域间交互影响关系的另一方法是直接将地区间的距离作为变量引入回归模型。比如，在国际贸易领域，常使用以下模型来考察两国间贸易量的决定因素：

$$Export_{ij} = \frac{\alpha Y_i^{\beta} Y_j^{\gamma}}{D_{ij}^{\delta}} \qquad (3.74)$$

其中，$Export_{ij}$ 表示 i 国对 j 国的出口额，Y_i、Y_j 分别为 i 国与 j 国的 GDP，而 D_{ij} 为 i 国与 j 国之间的地理距离。由于该公式很像牛顿的万有引力公式，故称为"引力模型"，对方程两边取对数，并加上误差项，就可以进行进一步的回归分析。

此外，李敬等（2014）在运用网络分析法研究中国区域经济增长的空间关联时指出，空间计量方法的局限还在于其将空间关联局限在经济地理学上的"相邻"和"相近"。然而，中国区域发展战略强调的是内陆与沿海的互相影响、各地区的协调发展，各区域间地理上或许不相邻，但在经济增长方面却确实存在着空间关联；更值得一提的是，这种空间关联体现在其具有多方向的网络性质，而空间计量只能揭示少量的关联关系。

二、空间计量模型的前沿进展

空间计量经济学诞生于 20 世纪 70 年代，经历近 40 年的发展，空间模型的构建及其估计方法已经得到了极大的丰富，并在很多领域取得突破性进展，见图 3-5。

从线性模型的估计看，空间线性模型的估计已经与非空间线性模型的估计进展基本同步，一方面从空间横截面数据逐渐扩展至空间面板数

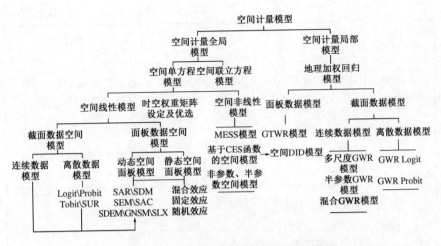

图 3-5　空间计量模型的研究框架及其进展

注：SUR（Seemingly Unrelated Regressions）表示空间似不相关回归模型；SAR 表示空间自回归模型；SDM 表示空间杜宾模型；SEM 表示空间误差模型；SAC 表示空间双项自回归模型；SLX 表示空间自变量滞后模型；SDEM 表示空间杜宾误差模型；GNSM 表示广义嵌套空间模型；MESS 表示矩阵指数空间模型；GTWR 模型表示地理和时间加权模型；GWR 模型表示地理加权模型

据、动态空间面板数据的估计，另一方面从空间连续数据逐渐扩展至空间离散数据的估计；从非线性模型的估计看，这里仍然是空间计量经济学亟待完善的领域，也是前沿方向的重点研究领域；从模型的类型看，从常用的空间计量模型（SAR、SEM 和 SDM）逐渐扩展至空间联立方程模型、时间空间双向效应模型、空间地理变系数模型。近 40 年来，空间计量领域，也涌现出了一批较具影响力的研究学者，见表 3-4。

表 3-4　空间计量经济学家及其贡献

姓名	研究领域	代表作	贡献
Luc Anselin	空间统计分析、地理信息系统、空间计量经济学建模	*Spatial Econometrics：Methods and Models*（1988）	助推空间计量经济学从边缘发展为主流，从而奠定了地理信息科学的计量基础；开发了软件工具 SpaceStat（空间计量经济学）、GeoDa（探索性空间数据分析）

（续表）

姓名	研究领域	代表作	贡献
James LeSage	区域经济学、贝叶斯计量经济学、空间计量经济学	*Introduction to Spatial Econometrics*（2009）	推动贝叶斯方法在空间计量模型中的应用
Lungfei Lee	空间计量经济学、网络计量经济学、内生空间权重矩阵	*Asymptotic Distributions of Quasi-maximum Likelihood Estimators for Spatial Autoregressive Models*（2004）	专注于空间自回归模型的研究，特别是基于截面数据的空间自回归模型估计
Paul Elhorst	空间计量经济学、空间面板数据、非线性计量经济学	*Spatial Econometrics：from Cross-sectional Data to Spatial Panels*（2014）	助推空间计量经济学从横截面数据的估计走向空间面板数据估计
Harry Kelejian	应用计量经济学、理论计量经济学	*On the Asymptotic Distribution of the Moran's I Test Statistic with Applications*（2001）	空间计量模型的基础估计方法

（一）空间模型的贝叶斯推理

1. 贝叶斯方法与空间模型

贝叶斯方法历史悠久，但一直未用于模型的估计，直到马尔可夫链蒙特卡罗法（Markov Chain Monte Carlo，简称 MCMC）的出现，使人们开始重新关注贝叶斯方法，近年来，MCMC 方法开始被应用在空间计量建模与估计过程中，这种方法运用模型中每个参数的条件分布将复杂的问题分解为简单的问题，并且可以运用扩展的计量软件包在理论和应用层面解决空间模型的估计问题。

在给定观测数据 y 的情况下，贝叶斯推理是运用贝叶斯法则来计算模型系数的概率：

$$\pi(\theta \mid y) = \frac{\pi(y \mid \theta)\pi(\theta)}{\pi(y)} \tag{3.75}$$

其中，$\pi(\theta \mid y)$ 表示模型的似然（可能性或概率），代表参数 θ 的后验分布；$\pi(\theta)$ 是模型系数的先验分布，$\pi(y)$ 由于不包含参数 θ，是常常被忽略的正规常数。在空间计量模型估计中，随机效应的先验分布被用于分析空间变量的参数。非确定性先验分布用于估计其他参数。

拟合贝叶斯模型意味着计算 $\pi(\theta \mid y)$，θ 包含了模型中所有参数，同时也包含了其他导出量，例如，我们可以计算线性预测值、随机效应以及随机效应之和的后验概率分布。仅仅依靠模型的似然和先验分布来计算 $\pi(\theta \mid y)$ 可能会很困难。在过去的 20—30 年间，很多方法被构建用于估计 $\pi(\theta \mid y)$，这些方法主要是基于蒙特卡洛方法。其中一个非常重要的方法就是马尔科夫链蒙特卡洛法（Markov Chain Monte Carlo，简称 MCMC）。MCMC 是基于后验分布进行抽样的一系列算法的集合。在任何类型的抽样情况下，都首先要选定一个初始值用于进行模拟。每一个 k 都是基于其上一期的计算值，依据一套特定的算法，更新得到一个模型系数 $\hat{\theta}_i^{(k)}$ 的样本，这一系列的更替实际上是来自 $\pi(\theta \mid y)$ 的抽样。大量的模拟不断产生，经过一定的退化期后（例如，我们真正实施了 2 500 次抽样，退化舍去前期的 500 次抽样，后期的抽样才逐渐趋于稳定均衡状态），开始收集参数样本进而用来估计后验分布。模型系数的统计量将很容易从这些模拟中得到计算。

MCMC 方法在计量经济学及数理统计学方面也得到了广泛的应用，本书以 SAR 模型为例对空间模型的贝叶斯 MCMC 估计进行简要介绍。贝叶斯 SAR 模型的正规表述见（3.76）式。

$$y = \rho Wy + X\beta + \varepsilon, \quad \varepsilon \sim N(0, \sigma^2 I_n) \tag{3.76}$$

$$\pi(\beta, \sigma^2) \sim NIG(c, T, a, b)$$
$$= \pi(\beta/\sigma^2)\pi(\sigma^2)$$
$$= N(c, \sigma^2 T) IG(a, b)$$
$$= \frac{b^a}{(2\pi)^{k/2} \mid T \mid^{1/2} \Gamma(a)} (\sigma^2)^{-(a + (\frac{k}{2}) + 1)} \times$$
$$\exp\left[\frac{-\{(\beta - c)^T T^{-1}(\beta - c) + 2b\}}{(2\sigma^2)}\right] \tag{3.77}$$

其中，$\pi(\sigma^2) = \dfrac{b^a}{\Gamma(a)}(\sigma^2)^{-(a+1)} \exp(-b/\sigma^2)$，$\sigma^2 > 0$，$a$、$b > 0$，

$\pi(\rho) \sim U(\lambda_{\min}^{-1}, \quad \lambda_{\max}^{-1})$，$\Gamma(°)$ 代表标准伽马函数，即 $\Gamma(a) = \int_0^\infty t^{a-1} e^{-t} \mathrm{d}t$。使用这种先验分布结合贝叶斯原理，得到简化的后验分布。

$$p(\beta, \ \sigma^2, \ \rho \mid D) \propto (\sigma^2)^{a^*+(k/2)+1} \mid \boldsymbol{A} \mid \times$$
$$\exp\left\{-\frac{1}{2\sigma^2}\left[2b^* + (\beta - c^*)^{\mathrm{T}}(\boldsymbol{T}^*)^{-1}(\beta - c^*)\right]\right\} \tag{3.78}$$

其中，$c^* = (\boldsymbol{X}^{\mathrm{T}}\boldsymbol{X} + T^{-1})^{-1}(\boldsymbol{X}^{\mathrm{T}}\boldsymbol{A}y + T^{-1}c)$，$T^* = (\boldsymbol{X}^{\mathrm{T}}\boldsymbol{X} + T^{-1})^{-1}$，$a^* = a + n/2$，$\boldsymbol{A} = \boldsymbol{I}_n - \rho\boldsymbol{W}$，$b^* = b + [c^{\mathrm{T}}T^{-1}c + y^{\mathrm{T}}\boldsymbol{A}^{\mathrm{T}}\boldsymbol{A}y - (c^*)^{\mathrm{T}}(\boldsymbol{T}^*)^{-1}c^*]/2$。

借助于 M-H 抽样法及 Gibbs 抽样，得到各参数的估计。

2. 空间贝叶斯估计的优势及局限

MCMC 所提供的模拟来自模型系数总体，即一个多元分布。通过这些分布，我们可以用来估计联合的后验分布。然而，我们可能仅对某一变量的系数或者是系数的一个子集感兴趣，通过忽略其他系数的样本可以得到我们所感兴趣的子集的样本，运用这些样本，能够计算出模型系数任何方程的后验分布。然而，MCMC 也存在着一些弊端，如 MCMC 要求进行大量的模拟以产生有效的推断。与此同时，我们必须检验退化期是否结束以确保我们已经接近了后验分布。

贝叶斯 MCMC 估计的优点在于提供了一套选择权重矩阵的准则。现有空间模型理论的最大局限在于权重矩阵 W 不能被估计，且必须事先设定好，所以通常需要检验估计结果对于权重矩阵的设定是否稳健。贝叶斯 MCMC 估计运用后验分布概率能够找到描述空间数据生成过程的最合适的矩阵，LeSage & Page（2009）和 Seldadyo 等（2010）对空间数据的贝叶斯估计，特别是贝叶斯 MCMC 估计进行了详细的讨论。Stakhovych & Bijmolt（2009）的研究显示，当空间依赖较弱时，运用贝叶斯 MCMC 估计选择错误空间权重矩阵的概率很大，但错误选择造成的影响有限，因为系数的估计非常接近真实值；而当空间依赖较强时，错误选择空间权重矩阵会对系数的估计产生较大的影响，但这种情况发生的概率是极低的。这进一步说明了贝叶斯 MCMC 估计在空间计量模型估计中的优势，即使会发生选择错误空间矩阵的情形，但对参数估计的影响也是相对有限的。

（二）空间非线性模型

1. MESS 模型介绍

传统的空间计量模型通过外生的空间权重矩阵刻画各地理空间单元之间的联系与空间特性，即空间权重矩阵是在估计前设定好的，并不是需要估计的参数。外生的权重矩阵可能存在两类问题：一是当空间单元的联系存在经济等其他因素引发的关联时，外生的空间权重矩阵明显与现实存在较大差距；第二，当样本数据集 N 较大时，空间计量模型的极大似然估计会包含一个高阶行列式，带来极大的运算量，最终难以得到准确的参数估计值。

Chiu 等（1996）提出了采用矩阵指数进行协方差建模方法。该方法有两个优势：一是矩阵指数模型的协方差矩阵是正定的，矩阵的正定性为空间模型的理论推演和参数运算提供了较大的便利性；二是相邻空间单元个数和因空间效应引起的衰减可以用超参数进行控制，这一处理可以更为灵活、客观地刻画区域内空间单元的交互影响效应及其他空间特征。

LeSage & Pace（2007）特别探讨了矩阵指数空间模型（Matrix Exponential Spatial Specification，MESS），该模型的核心在于将空间单元的空间性定义为指数衰减，而非几何衰减，MESS 模型可视为一个前期影响程度呈指数衰减特征的时空过程。矩阵指数可以替代空间自回归过程，作为建立空间自回归模型的基础。

常见的空间自回归模型：

$$y = \lambda Wy + X\beta + \varepsilon \tag{3.79}$$

其中，$|\lambda| < 1$；向量 y 是 $n \times 1$ 个被解释变量矩阵，X 是 $n \times k$ 阶解释变量矩阵，W 是 $n \times n$ 阶空间权重矩阵，残差矩阵 $\varepsilon \sim N(0, \sigma^2 I_n)$，$\beta$ 为 k 个元素的待估参数向量。改写方程为如下形式：

$$(I_n - \lambda W)y = X\beta + \varepsilon \tag{3.80}$$

如前所述，样本数据集非常大时出现的计算问题主要来自模型（I_n $-\lambda W$）矩阵的逆。设定 $S = (I_n - \lambda W)$，常规的空间自回归模型变化为如下形式：

$$Sy = X\beta + \varepsilon \tag{3.81}$$

其中，S 为 $n \times n$ 阶正定矩阵。根据 Chiu 等（1996）、LeSage & Pace（2007），矩阵 S 的指数矩阵：

$$S = e^{aW} = \sum_{i=0}^{\infty} \frac{a^i w^i}{i!} \tag{3.82}$$

W 为空间权重矩阵，其中，$w_{ij} > 0$ 为观测值 j 是观测值 i 的一个近邻，$(w)_{ij}^2 > 0$ 为观测值 j 是观测值 i 的近邻的近邻，$w_{ii} = 0$ 为剔除自身依赖。更高阶矩阵 W 也可以进行相似的定义，从而矩阵 W 组成的矩阵指数 S 对高阶邻近关系形成指数衰减影响。MESS 模型用指数衰减的高阶邻近关系影响替代了 SAR 模型中常规几何衰减的高阶邻近关系。

Chiu 等（1996）提出矩阵指数并指出其相关性质：

性质 1：对于任何实对称矩阵 W，S 是一个正定矩阵；

性质 2：对于任意一个实正定矩阵 S，总存在一个实对称矩阵 aW，使得 $S = e^{aW}$；

性质 3：矩阵 S 的逆矩阵是 $S^{-1} = e^{-aW}$；

性质 4：矩阵 S 的行列式为 $|S| = e^{tr(aW)}$。因此，根据定义矩阵 $w_{ii} = 0$，从而可知 $|S| = e^{tr(aW)} = e^0 = 11$，此性质极大地简化了 MESS 的对数似然函数，MESS 似然函数形式为：

$$L(y \mid \lambda, \sigma^2, \beta) = (2\pi\sigma^2)^{-\frac{n}{2}} (\text{abs} |S|) \exp\left\{-\frac{1}{2\sigma^2}(Sy - X\beta)^{\mathrm{T}}(Sy - X\beta)\right\}$$

$$\tag{3.83}$$

其中，abs $|S|$ 表示行列式 $|S|$ 的绝对值。由此可得对数似然函数为：

$$\ln L(y \mid \lambda, \sigma^2, \beta) = -\frac{n}{2}\ln(2\pi\sigma^2) + \ln(\text{abs} |S|) -$$

$$\frac{1}{2\sigma^2}(Sy - X\beta)^{\mathrm{T}}(Sy - X\beta) \tag{3.84}$$

由性质 4 可知，$|S|=1$，简化的对数似然函数为：

$$\ln L(y\mid\lambda,\ \sigma^2,\ \beta)=c-\frac{1}{2\sigma^2}(Sy-X\beta)^{\mathrm{T}}(Sy-X\beta)\quad(3.85)$$

因此，最大化对数似然函数与 $(Sy-X\beta)^{\mathrm{T}}(Sy-X\beta)$ 最小化等价。

2. MESS 模型的优势及其最新研究进展

MESS 通过将空间自回归过程中的几何衰减替换为指数衰减来构造空间自回归模型。相对传统的空间自回归模型，MESS 模型既有计算上的优势又有理论上的优势。

如果空间权重矩阵 W 为非常密集时，传统的自回归模型在计算矩阵 S 时将需要大量的内存和计算时间。LeSage & Pace（2007）指出，对于 MESS 模型而言，MESS 的对数似然函数不需要计算 S 矩阵的行列式，只需要计算矩阵与被解释变量的乘积 Sy，这极大地简化了计算。MESS 模型的另一个优点是推导出了求解参数估计解析解的可能性，对于传统的自回归模型是不可能的。在矩阵指数空间模型的大样本条件下，Lee & Jin（2014）认为在异方差下，MESS 的拟极大似然估计是一致的，SAR 模型的拟极大似然估计不具有一致性。MESS 模型的拟极大似然估计方法比 SAR 模型具有计算优势。任何有限阶空间矩阵的 MESS 模型具有计算的简单性质，并且无需假设参数范围即可使模型稳定。

对于 MESS 模型的最新研究进展，Han & Lee（2013a）提出了采用贝叶斯选择方法选取空间杜宾误差模型、空间自回归模型和矩阵指数空间模型三类模型，并且推导了这三种模型的边际似然函数，大大简化了模型的选择过程；Han & Lee（2013b）提出用 J 检验的方法对 SAR 模型和 MESS 模型两者进行选择；Figueiredo（2015）将矩阵指数空间模型扩展到面板数据模型，使用极大似然方法来估算矩阵指数空间模型，并将模型估计结果与固定效应空间自回归面板模型进行比较选择；在模型变量选择的研究上，Lee & Jin（2018）对包含解释变量的空间滞后变量与内生解释变量的矩阵指数空间模型估计，并且提出了通过最小化信息准则来选择自适应组 Lasso 的调优参数，并使用

Lasso 对解释变量的空间滞后变量与内生解释变量进行选择。

（三）受限因变量空间模型

在大多数研究中，空间相互依赖性存在的离散结果很少受到直接关注，忽略受限因变量模型，很难有效刻画社会现象的变化规律，使得函数形式设定不当而导致参数估计出现偏差。为解决常用空间计量模型中忽略因变量受到某种约束条件的制约以及某些不可度量的因素，从而导致受限因变量模型产生样本选择性偏差，本节引入空间 Probit 模型和空间 Tobit 模型，对两种模型现有估计方法进行介绍，概述目前受限因变量空间模型的发展前沿以及未来的研究方向。

1. 空间 Probit 模型

空间 Probit 模型与 Probit 模型的区别在于，Probit 模型针对社会现象进行回归分析时，未考虑空间维度中特定位置相关带来的影响。空间 Probit 模型既将新经济地理学中的空间要素纳入考虑范围，又考虑了因变量受到约束条件的制约以及某些不可度量的因素。空间自回归模型为常用的空间模型，模型设定如下：

$$Y_{it}^* = \rho W Y_{it}^* + \beta X_{it} + \alpha_i + \varepsilon_{it}, \quad \alpha_i \sim N(0, 1),$$
$$\varepsilon \sim N(0, \sigma_a^2 I_n) \tag{3.86}$$

其中 Y^* 表示因变量，X 表示自变量，i 表示空间观测单元，t 表示观测时间，ε 表示误差项，ρ 表示空间相关性参数，W 表示空间权重矩阵。

在空间 Probit 模型中，Y^* 是一个不可观测的潜变量，通过加入该变量，使得参数的估计更为容易，这也被称为数据增强（Data Augmentation），相反，可观测项 Y 为二进制变量。空间 Probit 模型通过加入 $\rho W Y_{it}^*$ 反映不同空间单元之间的交互影响关系。

$$Y_{it} = \begin{cases} 1, & \text{if } Y_{it}^* \geqslant 0, \\ 0, & \text{if } Y_{it}^* < 0 \end{cases} \tag{3.87}$$

在二元分类问题中，Y_{it} 可以反映任何二元结果，如买与不买等决策类变量。为了便于参数估计，通常设置 $\sigma_\varepsilon^2 = 1$，则式（3.86）可以表示为：

$$Y_{it}^* = (I_n - \rho W)^{-1} \beta X + (I_n - \rho W)^{-1} \varepsilon$$

$$\varepsilon \sim N(0, I_n) \tag{3.88}$$

当 $\rho = 0$ 或 $W = I_n$，空间 Probit 模型简化为一个普通的概率模型。另一个常用的空间模型是空间误差模型，模型设定如下：

$$Y_{it}^* = \beta X_{it} + u_{it}, \quad u = \lambda W u + \varepsilon, \quad \varepsilon \sim N(0, \sigma_\varepsilon^2 I_n)$$

$$Y_{it}^* = \beta X_{it} + (I_n - \lambda W)^{-1} \varepsilon \tag{3.89}$$

其中 Y_{it}^* 表示因变量，X_{it} 表示解释变量，i 表示空间观测单元，t 表示观测时间，u 表示误差项。与空间自回归模型类似，空间概率模型中只能观察到二进制变量 Y_{it}，而不是 Y_{it}^*。

2. 空间 Tobit 模型

空间 Tobit 模型的使用条件如下：在一个空间集合中，变量之间存在空间效应，被解释变量非连续且存在删截值，因变量存在截尾分布。目前的研究将空间 Tobit 模型大致分为三类：空间自回归 Tobit 模型、潜空间自回归 Tobit 模型和潜空间误差 Tobit 模型。具体设定如下：

$$(1) \qquad Y_{it} = \max\left(0, \ \lambda \sum_{j=1}^{n} W_{ij,\,t} Y_{jt} + \beta X_{it}^{\mathrm{T}} + \varepsilon_{it}\right) \tag{3.90}$$

$$(2) \quad Y_{it} = \max(0, \ Y_{it}^*), \quad Y_{it}^* = \lambda \sum_{j=1}^{n} W_{ij,\,t} Y_{jt}^* + \beta X_{it}^{\mathrm{T}} + \varepsilon_{it} \tag{3.91}$$

$$(3) \qquad Y_{it} = \max(0, \ Y_{it}^*), \quad Y_{it}^* = \beta X_{it}^{\mathrm{T}} + \mu_{it},$$

$$\mu_{it} = \lambda \sum_{j=1}^{n} W_{ij,\,t} \mu_{jt} + \beta X_{it}^{\mathrm{T}} + \varepsilon_{it} \tag{3.92}$$

从上式可以看出，式（3.90）和式（3.91）的区别主要表现为因变量存在空间相关性，而式（3.92）空间效应表现在误差项上，即一些未观测到的因素。

为了解决空间 Tobit 模型因变量数据存在的截尾现象，可以通过求解中间潜变量 Y^* 对一些无法进行观测的情况进行分析。这里以空间自回归 Tobit 模型为例，具体的求解过程如下：

$$(1-\rho \boldsymbol{W})\boldsymbol{Y}^* = \beta \boldsymbol{X} + \boldsymbol{\mu}$$
$$\boldsymbol{Y}^* = (1-\rho \boldsymbol{W})^{-1}(\beta \boldsymbol{X} + \boldsymbol{\mu}) \tag{3.93}$$
$$\boldsymbol{Y}^* = (1-\rho \boldsymbol{W})^{-1}\beta \boldsymbol{x} + (1-\rho \boldsymbol{W})^{-1}\boldsymbol{\mu}$$

3. 空间 Tobit 模型与 Probit 模型的区别与联系

空间 Tobit 模型和空间 Probit 模型同属于一个体系，都是用来解决在空间视角下因变量为分类变量的问题，在传统的受限因变量模型中加入空间效应加以分析。对空间 Tobit 模型和空间 Probit 模型的参数估计都可以采用马尔科夫链蒙特卡洛采样估计法（Markov chain Monte Carlo，MCMC），通过软件 Stata 或 R 实现。而空间 Tobit 模型和空间 Probit 模型的区别具体包括：

（1）研究问题的差异。在传统的空间计量经济模型中被解释变量通常被假设为连续变量，但随着研究问题的深入，对社会现象进行回归分析时，被解释变量可能是带有空间相关性的有限数量的离散值，研究问题不仅要考虑空间效应，而且面临两种选择的情况。当研究问题的被解释变量是带有空间相关性的有限数量的离散值时，通常采用空间 Probit 模型。

空间 Tobit 模型不同于空间计量模型中的离散选择模型和一般的连续变量选择模型，研究问题主要针对在某些选择行为下，具有空间相关性的连续变量如何变化。现实应用中涉及的问题包括教育、消费以及选址等，这些问题的被解释变量观测值处于连续状态并受到某种限制，总体分布散布在一个正数范围内，取值主要集中于 0。

（2）成立条件的差异。空间 Probit 模型成立的条件是：如果 $\boldsymbol{Y}_i^* \geqslant 0$ 则 $\boldsymbol{Y}_i^* = 0$，$\boldsymbol{Y}_i^* < 0$ 则 $\boldsymbol{Y}_i = 0$。而空间 *Tobit* 模型成立的条件是：如果 $\boldsymbol{Y}_i^* \geqslant 0$ 则 $\boldsymbol{Y}_i = \boldsymbol{Y}_i^*$，$\boldsymbol{Y}_i^* < 0$ 则 $\boldsymbol{Y}_i = 0$。显然，二者在成立条件上存在差异，空间 Tobit 模型实质依旧是线性概率模型，但当概率 $p=1$ 时，其现实意义为事件未发生，模型估计本身无偏，但预测结果却有偏。空间 Probit 是采用累积概率分布函数，用正态分布的累积概率作为空间 Probit 的预测概率。

4. 空间 Probit 模型及 Tobit 模型的局限及研究前沿

概率选择理论和随机效用模型在经济学中有着悠久的历史，空间离散选择变量（通常是受限的因变量）的建模正成为经济学中一项具有挑战性的工作（Wang 等，2013；Qu & Lee，2013；Qu & Lee，2012；马佳羽等，2020；吕勇斌等，2020）。Probit 模型是分析内生二分类因变量的有效方法，但其函数形式是非线性的，其估计需要迭代优化过程，并且空间相关性增加了参数估计的复杂性。

未知形式的空间依赖在离散选择框架中产生了不一致的估计（McMillen，2006；Breslaw，2002）。实际上，具有有限个未知参数（即自相关系数）的空间自回归模型的参数化至少意味着（空间）异方差性，这反过来又导致标准概率估计的不一致性，处理隐含异方差性的第一次尝试是来自 Case（1992）的研究。在广义矩量法（GMM）框架下，Klier & McMillen（2008）的研究更为准确，后者提出了一种线性化的 GMM 估计，即使在中样本或大样本下也是可行的，只要自相关系数相对较小，它是合理的。

此外，本节提出了另一种受限因变量空间模型。横截面数据的传统 Tobit 模型已经得到了很好的研究（Amemiya，1973）。Jong & Herrera（2011）建立了时间序列环境下 Tobit 模型的形式渐近理论。当将横截面 Tobit 模型扩展到空间或社会互动环境时，产生了空间 Tobit 模型。

对于空间 Probit 模型，Pinkse & Slade（1998）推导了空间误差离散选择模型的 LM 检验。但他们没有建立一个关于 LM 统计量的渐近理论，而是使用 Bootstrap 程序来获得临界值。后来，Kelejian & Prucha（2001）对带有非线性回归残差的 Probit 和 Tobit 模型提供了空间相关性的 Moran 检验，并基于一个随机变量的线性二次型的中心极限定理建立了它们的渐近分布。Qu & Lee（2012）扩展了他们的结果，建立了有限个可能相关的随机变量的线性和二次型的中心极限理论，并推导了几个有限因变量空间模型的 LM 检验，其中包括 SAR-Tobit 模型。然而，对于有限因变量的空间模型，这些检验的性质在现有文献中还没有被研究过，这是因为非线性空间模型的计量经济学理论还

没有得到很好的发展，许多理论问题还有待分析。我国学者对空间
Tobit 模型的研究更多的是在于应用，如宛群超和袁凌（2019）通过理
论和实证分析，选取空间 Tobit 模型在技术转化和技术转换阶段分别探
讨空间集聚、企业家精神及其交互作用对创新效率的影响；王峻松等
（2017）以上海为例研究跨国公司总部在城市内部的空间分布特征及影
响因素。有关空间 Probit 模型的理论研究较少，进一步研究不同的空
间 Tobit 模型以及不同的模拟估计方法是具有挑战性的工作，因为个体
结果是相互依赖的，所以不能依赖传统的大样本定理来进行局部替代
方案。Jenish & Prucha（2010）在非线性空间随机过程的大数定律和中
心极限定理方面取得了一些重要进展。然而，他们的结果如何用于分
析受限因变量的空间模型仍是一个悬而未决的问题。

第四章 中国环境污染的空间计量经济学分析

环境污染问题在一定程度上实质是区域经济发展问题。因此，分析环境问题，需以区域经济学和新经济地理学理论作为根柢。经济学过去研究"生产什么、为谁生产、怎样生产"问题，未曾重视"在哪生产"问题，从全球角度来讲，研究"在哪生产"问题至关重要。20世纪80年代，世界经济活动开始逐渐"到中国去生产"，全球经济的空间格局发生了改变。城市、移民和贸易被视为过去200多年西方发达国家经济发展的主推力量，而现在，这些故事正在发展中国家最有活力的经济体中重演。特别是中国，不仅有着世界上最迅速的城市化、移民和一体化，而且经历着世界上前所未有的大国规模经济情况，经历着向创新驱动发展方式的转型。在这几股根本性力量的作用下，中国经济活动的空间结构正在发生着剧烈的、持久的、趋势性的变化。要解释这些问题，新经济地理学以及相关的空间经济分析对此进行了较为合理的解释。

经济活动的空间分布主要涉及三个方面：城市、区域与国际经济。改革开放以来，中国经济发展举世瞩目，但也出现了不同程度的失衡、扭曲现象，可能使中国经济增长面临一系列危机，同时也给区域资源环境造成了巨大的压力。因此，我们探寻环境污染的空间经济特性，需要从整体考虑空间经济的上述三大内容。值得一提的是，集聚是这些内容的一个重要主线。在中国，产业集聚被各地方政府视为推动经济增长的重要引擎。与此同时，处于经济转型时期的中国，产业转移与产业升级相伴相随，作为转型调整的重要途径，吸引产业转移则成为地方政府的一种竞争。在产业集聚、转移以及地方政府经济竞争的背景下，我国环境问题具有明显的空间区域特性。

第一节　新经济地理学的兴起及其发展

为什么要引入新经济地理学（New Economic Geography，NEG）？新经济地理学属主流经济学范畴，其将空间因素纳至一般均衡理论的分析框架内，旨在解答生活中不同形式、规模生产活动的空间作用机理（安虎森等，2009）。人类生存与发展以生产活动为先决条件，时间、空间是生产活动的必需要素。然而，两个世纪以来，经济学家大多聚焦时间方面的经济问题，鲜有将空间因素纳入考量。从整体上说，空间经济问题研究"在上一代基本上处于休眠状态"（Krugman，1991）。空间经济问题真正得到主流经济学聚焦的文献是克鲁格曼（1991）的《收益递增和经济地理》一文，文中明确了空间因素在经济研究中的重要性。因此，以区域经济学和新经济地理学为根柢的空间经济学研究尤为必要。

新经济地理学历经 20 余年发展，日臻成熟，衍生出多种理论模型。目前，在发达国家，众多国际贸易研究学者陆续涌入空间经济研究行列。我国提出了"区域协调发展""统筹城乡"等发展目标，尤其是《政府工作报告（2015）》中强调拓展区域发展新空间，统筹实施"四大板块"和"三个支撑带"战略组合，同年，三大部委（国家发展改革委、外交部和商务部）提出要"打造粤港澳大湾区"。为实现上述目标，亟需明晰区域经济差距成因、演化趋势，才能找准"痛点"，"靶向"治疗。新经济地理学正是诠释经济活动空间分布原因与机制的学科。

一、缺失空间维度的经济学分析

长期以来，主流经济学一直将研究的关注点放在时间上，忽略甚至排斥从空间视角探讨经济学问题。很多主流经济学对经济理论的研究根本未涉及城市、区域等这些探讨空间维度的概念。空间维度之所以长期被忽视，其中一个关键点在于对"规模收益"的分析，主要体现在以下两个方面：

一方面，传统的主流经济学假定我们生活的世界是规模收益不变且完全竞争的，如果以这一经典假设为基础来分析问题，那么现实的经济活动中就不可能出现集聚现象（例如，城市的形成或是区域的快速发展）。如果出现类似集聚，则价格扭曲一定存在，无法达到帕累托最优。为揭示现实世界中经济活动的空间集聚现象及其"块状"特性成因，主流经济学往往运用"外部性"予以解释，这种外部性包括两种情况：一种是技术外部性，这种外部性必然导致规模经济，而规模经济又与完全竞争相悖，因此传统主流经济学假定规模经济与企业个体规模无关，那么在这样的情况下，市场结构仍处于完全竞争状态；另一种是与需求和供给相关的资源要素分布，要素禀赋理论强调了比较优势在经济集聚中的重要作用，实际上它是从供给角度阐述了生产要素在空间上的不均匀分布，从需求角度考虑，不均匀分布可以用"杜能环"来解释，杜能假定市场空间分布不均，人口汇集于外生给定的城市中。由于存在运输成本，导致经济活动呈空间异质性，即土地集约化程度随距城市中心距离的增加而呈明显的带状分布，从而形成一系列同心圆。

另一方面，虽然经典空间经济研究重视空间作用，认为经济活动是规模收益递增且不完全竞争的，但是，始终存在着缺乏技术工具的问题，在这样的情形下，经济集聚活动常常被视为"黑箱"活动，经济集聚体也被假定为外生的，虽然在一定程度上解释了经济活动的空间特征，但是并未解释经济活动的一些根本性特征，如"在哪里生产"等，使得有关空间维度的研究难以对主流经济学产生影响。

二、新经济地理学与空间经济学

（一）新经济地理学的兴起与建模策略

1977 年，迪克西特和斯蒂格利茨在《美国经济评论》期刊中提出"迪克西特—斯蒂格利茨垄断竞争模型"，为解决规模报酬递增和不完全竞争问题开发出更为接近现实的技术工具，具体包含产业组织理论、新贸易理论、新增长理论和新经济地理学理论等。1991 年，克鲁格曼的《收益递增与经济地理》一文标志着新经济地理学诞生，文中突破了规模收益不变假定，认为其呈逐年递增趋势，初步提出新经济地理学基础模型（核心—边缘）。随后，经诸多学者不断丰富，逐步形成这一学科的基础理论框架。新经济地理学找到了处理市场结构与规模收益递增的技术分析工具，借助于计算机数值模拟和生物学科演化过程中分析多重均衡的选择问题，将空间因素纳至一般均衡理论的分析框架内，科学诠释经济活动的空间集聚现象。

（二）新经济地理学的核心思想

1. 空间经济研究的两个重要问题

空间经济理论研究，有两个问题十分关键：一是经济活动集聚如何得以维持？无论集聚成因怎样，它创造出优势得以维持的充分条件是什么？二是何时会发生对称均衡不稳定的状况？两个对称的空间单元在何种条件下产生差异，进而演变成巨大差异？引入离心力和向心力概念可合理回答上述问题。

2. 集聚的向心力与离心力

新经济地理学以无任何外生差异为先决条件，探讨经济空间的内生嬗变问题。它将经济空间高度抽象为同质平面，但也不否定外生差异。外生差异，如偶然的历史事件，经常被认为在集聚形成中扮演着重要的角色。总的来说，新经济地理学的观点是无论外生差异是否存在，经济空间必定演化分异，演化分异强度取决于两种力量——集聚的向心力与离心力。离心力与向心力时时处于"拉锯"状态，此消彼长，两股力量相互权衡使现实经济空间格局复杂多变。

（1）集聚的向心力

新经济地理学理论指出，两个区域起始条件一致且无外力作用时，经济系统的内生力量迫使区域演化分异，集聚的向心力发挥作用，形成产业集聚。向心力往往特指产业集聚形成的优势，主要体现在两个方面：一是集聚区，也可称作核心区，它的需求远大于边缘区；二是核心区的成本低。两大优势相互加强，同时也自我加强，对劳动力、资本形成巨大吸引力，不断循环累积，集聚最终形成。相对于非核心区，集聚区在最初形成时仅具有微弱优势，这种微弱优势很可能是偶然的历史事件、先天的自身禀赋等，在上述循环因果机制作用下，这一优势被不断放大。

（2）集聚的离心力

经济空间中也并非只有向心力，倘若只存在向心力，现实世界中的经济活动将汇集于一点，形成唯一超级城市。土地在空间上不能移动、土地资金、某些不可流动或只具有部分流动性特征的生产要素、运输成本等引致的负面效应会产生离心力。

两股力量相互权衡使现实经济空间格局复杂多变。循环累积因果机制使集聚最终形成，贸易自由度是影响这一机制发挥效力的重要因素。贸易自由度过高或过低均会使人口和产业趋于分散，只有位于适度水平时，集聚才会发生。新经济地理学揭示了空间经济格局的演化过程，虽然强调了许多影响集聚的具体因素及其复杂关系，但都是通过前提假定规模收益递增和垄断竞争发挥作用，从根本上是内在统一的。

（三）基于新经济地理学的空间经济研究

空间经济学将区域经济、城市经济和国际贸易视为区位理论的一部分，涉及三种模型：区域模型、城市体系模型和国际模型。

1. 区域模型：中心—外围模式

"中心—外围（Core Periphery）模型"仅考虑两个部门：农业和制造业。在满足一定条件下，经济演化使得对称均衡在分岔点上瓦解，导致制造业"中心"和农业"外围"格局形成。该模型假定：制造业和农业分别为垄断竞争和完全竞争，制造业生产差异化产品，且收益递增，农业生产单一的同质产品；在运输成本上，假定农业无运输成本，制造业存在"冰山成本[①]"；在生产要素上，农业劳动力要素不可自由

---

①　一般运输成本被看作"冰山"，类似于冰山从极地冰川漂往目的地时会在海洋气流和风的作用下逐渐融化。这是萨缪尔森于1952年提出并被克鲁格曼引入到国际贸易研究，即一单位运往外地的产品中只有一部分能够到达目的地，其余部分都消耗在途中，消耗掉的就是运输成本。

流动，制造业可自由流动，且两个部门的生产要素只有劳动力。在以上假定情况下，如果在运输成本足够低的条件下，制造业生产的差异化产品类别足够多且其所占份额足够大，演化结果可能形成"中心—外围格局"。"中心—外围格局"所形成的过程可大致描述为：关键系数的细微变动引发经济波动，起初两个相似地区发生变化，最初优势方逐渐积累，进而形成产业集聚中心，另一方转为非产业化外围。形成"中心—外围格局"的一个重要原因在于一种集聚力量，这也是克鲁格曼特别强调的，即金融外部性，在这个简单模型中可以具体解释为：如果制造业所占份额较大，说明前向关联与后向关联较强，此为最大的集聚力。

　　2. 城市模型：城市层级体系的演变

　　在城市模型中，有两种优势起着至关重要的作用，一个是区位优势，另一个是集聚的自我维持优势。一般情况下，区位优势起着催化作用，在城市形成之初发挥着关键的作用，例如，靠近港口和河流具有明显的区位优势，以美国的城市为例，拥有200年以上历史的城市绝大部分分布在可以通航河流的北边或是大西洋沿岸。但是一旦城市形成，区位优势的作用可能会逐渐下降，甚至失去经济价值，此时，集聚的自我维持优势不断发挥效力，在城市的发展中发挥关键作用。进一步讲，空间经济具有自组织作用。以纽约为例，虽然其形成依托于运河，但在最近的150年里，这条运河在纽约经济中发挥的作用几乎可以被忽略。

　　城市模型界定城市为制造业集聚地，周围为农业腹地。伴随人口规模扩大，农业腹地边缘与中心间距离增加，当抵至一定水平时，部分制造业向城市外迁移，形成新城市。当人口规模再次扩大，形成更多城市，持续向外迁移。当城市数量较多时，城市规模与城市间距离在向心力和离心力的相互作用下稳于一点。倘若经济活动中存在不同规模、运输成本的行业，将产生层级结构。层次结构演化趋势取决"市场潜力"参数。经济演化过程可视为市场潜力与经济区位联合作用，市场潜力决定经济活动区位，而区位变化又重新刻画市场潜力。

3. 国际模型：产业集聚与国际贸易

在以上两个模型中，要素流动促成集聚。但是，由于国界的存在使得生产要素流动受到阻碍。特别是人口，不能在国家之间自由流动，产业关联效应仅在国家层面发生作用，进而进一步专业化，使产业集聚分布在若干个地区或国家。那么，国家间对外贸易怎样对一国内部经济产生影响？世界经济的"俱乐部收敛"是否仍与产业关联效应相关，贸易成本，特别是贸易壁垒对其产生多大影响？如果不考虑国界，"无缝"世界呈现出怎样的空间特征？当全球经济趋于一体化，产业集聚、区域专业化以及贸易模型怎样变化？空间经济理论试图解决这些问题。

与传统国际贸易理论不同，空间经济理论主要集中探讨贸易自由化与区域产业专业化程度的互动关系。具体涉及的问题主要包括四点：国际专业化、产业集聚、可贸易的中间产品和贸易自由化趋势对一国经济发展的影响。

（四）新经济地理学的缺憾

新经济地理学既引入了一般经济理论和模型框架，又打破了原经济地理学从经验认识问题的实证主义惯例。迄今为止，新经济地理学中大多模型仅讨论产业集聚的市场外部性成因，指出向心力主要源自消费者与产业间关联的金融外部性，忽视了信息溢出等其他向心力。克鲁格曼自己也曾提到为何对这一主题沉默，他并非不知晓向心力的重要性，而是他尚未发现"漂亮的"有关知识溢出的微观经济模型，这一微观经济模型在新经济地理学的发展中发挥着关键作用，是未来探索的主攻方向（藤田昌久等，2011）。

三、空间计量经济学对空间经济理论研究的补充和拓展

新经济地理学倡导考虑收益递增和不完全竞争的经济模型，一般情况下，被认为较难用于经验研究。有人曾经这样评论产业组织理论的教科书：在20世纪70年代的理论革命之前，它们包含很多事实但没有什么理论；在此之后，它们包含很多理论，但除此之外就没有其他

的内容了。经验研究匮乏可能的原因在于，报酬递增和不完全竞争的经济模型具有非线性，传统计量方法对此心余力绌。由新经济地理学的分析思想我们可以得到，一个经济体的空间结构是外部经济（或集聚力）和外部不经济（或离散力）相互作用的结果。这种外部经济通常被认为是孕育集聚的关联效应和信息的溢出，而外部不经济往往被认为是拥塞、空气污染等其他阻碍集聚的不经济因素。新经济地理学虽然强调了这些空间因素的重要性，但是对于这种技术溢出及空间上的关联与经济地理均衡的关系并没有进行经验分析，空间计量经济学出现为丰富既有研究提供了可能，它不但可以分析事物的空间变化特征，更重要的是可量化测度空间溢出效应。

经济学中一个长期存在的主题，就是个人追求自身利益如何导致他人收益或受损，这种收益或受损被称为是外部性。在事实存在空间溢出的情况下，空间计量模型可量化这一溢出效应强度。以空间上的知识溢出为例，如果本地发明者产生了新想法并且通过面对面交流的方式去传播，这个地区的知识存量就会增加。我们可以把这种知识当成当地的公共产品，它不仅使这个地区的研究者受益而且会使邻近地区的研究者受益。这种情况下就需要对知识的空间效应形式进行界定，原本它不在模型的解释变量中并且不可观测。一种普遍认同的观点是：与创新者或研究者经验相关的隐性知识并不会传播很远，因此，知识溢出在本质上被认为仅仅在邻近的地区扩散。我们就可以使用空间模型来量化知识扩散的空间范围，即源自于这些效应的偏导数的扩展表达式 $I + \rho W + \rho^2 W^2 + \cdots$ 来检验溢出效应。量化信息源的直接和间接（溢出）效应在经济学的经验分析中非常有用而且更为接近现实。通过选择不同空间计量模型，可进一步研判，哪些因素呈空间关联性。

空间计量经济学作为计量经济学的一个分支，以经济学理论和空间统计学为基础，对经济活动的相依性、异质性以及变异性进行研究。通过研究经济变量在空间上一定距离范围内的交互影响所呈现的相依性，以及经济变量在一定距离方向的系统变化所呈现的异质性与变异性，以反映空间效应变化的强度、方向性、不对称性。具体来讲，它可以描述区域经济发展的空间分布特征，并通过全局空间相关性分析

揭示整个地理区域的模式或空间随机过程，以及局域空间相关性分析
揭示不同地理区域的模式差异或空间随机过程（例如，在分析我国制
造业集聚问题时，可运用全局空间相关性分析揭示省域间呈何种空间
相关性，譬如正、负或不相关；运用局域空间相关性分析揭示局部地
区的空间分布特点，通过局域分布地图可以得到高值的集聚区、低值
的集聚区以及具有相异特点的集聚区），可有效弥补区域经济学和新经
济地理学实证分析缺憾，进一步来说，空间计量经济学可在数量分析
方法上拓宽新经济地理学对于区域经济的探讨。

四、环境经济研究的空间特性与空间计量经济学

Anselin（1988）提出，忽略地区间经济变量的空间相关性会导致
模型设定有偏。随后，国外学者 Bockstael（1996）、Goodchild 等
（2000）、Anselin（2001）进一步强调空间因素在环境经济问题中的重
要程度，自此空间计量方法被广泛运用在大气污染以及相关环境经济
问题的研究中。

Bockstael（1996）首先指出，生态系统和经济系统均属动态系统，
研究过程中需考虑到空间因素，但以往涉及空间问题的研究大多将空
间因素视为外生的，较少将其作为影响经济发展的一个重要维度看待。
对经济活动分布讨论，都是基于均衡的假定，即离经济中心越远，土
地价格下降和交通成本升高总是处在一个均衡状态，周边环境的影响
均被忽略。如此定义的模型对强调空间因素作用的生态学科与经济学
科交叉研究显得脆弱无力。同时，他还特别强调空间因素中土地使用
的变化是影响生态资源最关键的因素。Goodchild 等（2000）指出遥感
技术、地理信息系统与空间计量方法已经被部分学者初步尝试用来分
析区域环境与人类活动的关系，特别是土地使用变化问题以及森林面
积锐减问题。部分学者正从社会科学的角度阐述环境可持续发展问题
的一个重要决定因素——空间因素。大量文献运用定性分析法指出了
全球气候变化与人类活动之间的密切联系，Goodchild 等（2000）认为
这些研究仅为说明论证，并未真正证明人类活动与环境变化的关系，
地球系统科学家们建立了强大的数据模型解释预测这种变化，不断证

实了人类活动（人口增长、工业化以及城镇化等）是引起环境气候变化的原因。社会经济变化与环境变化之间的互动关系要求将经济社会相关数据融入到环境气候变化的模型中，并要关注产生的空间效应以及集聚效应。经济学家、社会学家开始与地球系统科学家们合作运用相关模型定量分析经济社会与环境变量间的内在联系，其中，空间分析、空间计量经济学将在这类研究中扮演着重要角色。Anselin（2001）指出，有关环境信息通常都是通过潜在空间样本设计的工具测量所获得，这些工具将环境现象，如空气质量等，视为空间单元来估计其分布。然而，无论是环境数据还是经济数据都没有与我们所从事研究现象的空间维度相匹配，例如，一个市场的地理维度。诸如环境与经济的此类问题分析远远超出了传统微观、宏观经济学的研究范畴。这种维度上的不匹配以及来自不同收集方式的数据需整合的内在需求，使得在处理"环境—经济模型"时不得不考虑空间变量与空间异质性问题。忽略空间因素可能导致"环境—经济模型"无效率或者是估计有偏，因此空间计量经济学在研究环境与经济问题上显得越来越必要，文中讨论了几种"环境—经济"的空间模型予以参考。

综上所述，空间因素之于环境问题研究的意义在于：传统研究假定地区间的污染排放是相互独立的，即一个地区的经济发展只对本地区的环境质量产生影响，不会对周边地区的环境和经济产生影响，这显然与现实并不相符。由于风向、水流以及区位等客观因素，一个地区的环境质量必然受到邻近地区污染排放的影响。此外，由于贸易和产业转移产生的跨境污染，以及环境治理投入外溢性（Spillover Effect）引致的"搭便车"行为（Free-riding），使得地区间环境质量和经济发展的空间联动性逐步强化。因此，空间因素在环境问题研究中将显现出越来越重要的作用。目前，有关空间计量在环境经济学上的运用，学者们主要集中于对 EKC 曲线的扩展讨论。

Rupasingha 等（2004）最早采用空间计量方法，探讨美国 3 029 个县人均收入与大气污染间的关系，结果表明纳入空间因素将提升研究模型准确度。McPherson 等（2005）建立空间 EKC 曲线讨论人均收入与濒临灭绝的物种数量之间的关系，他们指出一个国家的物种消失必然会对邻国的该问题产生溢出效应，经实证分析确实存在空间相关性。Maddison（2006，2007）对欧洲国家进行了分析，以 SO_2、NO_x 等污染物作为环境质量衡量指标，发现国与国间的污染和治理均具有明显的溢出效应。Poon 等（2006）探索能源、交通和对外贸易对中国大气环境的影响，环境变量主要关注 SO_2 和烟尘，验证了溢出效应在中国省域之间确实存在。Hossein 等（2011）基于 1990—2007 年亚洲各国数据，发现两大污染物 CO_2 和 PM 10在亚洲国家间具有明显的溢出效应，这也反映出空间因素不容忽视。Hossein & Kaneko（2013）构建六类权重矩阵，发现国家间具有污染和环境政策上的空间溢出效应。Li 等（2016）基于中国省域面板数据，对 4 种气体污染物排放（CO_2、SO_2、NO_x 和粉尘）进行了空间分析，发现 CO_2、SO_2 和 NO_x 排放表现出正空间相关性，CO_2 和 NO_x 排放正空间溢出效应显著，而 SO_2 排放的空间溢出效应为正但不显著。基于空间计量的环境经济问题实证研究，主要是借助于 EKC 曲线的分析框架，因此，这一方法被简称为 SEKC（Spatial Environmental Kuznets Curve）。EKC 曲线的存在性备受怀疑，其中一个重要的原因在于对相关研究中估计方法的质疑，空间计量的应用不仅扩展了对 EKC 曲线的研究方法，更为重要的意义在于，其借助 EKC 曲线的分析框架，从实证角度进一步支持了空间计量专家 Anselin 的观点，即空间因素对环境经济问题的研究具有不可忽视的作用，很多决定环境质量的因素，特别是经济因素，甚至是政治因素，都是通过空间机制发挥作用来改变和影响环境。

关于环境经济问题，中国学者运用空间计量方法对其讨论开始时间较晚，主要关注碳排放方面。譬如，郑长德和刘帅（2011）选取空间滞后模型，探讨经济增长与碳排放关系，研究发现经济增长对碳排放具有明显正向效应。许和连和邓玉萍（2012）通过构建三维时空矩阵，考察 FDI 对环境污染的影响，结果显示 FDI 对环境污染的改进效果不断强化并呈"东高西低"格局。刘华军和杨骞（2014）基于我国省域层面数据，选择工业"三废"和四种污染物，通过构建空间动态面板数据模型验证 EKC 假说，结果显示工业废气和工业固体废弃物支持 EKC 假说。以上大部分文献主要考虑经济发展对碳排放的影响，特别是 FDI，而未考虑到其他因素对碳排放的空间效应，从模型选择上看，大部分研究选择固定效应模型，或同时给出空间滞后模型与空间误差模型的估计结果。朱平芳等（2011）基于中国 277 个地级城市面板数据，通过构建空间计量模型，研究发现政府为吸引 FDI 引致的环境政策博弈显著存在。吴玉鸣等（2012）运用空间 EKC 曲线，实证分析了 2008 年中国 31 个省域的整体环境污染问题（包括水污染、大气污染等），研究发现省域间环境污染存在明显空间依赖性，出现高聚集区与低聚集区，EKC 的倒"U"型假说在我国省域尺度得以验证。张可和汪东芳（2014）基于中国 283 个地级市的面板数据，采用空间联立方程模型，发现经济集聚和环境污染不仅具有双向作用机制，也存在明显的空间溢出效应。沈国兵和张鑫（2015）采用 GWR 模型验证环境库兹涅茨曲线假说，研究发现这一假说在上海等 25 个省域中得到验证，而在北京等 5 个省域中未得到支持，并指出开放程度的提高对本地环境的总体影响不利。刘传江和胡威（2016）采用空间杜宾模型，结果发现我国 FDI 显著提升本地碳生产率，却会负向抑制邻近地区碳生产率。刘舜佳（2016）将经典 EKC 模型扩展成为空间 Durbin-EKC模型，结果显示 FDI 物化型知识溢出在辖域内表现出"污染天堂"效应，在辖域外表现出"污染光环"效应。韩峰和谢锐（2017）采用空间计量模型探索生产性服务业集聚对碳排放的空间效应，结果显示生产性服务业专业化和多样化集聚可显著提升周边城市碳排放水平，但并未产生预期中的碳减排效应。邵帅等（2019a）基于中国省域面板数据，采用动态空间面板杜宾模型，并结合中介效应模型，研究发现经济集聚与碳排放强度间存在"倒 N"型曲线关系，而能源强度是两者的中介变量。邵帅等（2019b）基于夜间灯光数据构造的灯光复合指数和 PM 2.5 浓度，探索了城市化对中国雾霾污染的影响，结果显示我国城市化水平与雾霾污染间不存在倒"U"型关系，而是呈显著正向线性关系。胡艺等（2019）以我国 274 个地级市为样本，通过构建空间杜宾模型，研究发现出口贸易对空气污染存在显著正向影响。欧阳艳艳等（2020）基于地级市 PM 2.5 等数据，采用空间滞后模型，结果显示对外直接投资显著抑制本城市空气污染，同时减少本城市向邻近城市污染溢出。

第二节　中国环境污染的空间经济驱动机制

一、集聚与环境污染

（一）新经济地理学与中国地区工业集聚

新中国成立以来，中国政府所采取的一个重要的经济发展措施就是改革开放，希望通过这种方式让东部沿海地区先发展起来，进而带动中西部地区发展。然而，尽管近40年来，中国各省份经济水平均实现了不同程度的发展，但这种渐次推进模式使得地方差距处在扩大之中并很可能呈增长态势。此外，在这一过程中，更为突出的特点是工业集聚不断产生。差距扩大、集聚形成似乎与新古典增长经济学的"收敛假说"背道而驰，与此同时，很多发展中国家的工业集聚特征也对这一假说提出了挑战。逐渐兴起的传统经济地理学在诠释经济活动空间分布方面取得了一定进展，该理论认为地理位置及其自然禀赋是地区经济产生差异的重要原因，而对差距的扩大并未作出较为合理的解释。

在此背景下，新经济地理学应时而生，进一步阐述差距扩大的关键因素。关于经济集聚现象，新地理经济学认为：在一般均衡模型框架下，自然禀赋对经济活动空间分布的影响只能在基于完全竞争范式的传统经济理论中得以说明，新地理经济学则侧重讨论向心力的内生演化过程。美国经济学家克鲁格曼在"不完全竞争"和"规模报酬递增"的前提下，诠释产业集聚现象。此外，规划因素也会使个体被集聚而形成集群，如开发区等。当前，产业集聚现象普遍存在于我国经济发展中，如产业集群、经济开发区等，集中化的产业活动与特定的地区空间相结合，形成经济活动同质化区域。

1. 中国的工业集聚：特征性事实

工业生产过程中，对自然资源的依赖度相对较低，因此工业易产生集聚现象，而且呈现出朝某一方面具有优势的地区不断集聚的特点。

改革开放以来，中国工业布局也呈现出上述特点。改革开放之初，中国工业在地理上的分布较为分散，以辽宁为首的东三省地区工业重要性较为明显，其工业产值占全国工业产值比重8%；西部地区中陕西和甘肃该比重均超出2%，与其他地区的差距还不怎么明显；东部沿海地区工业比重并没有表现突出，均未超过4%。在这一时期，该比重的变异系数①为0.026。到2001年，这一比重的变异系数达到0.030，工业出现明显集聚的趋势，逐渐向沿海地区的少数省份集中，主要表现在工业产值比重较低的省份逐渐增多，原有的工业强省（市）辽宁、上海所扮演的重要角色呈现下降趋势，而高比重区主要集中于四个沿海省份：山东、江苏、浙江和广东，其中广东最高，约为11%，浙江为7%。从地域划分上看，我国的工业集聚主要发生在长三角、珠三角和环渤海地区，特别是长三角地区，工业门类完备，轻重工业较为繁荣，制造业占全国比重的30.23%，远高于上述两大地区，增长势头强劲。珠三角在这一时期受益于毗邻香港这个自由贸易港，同时也是金融和贸易中心，依托香港的产业转移以及改革开放的有利政策支撑，该地区经济得到迅速发展（金煜等，2006）。

2. 基于经济地理与新经济地理的中国工业集聚特征分析

传统经济地理学强调地区发展主要取决于自身自然禀赋，尤其是地理优势。在中国，沿海地区靠近港口，近40年来经济发展突飞猛进，形成珠三角、长三角及环渤海三大工业集聚区。然而，经典经济地理学无法合理解释工业集聚现象，新经济地理学兴起则对其进行了补充。新经济地理学将经典经济地理学所总结的集聚优势称为"第一性"优势，而将其自身总结的集聚优势统称为"第二性"优势。"第二性"进一步解释了我国重要的经济集聚现象。我国的浙江省是其中较为突出的一个案例，浙江省的自然优势与其邻近省份相比并无多大差距，"第一性"中特别强调的港口优势也不是较为突出，但其工业聚集程度和经济发展水平却高出邻近省份很多。针对这类现象，新经济地

① 变异系数是衡量资料中各观测值变异程度的另一个统计量。如果单位和（或）平均数不同时，比较其变异程度就不能采用标准差，而需采用标准差与平均数的比值（即变异系数）来比较。变异系数越大，说明观测值的离散程度越大。

理学可进行较为有力的解释，其核心论点在于收益递增是推动工业集聚最根本的力量，那么由于偶然因素的作用，当两个"第一性"相似邻近地区的工业会在其中一个地区初步聚集，并在地区交易成本还无法实现将市场进行分割的条件下，通过收益递增的作用，首先形成初步集聚的一方逐渐实现最终的工业集聚。以收益递增为核心思想，新经济地理学将驱动工业集聚因素归纳为四点，分别为企业数目、人力资本、消费者购买力和交通运输水平。其中，交通条件被视为最重要的因素，随着信息技术的发展，交通条件也将进一步涵盖信息通信条件等。只有当交通成本低于地区间贸易的天然障碍，工业集聚收益就有可能愈贸易成本损耗，由此，形成初步聚集，并于收益递增效应下自我增强。

我国的产业集聚特征与发达国家不同，呈现出自身独有的特征，虽然新经济地理学将经济集聚原因归于"第二性"（规模报酬递增和正反馈效应），而"第一性"，即自身禀赋，在我国发挥着独特且重要的作用。主要体现在两个方面：一是地方分权与地方政府竞争机制。在GDP绩效体制的激励下，地方政府对能够快速刺激经济增长的资源需求极为迫切，在有限资源的条件下，地方政府间围绕资源展开竞争，从而影响产业集聚。二是地方市场分割及地方保护主义。西方国家政府对地区间的贸易壁垒有严格的规制，产业区域专业化受到地方保护主义的影响较小，我国政治制度使得地方保护主义对产业区域化形成产生了较大影响（白重恩等，2004）。陆铭等（2004）则认为市场分割是由地方保护主义进一步衍生而成的产物，它使得社会资源配置效率降低，这一点已经在学术界基本达成共识。我国经济的专业化集聚亟待削弱地区间的市场分割以推进跨区域的生产要素和资源的交易与流动。由此可见，中国的基本国情决定了"第一性"在工业集聚中重要的特殊地位，进一步分析，该因素已经成为影响新经济地理学所谓"第二性"的重要组成部分。新经济地理学产生不是对经典经济地理学的否定，经典经济地理学也不是静止不前，二者是相互影响、共同作用的有机组合。

与此同时，经济政策对工业集聚的影响也无法忽视。一方面，经济政策可以直接对集聚产生效应；另一方面，经济政策也可通过经济地理学中强调的因素起间接作用。新经济地理学中指由于某些偶然因素或历史事件使得地区初步形成工业聚集，而这里的"偶然因素"很多情况下都与经济政策有关。在我国，改革开放使得珠三角地区实现了工业集聚，由于靠近国际市场（距离香港较近），集聚得到了较快的发展。经济政策的直接作用在我国浙江省也有所体现，该省的市场化程度较高，放松的管制和保护民营企业的政策，使得工业集聚产生并不断加强。

（二）工业集聚对中国环境污染的影响

1. 工业集聚影响环境污染的机理分析

20世纪70年代起，国外学者尝试运用福利方法讨论工业集聚问题，这种方法将产业区位对其周围企业的影响问题纳入分析框架中。企业集聚会产生外部性，即企业经济活动对周围企业产生非市场影响，其中有益和不利影响分别为正、负外部性。正外部性构成了集聚向心力，负外部性则为离心力。因此，关注空气和水污染所带来的负外部性实际上是在工业集聚分析中将社会成本的愿望纳入考虑范围。Chapman（1983）在这一思想上将环境纳入了工业集聚的分析中，以此来分析得克萨斯州和路易斯安那州的石化工业问题。他认为尽管从企业的利润角度来讲，集聚存在着很多优势，但是考虑到社会的整体福利，用环境的视角来讨论集聚，实际上集聚是不可取的。朱英明等（2012）基于财政分权与地方政府竞争背景，讨论环境损害对工业集聚的影响，结果显示水体损害对于集聚产生了显著的约束作用，国家必须实施更为严格的水体环境管制。

有关工业集聚影响环境污染问题，我国学者展开了许多探讨，大多数学者得出了较为一致的结论（吴颖和蒲勇健，2008；丘兆逸，2012），当产业集聚程度达阈值前，对环境质量产生正向作用，当集聚水平超阈值时，则产生负向作用。这里将上述学者的观点进行总结，产业集聚具有正外部性和负外部性两个性质，外部性具有非市场性的特点，其中负外部性突出表现在土地成本增加、交通拥挤以及环境质量的恶化。当产业集聚程度达到集聚阈值之前，在阈值内集聚所产生的正外部性的影响要高于负外部性的影响，区域内系统总福利水平增加，而当集聚水平超过阈值时，负外部性的影响将高于正外部性，将损失系统总福利，过度集聚将导致生态环境恶化。我们需注意到，由于环境资源有限，必然会产生负外部性，然而负外部性产生要明显滞后于正外部性，需立即采取措施规避资源环境遭严重破坏。另有部分学者认为，对于中国来说，集聚对于环境质量有正向效应或者是不确定性（王崇锋和张吉鹏，2009；闫逢柱等，2011）。原因大致在于，集聚提升资源利用率，减轻污染物排放。此外，集聚有利于企业的合作，从而实现节能等关键技术的突破，进而污染物的排放得到大幅度的降低。然而，笔者认为这种观点与集聚造成环境污染并不矛盾，这些学者的研究很可能是在集聚的阈值之前，或者是某项关键技术的突破使得集聚的阈值增加，进而使集聚对污染起到正向的推动作用。

有关工业集聚影响环境污染的作用机制，Grossman & Krueger (1994) 认为，工业集聚可通过规模效应、技术效应和结构效应对环境污染产生作用，但这三种效应经角力后会对环境污染产生正负两种效果，具体分析见图 4-1。

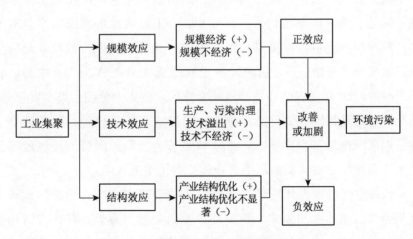

图 4-1 产业集聚对环境污染的影响机制

规模效应的正向效果：指在特定区域内，众多企业聚集在一起进行生产活动，会缩减生产、治污成本。具体来说，当企业集聚形成一定规模后，其经济活动规模随之扩大，企业间可共享技术、信息等，缩减企业的生产成本，并且企业汇集也可共享环保公共基础设施，有益于聚合治污，降低了企业治理污染的成本。负向效果：众多企业聚集在一定形成一定规模之后，大规模经济对能源、资源的消耗需求增大，加剧了环境质量恶化。

　　技术效应的正向效果：一方面，产业集聚使技术在企业间的传播更加便利，易于发挥企业生产技术的溢出效应，能够有效提升资源利用率，降低单位产出资源消耗；另一方面，产业集聚可以优化生态环境保护设施技术，易于企业污染集中治理，减少单位产出污染排放。负向效果：集聚可加深企业间竞争，企业通过不断增加研发投入力度、改进技术，但在这一过程中投入了过量资源，一定程度上破坏了生态环境，加剧了环境质量恶化。

　　结构效应的正向效果：地区市场和资源是有限的，随着企业在一定地理区域内大量集聚，"优势劣汰"便成为集聚区企业的生存法则，这些紧密联系的企业展开了激烈竞争。生产低能耗、低污染产品的企业因先进的技术和管理经验成为区域领头者，更具有市场竞争力和活力，并不断扩大生产规模，反之高能耗、高污染产品企业逐步退出竞争市场，优化了地区产业结构。负向效果：由于地区经济发展水平具有差异，政府在制定引资政策时也迥然相异。倘若只有两个地区，地区 A 经济水平落后于地区 B，追求经济增长便成为地区 A 的当务之急，在引资时对地区 A 设置的环境政策较为宽松，造成大量高污染企业汇集，由此产业集聚加剧环境污染，地区 A 会变成污染集聚地。而地区 B 为满足地区绿色经济发展要求，环境政策较为严苛，严苛的环境政策促使生产高能耗、高污染产品的企业逐步淘汰至地区 A。

　　地理空间可视为环境经济学的一个重要研究范畴，污染的地理纬度与经济活动的空间模式，特别是产业的分散与集聚，存在着密切的联系。学者们在不同的假定下给出了自己的看法。讨论这类问题的一个关键点在于是否假定生产要素是可流动的。假定生产要素可流动，通过新经济地理模型讨论集聚的向心力和离心力，得出新经济地理模型中的集聚力可被环境的外部性减弱，甚至有的学者认为，环境污染很可能是较少集聚的根本原因所在（Elbers & Withagen，2003；van Marrewijk，2005；Lange & Quaas，2007）。另外，在生产要素不可流动的情况下，一些学者讨论了跨行政区竞争问题，对于流动性污染公司来说，它们的竞争取决于环境损害的严重程度，竞争的结果仅有两种，一种是"逐底竞争（Race to the Bottom）"，即以牺牲环境为代价，环境遭到彻底摧毁；另一种是污染公司转移至其他地区。此外，与大行政辖区相比，小行政辖区有收取更低环境税的动机（Markusen等，1995）。

工业集聚的环境效应是否产生空间溢出？沈能（2014）指出，工业集聚与环境效率具有空间趋同性。张可和汪东芳（2014）更是指出，区域内经济集聚和环境污染与周边地区息息相关。东童童等（2015）的研究进一步支持产业集聚对雾霾污染具有空间溢出效应这一结论。以经济地理学视角入手，发现工业集聚更有利于发挥集聚经济的溢出效应、规模效应等，降低了成本，进而提升生产、治理污染技术，能够改善污染程度。宋洒洒（2018）的研究结论再次说明，高技术企业的集聚，可通过规模效应、结构效应及技术效应，不但改善本地区环境污染，也改善周边地区环境污染。

2. 工业集聚与污染的聚集：中国污染集聚的特征性分析

综合上述学者的讨论，虽然观点各异，角度不同，但可以肯定的是环境与工业集聚之间紧密相连，工业集聚能够产生污染，当污染达到一定程度可通过空间起作用制约集聚。值得注意的是，在我国，污染对于集聚的制约作用还要受到体制约束与限制，作用极为有限。我国的工业集聚还要受到独特的经济地理"第一性"的影响，体现在两个方面，一是地方政府竞争机制，二是地方保护主义与市场分割，地方保护主义与市场分割一定程度会影响产业区域专业化，进而使得技术创新乃至产业升级受到不同程度影响，在技术水平提升较慢的情况下，集聚的扩大必将导致严重的环境问题，进一步地，在财政分权和GDP考核机制下，地方政府竞争十分激烈，清洁而又能迅速提升GDP的产业成为各地方政府竞相抢占的资源，而不具竞争优势的中西部地区只能发展高耗能与高污染的企业来提升 GDP，可以说，在这种制度体制下，污染对于集聚的约束作用是有限的，而集聚的负外部性又相对滞后于其正外部性，环境问题将逐渐恶化，愈显突出。

二、产业转移、FDI 与环境污染

（一）产业转移与中国

1. 国际转移分析：中国的"世界工厂"时代

20 世纪 60 年代，欧美发达国家不断将产业进行转移，以劳动密集型产业尤显突出，日本也曾在 20 世纪 70—80 年代一度被称为"世界工厂"。与此同时，70 年代左右，韩国、中国香港、中国台湾等东亚国家和地区也纷纷开始产业承接转移，中国大陆在改革开放以后，凭借已有的工业基础与人口红利，加之引进外资以及外资企业等相关政策支持，在 20 世纪 90 年代后期，在服装、家电和小商品等劳动密集型产业方面具备强劲的出口竞争力，2000 年左右，成为了名副其实的"世界工厂"。

在世界进出口市场中，从 20 世纪 90 年代后期一直到 2010 年，与印度、东盟、拉美等新兴国家和地区相比，中国劳动密集型产品市场份额一直居于高位，甚至在 2008 年金融危机后，很多商品在全球市场依然畅销。以通信音响产品为例，据联合国 UNCTAD 数据库显示，1995 年，该产品中国占有率仅为 9.8%，而东盟和拉美分别为 15.7%、3.8%，印度及撒哈拉以南非洲均不足 1%，各新兴国家间差距并不大，而至 2011 年，中国已高达 42.1%，其他新兴国家均不到 10%。2011年，虽然中国的劳动密集型产品在全球市场中份额有所减少，但这类产品仍颇具竞争力。

2. 国内产业转移：省际之间的产业流动趋势与特征

国内学者研究发现，我国产业转移始于 2004—2005 年，转移方向是由东部沿海地区至中西部地区。蔡昉（2009）、张公嵬和梁琦（2010）等通过对边际劳动生产率和劳动力成本进行估计，认为沿海地区的劳动力效率呈现下降趋势，时间节点大致位于 2004 年，同时，冯根福等（2010）的研究发现，"十一五"之前，国内的产业转移并不显著，主要以资源依赖型产业为主，如采矿、石油等。

陈耀和陈钰（2011）将中国大陆分为东、中、西、东北四大区域，对"十一五"期间（运用的数据为 2005—2009 年）的产业转移特征进行详细分析。首先，针对 38 个行业的分布变化进行总结，对于东部地区来说，从全国份额来看，仅有化学纤维制造、烟草制品、石油加工、炼焦及核燃料加工、石油和天然气开采 5 个行业略有上升，其余均呈下降态势；中西部地区刚好相反，其中，中部地区的 32 个行业呈上升状态，西部地区的 34 个行业均有不同程度的上升；东北地区相对平缓，12 个行业呈下滑趋势，24 个行业呈上升态势。其次，针对具体行业进行分析，非金属矿采选、石油和天然气开采以及煤炭开采和洗选这 3 个行业西部地区所承接的转移较为明显，可以看出均为高耗能行业。这些行业在全国产业份额对比中，分别提高了 6.61、6.64 和 11.81 个百分点；中部地区在承接劳动密集型行业上表现突出，主要包括燃气生产和供应业、木材加工及木、竹、藤、棕、草制品业、非金属矿物制品业、皮革、毛皮、羽毛及其制品业、家具制造业、专用设备制造业、饮料制品业、农副食品加工业等；而对于东北地区，主要承接了黑色金属矿采选业和非金属矿采选业，所占份额分别提高 8.33 个百分点和 5.28 个百分点，与此同时，东北地区很多行业的市场份额呈现下降状态，包括燃气生产和供应业、石油和天然气开采业、石油加工、炼焦及核燃料加工业。对于东部地区来说，13 个行业存在明显的转移迹象，减少幅度居于 7.28 和 12.73 个百分点之间。这类行业以劳动密集型或高耗能为主，分别为非金属矿物制品业、非金属矿采选业、家具制造业、饮料制造业、木材加工及木、竹、藤、棕、草制品业、废弃资源和废旧材料回收加工业、金属制品业、农副食品加工业、黑色金属矿采选业、食品制造业、专用设备制造业、纺织服装、鞋、帽制造业、塑料制品业。

沿海三大经济圈，长三角、珠三角和环渤海地区也同样出现了产业转移，主要表现在由南向北转移的"北上"趋势，其中，对 38 个行业进行分析，长三角地区仅 8 个行业份额上升，珠三角有 9 个行业，而环渤海地区一半以上行业均出现不同程度上升。表明从 2003 年到

2008 年该地区高耗能产业下降得越多，其中高耗能产业主要为电力、电热的生产与供应、农副食品加工业、食品制造业、纺织业、造纸及纸制品业、石油加工、炼焦及核燃料、化学原料及化学制品制造业、非金属矿物制品业、有色金属冶炼及压延加工业、黑色金属冶炼等。图 4-2 为全国主要区域产业转移方向图。

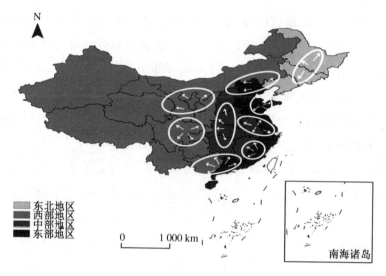

图 4-2　全国主要区域产业转移方向
资料来源：作者绘制

　　综上所述，我国产业转移的主要特征为：产业转移的方向总体上呈现出由东向西，沿海地区由南向北的趋势，转出的产业多以劳动密集型和高污染、高能耗的产业为主。值得注意的是，虽然产业转移确有发生，但我国制造业主力仍然聚集在东部少数沿海省份，山东、广东、浙江和江苏工业行业的全国市场份额占比最高，其中一个不可忽视的原因在于很多地区依然不希望将制造业过多的向外转移，由此，部分东部省份开始支持将产业内化，即向本省的欠发达地区转移。

　　从全国范围来看，有省内转移的省份主要为东部沿海省份，其中，转移明显且较有成效的省份为广东省和江苏省。

　　2005 年 3 月，《关于广东省山区及东西两翼与珠三角联手推进产业转移的意见（试行）》颁布，至此之后，广东省政府发布了一系列的省内产业转移政策，鼓励支持珠三角核心六市的劳动密集型等传统产业逐渐转移至粤北、粤东和粤西地区，以促其经济增长，改善省内发展不均衡问题。自 2005—2010 年，广东建成较完善的产业园区 33 个，投入开发资金 260 多亿元。此外，覆盖面也相对较广，粤东、粤西及粤北山区的每一个城市都能够拥有 1 个省级产业转移工业园区，有的城市甚至更多（覃成林和梁夏瑜，2010）。据广东省统计年鉴数据显示，2005—2010 年，珠三角六市的一些劳动密集型产业份额明显有所下降，东西两翼及粤北地区的份额呈上升态势，但是，虽然政府同时鼓励高技术含量的通信设备和电器机械行业的转移，但这些产业在珠三角六市的份额基本上未发生变化，未出现省内转移的迹象。

江苏省也将部分产业逐渐转移至欠发达的苏北地区，2005 年江苏省政府出台《关于加快南北产业转移的意见》，大力推动苏南产业转移至苏北地区。2006 年，政府开始推进南北挂钩重大举措，至 2009 年，已经建成了五对南北挂钩城市，共批准建设 20 个工业园区。与广东省类似，产业转移仍以传统劳动密集型产业为主，转出地区逐渐成为技术、资本密集型制造业"中心"。

（二）外商直接投资（FDI）与中国

1979 年 9 月，中国签署首份外商投资协议，FDI 开始源源不断地涌入，1993 年，中国已成为利用 FDI 最多的国家，此后不到十年时间，中国更是一跃变成世界外商投资流入量最多的国度。图 4-3 为 2007 年至 2016 年十年间我国外商投资变化，2007 年到 2011 年是我国外商直接投资增长较快期，2011 年以来由于我国自身经济发展较好，国内经济和政治局势较为稳定，为本土企业发展状态提供了土壤，本土企业竞争力增强，外商投资增幅较小，处于较为平稳高位。

然而，FDI 在中国地区间分布并不均衡，主要表现为区域之间不均衡和省内各地区之间不均衡。首先，在区域上，东部地区在吸收 FDI 方面占据了绝对重要的位置。1990 年，东部地区占据了全国约 94％外商直接投资，而中西部仅得到约 6％；2010 年，虽然这种区域差异得

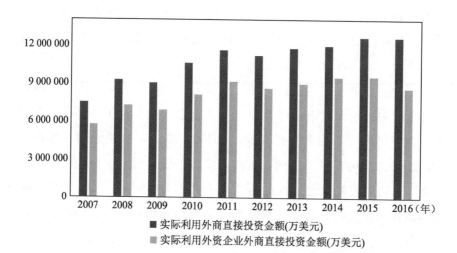

图 4-3　2007—2016 年我国外商投资变化
资料来源：国家统计局

到了明显改善，但是东部地区的 FDI 仍维持高位，仍占比约 72％，中、西部地区则仅占据约 28％；从增幅来看，东部地区也高于中、西部地区，2001 年，东部地区为 481 亿美元，而至 2010 年，这一数字已高达 1 298 亿美元，平均每年约上升 91 亿美元，而中、西部地区 2010 年的数字还不及东部 2001 年的数字，平均每年的增长也相对较为缓慢，分别约为 31 亿美元和 19 亿美元，相差甚远；从省域上来看，FDI 主要集中在江苏、辽宁、广东、上海和浙江 5 省。其次，从各省、市内部看，FDI 分布也极为不均。以地级市为单位进行考察，以东部的江苏省为例，苏北的宿迁市 2010 年仅利用外商投资 1.81 亿美元，而苏州市约为其 47 倍，高达 85.4 亿美元，这种现象在中、西部地区均有明显的体现（肖光恩和赵月，2013）。

　　针对以上 FDI 分布不均衡的原因，学者们展开深入研究。根据新经济地理学，天然地理位置优势被认为是很重要的原因，并且有学者指出邻近地区间具有正向空间相关性，邻近地区 FDI 增加会带动本地 FDI 增加，这样会进一步推进 FDI 的集聚，产生集聚效应（李国平和陈晓玲，2007）。与此同时，人力资本、劳动力成本、交通因素多次被讨论，被认定为形成 FDI 集聚的主要因素（杨晓明等，2005）；此外，基本达成共识的一点是，政策因素、对外开放程度对于中国的 FDI 集聚具有特殊重要的意义。然而，随着各地交通等基础设施不断完善，以及新税法的实施和劳动力成本的不断提高，地区之间在传统因素上的差距得到了一定的缓解，但 FDI 非均衡分布的状态仍未改变，有学者尝试从技术效率角度探讨这一问题，认为科技研发能力是东部地区 FDI 不均衡的决定力量，技术效率对中、西部地区的影响尤为显著。

在讨论集聚的过程中反复强调了一个观点：与其他国家相比，我国的集聚伴随着独特的特征，即财政分权和 GDP 激励的地方政府考核机制。这一特征对于区域间的发展不均衡也起到了较为特殊的作用，形成了具有中国特色的 FDI 分布。因此，我国学者以此为背景，对 FDI 展开了机理分析。1978 年以来，一系列重大制度改革在中国发生，其中影响较为深远的一项便是 1994 年的分税制财政制度改革，这一改革激化了地方政府之间的经济竞争关系，能够带来财政收入的税源成为地区间竞相抢占的对象。2010 年，各省地方财政收入显示，在分税制背景下，外资企业独具优势，一方面为地方带来了税收，另一方面能够相应提升地方官员的政绩，因此，更多财政政策措施的实施，如补贴、政府支出等，用来吸引 FDI，形成良性循环。

所以，以财政竞争的博弈视角对 FDI 区位决策进行研究是相当必要的。从实质上讲，FDI 的区位分布是外商选址决策的结果，经济的集聚以及税率等政策工具都是重要的影响因素，赵祥（2007）运用 1993—2004 年的省级数据研究得出，单纯的税费手段，从长期看，对 FDI 的分布不能起到决定性的作用，交通、通信和能源等硬件基础是相对较关键的因素，也是各地经济竞争的主要手段，正是地方政府的竞争引发了 FDI 在地理上的最初集聚，在集聚效应作用下，这种后果不断加强，形成了我国 FDI 东部多、中西部少的分布态势；赵伟和向永辉（2012）运用空间面板 GMM 方法对该问题展开了研究，实证显示中国各地区之间关于 FDI 的税收竞争确实存在，东部地方政府的税收制度存在着区位极差租金和集聚租金课税，集聚经济在东部吸引 FDI 方面作用明显，而中、西部地区却不存在这种情况，对于这些地区，传统的因素如劳动成本、交通等基础设施建设仍然发挥着关键效用。

（三）产业转移、FDI 对中国环境污染的影响

1979 年，Walter & Ugelow（1979）最早提出"污染避难所"假说，并获得大量关注。这一假说被用来形容国际产业转移与 FDI 对于环境污染的影响，该假说是指发展中国家在经济发展的早期阶段，为了迅速提升经济发展和收入水平，大量引进外资，发展高污染、高能耗的产业，造成了自然资源的过度开发和利用，而最终产品出口至发达国家，发达国家实现了污染转移，而发展中国家沦为其"污染避难所"。当发展中国家竞相降低管控标准引资时，会出现"竞次"现象，导致国际环境总体趋于恶化。之后，大量学者对"污染避难所"假设展开讨论（Tobey，1990；Gray，2002；Cole & Elliott，2003）。与此同时，部分学者认为"污染避难所"假设是否成立取决于一些条件，包含工业国和发展中国家投资者之间的技术差异（Dean，2009）、环境法规的严格程度（Kheder & Zugravu，2012）、自然资源是否丰富（Dam & Scholtens，2012）、腐败水平（Kneller & Manderson，2012）、跨国企业存在垂直或者水平投资动机（Rezza，2013；Tang，2015）等。另外，一些学者则认为 FDI 的流入，对于发展中国家来说，是改善区域环境污染的一次机遇，主要代表是"污染光环"假说（Grossman & Helpman，1995；Zarsky，1999；Mielnik，2002；Eskeland & Harrison，2003；Dean，2005；Eastin & Zeng，2009），"污染避难所"或许仅仅是一个短期暂时的效应。原因在于，一方面，FDI 的生产活动和污染治理可实现规模效益递增；另一方面，FDI 为东道国带来了新技术，通过引进这些技术，可以加快发展中国家实现绿色生产的脚步，与此同时，外资企业间接的生产外溢效应对于环境质量的改善也发挥一定的功效（Liang，2006）。相似的，我国学者对中国的这一问题展开了分析，得到的结论也基本相同，即分为两种，一是中国已经出现"污染避难所"现象（杨海生，2005；于峰和齐建国，2007；计志英等，2015），二是 FDI 具有正面环境效应（包群和邵敏，2009；盛斌和吴越，2012；白俊红和吕晓红，2015）。

然而，无论学术界对此讨论的结果如何，对中国来说，不可否认的事实是，改革开放以来，随着外资引入，我国经济迅猛发展，而付出的环境代价也十分惨痛。20世纪90年代初期，很多学者开始运用发达国家的数据来探讨环境库兹涅茨曲线问题，发达国家的环境也确实出现了"库兹涅茨"现象，即随着人均收入的不断提高，加剧了环境污染，但随着人均收入水平进一步提高，环境质量得以优化。这一现象的魅力之处在于，只要我们执着于经济的发展，使人均收入提升到一定水平，环境问题会自行得以解决。然而，很多西方环境经济学家对此产生置疑，环境库兹涅茨曲线的实证研究存在着一定问题，更为重要的是发达国家环境质量的改善很可能的原因在于污染企业的转移（Stern，2004）。确实，我国的工业发展数据也显示，各省份承接的产业转移中存在着大量的高污染行业，以广东省为例，2008年，外商投资的造纸及纸制品业、黑色金属冶炼及延压加工业等产业产值占整体行业已逾一半，而这类产业对地方的水资源以及大气的污染却贡献极大。更值得一提的是，我国一些地区还成为了国外垃圾的集中处理区域，据《每日电讯报》报道，仅在2012年，英国将重达420吨的生活垃圾运抵亚洲，超70%运抵包括中国在内的远东国家。另据美国国际贸易委员会数据，2000—2011年，中国进口美国垃圾废品的交易额由7.4亿美元涨至115.4亿美元，2011年占由美国进口贸易总额的11.1%。也就是说，这不仅仅是垃圾转移这样简单，而实际上是我国承接了发达国家废物回收处理的产业，这类产业不仅对地区居民的健康造成威胁，而且对于水资源的破坏极其严重，这些地区或许可以更为有力的说明"污染避难所"真实的存在。

既有文献认为，FDI影响东道国环境污染主要通过规模效应、结构效应和技术效应实现（见图4-4）。因此，FDI对环境污染是否产生影响，应以三种效应的综合作用效果评判。

从规模效应来看，主要包括正负两种效应。正向效应：FDI进入使同类型企业数量增加，进而产生集聚效应，降低了企业生产和治污成本。一方面，外资企业由发达国家转移至发展中国家，带入先进的知识、技术和信息，这些新鲜的"养分"提升行业整体生产力水平，降

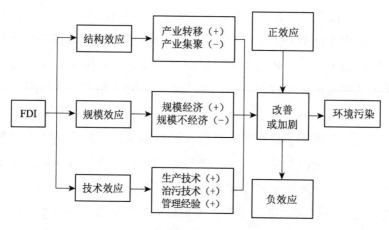

图 4-4　FDI 对环境污染的影响机制

低生产成本，有助于优化企业资源配置。与此同时，外资企业冲击本国市场，本国企业为保持竞争力，须不断钻研新技术。另一方面，外资企业与本土企业集聚，还会在治理污染等公共设施形成共享效应，降低了治理污染成本，有助于污染物集中处理，从而改善环境状况。负向效应：一方面，在投入端，随着外资企业涌入中国市场，其生产规模持续增大，将严重消耗本国大量资源、能源，过量消耗会严重破坏生态环境；另一方面，在产出端，转入的外资企业大多属污染密集型，规模增大会加剧环境污染，企业在生产过程中或是生产后所剩余的废物排放也会严重破坏生态环境。

从结构效应来看，主要包括正负两种效应。正向效应：外资进入将改善本国产业结构，有效推动经济增长。"经济增长以牺牲环境为代价"是大多数发展中国家的必经阶段。随着产业结构优化升级，以高技术产业为代表的第三产业将逐渐取代以制造业为代表的第二产业，在经济发展中占据着重要地位。相对而言，第三产业消耗的能源少，污染排放小，对环境污染程度低，当外资企业流入第三产业后，将有益于国家调整产业结构，改善生态环境。同时，外资企业在技术和管理等方面较之本国企业具有优势，使得本国企业压力陡增，秉持"适者生存"准则，促使本国企业加速技术革新，推动产业结构向更高质量发展。负向效应：从当前来看，发达国家转移至发展中国家的企业大多以污染密集型企业为主，发达国家为保证符合其国家绿色经济发展的准则，对环境保护政策制定标准较高，污染型企业逐渐向劳动力密集、资源丰富和环境规制低的发展中国家转移。因此，FDI 引入将提升污染密集型企业占比，加大环境污染程度。

从技术效应来看，主要包括正向效应：第一，外资企业大多来自发达国家，其科技发展水平较高，有着许多世界领先的生产技术。外资企业涌入本国市场，其引入的生产技术会产生外溢效应，可提升能源利用率，提高本国企业生产效率，从而改善环境质量。第二，外资企业往往有着先进的治理污染技术和严格的环境规制，对污染排放的把控程度更高，当转移至东道国后，东道国企业为获取更多市场份额，不得不改进自身治污技术，进而优化环境质量。第三，当外资企业管理人员流入本国企业时，其先进的管理经验随之流入本国企业，革新了本国企业管理水平，能够有效降低企业资源浪费现象，提升生产效率，降低了生产成本，有助于改善生态环境。

三、环境规制的空间特性与环境污染

随着全球环境不断恶化，20 世纪 70 年代伊始，环保与规制逐步受到世界各国关注，并作为居民生活质量的一项重要测度指标。有关环境规制对经济的影响，学术界大致分为三种观点。第一种为"制约论"（Gollop 等，1983；Barbera 等，1990；List，2000；Lanoie，2008；赵霄伟，2014；周灵，2014；Hancevic，2016），秉持这一观点的学者围绕"遵循成本说"，即在环境规制的约束下，企业的生产成本将会提高，这些成本主要是由于消耗自然资源与污染排放企业不得不支付的额外费用，企业面临生产率与利润率降低的压力。第二种观点为"促进论"（Hamamoto，2006；Mazzanti & Zoboli，2009；张三峰等，2011；林勇军和陈星宇，2015；张同斌，2017），这一观点基于"波特假说"，秉持这一观点的学者围绕"创新补偿说"，即在合理的环境规制前提下，规制能够推动企业在环境技术和管理上实现创新，这种创新能够弥补由于环境治理所带来的额外成本，更为重要的是能够使产

业的国际竞争力得到提升，取得"先动优势"。第三种观点认为环境规制对经济增长具有不确定性（Harris，2002；解垩，2008；Becker，2011；原毅军等，2013；李胜兰等，2014；黄清煌等，2016），并非一直按照"遵循成本说"或"创新补偿说"，需要对所处情形进行具体分析，这些情形包括产业自身特点、所处的发展阶段以及外部环境等诸多因素的影响。

环境管制政策可概括分为两类：一类针对污染排放所征收的"环境税"，另一类针对节能减排技术的"研发补贴"。涉及的具体形式表现为环境税、回收利用系统、排放权交易、绿色消费以及排污费—返还机制和税收—补贴机制等。关于环境规制度量，张成等（2011）将其总结为六类：从环境政策实施上考察规制强度；治污成本占企业产值或总成本的比重；运用人均收入水平测度环境规制强度；维持治污设备有效运行的费用；污染排放总量；政府对于污染企业监管检查次数。

伴随工业化进程不断深入，我国生态环境与经济发展间的冲突也不断加深，由于生态系统承受能力受限，意味着我国必须在这一承载能力达"阈值"前，及时提高环境规制水平。但我们所面临的问题是，我国的经济发展水平仍处于初级阶段，贫困以及较低的社会保障等问题仍然存在，城市化和工业化目标尚未实现，那么，当前的环境规制的制定必须充分考虑经济的增长问题，"发展"仍然是我国当先的首要任务，在这种双重任务下，是否能最大限度地实现"双赢"的格局，是环境规制研究学者探索的重要话题。

（一）环境规制、经济增长与绿色技术进步

要实现环境与发展之间的"双赢"，关键在于技术的进步，我们也可将其称为"创新补偿"效应，而这种效应的关键又在于规制是否能够激励产业技术进步。环境规制对经济的作用具有正、负两个方向的效应（见图4-5），负向效应表现为：环境规制强度提升，企业产品质量和硬件设备标准随之提高，为适应规制要求，在技术、资源禀赋以及消费者需求固定的情况下，规制会增加企业额外的成本，降低了利润，从而使产品竞争力下降，阻碍了经济增长（Heyes，2009）。同时，

环境规制强度提升，企业会根据规制新标准，加大生态保护和软硬件投资规模，在投资总额一定的前提下，将缩减其他生产性投资，降低企业利润，阻碍了经济增长（Lee，2008；Zhao，2015）。正向效应的观点来自于哈佛大学商学院迈克尔·波特，他认为这种负效应仅仅是短期的，具体表现为：如果环境规制是适当设计的，那么它将有助于增加企业创新动力，引导企业促进技术创新，提升生产效率，增强产业竞争力。

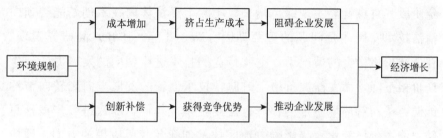

图 4-5　环境规制对经济增长的影响机制

目前，有关环境污染和技术进步关系，我国学者主要从环境全要素生产率视角展开。传统经济增长理论主要致力于对经济增长过程中所呈现的"典型化事实"或规律进行探索分析，关注的焦点是政府通过何种手段对经济增长率产生影响，而鲜有讨论环境管制与增长的联系。生产率增长被视为经济增长的一个重要引擎，特别在 20 世纪，生产率增长迅速提升了整个世界人民的生活水平。关于环境污染对生产率的影响，Pittman 于 1983 年进行了较早讨论，随后，学者们开始探索将环境污染变量纳入生产率测算模型内，具体思路主要是从两类视角入手，一种是将污染变量视作投入，另一种则将污染变量视作产出，若将最终产品称为"有用产出"的话，污染变量则视为"无用产出"。经典全要素生产率测度往往基于两个指数：Tornqvist 指数和 Fisher 指数，它们的共同特点是只考虑市场性"有用产出"的生产，而非市场性"无用产出"（如污染物的排放）则不予考虑，究其原因在于"无用产出"的价格信息无法获得。由于这种原因，在计算的过程中，全要素生产率往往被估计呈现出下降趋势。两种产出的不均衡处置方式扭曲了对社会福利水平和经济绩效的评估，进而导致错误的建议（王兵等，2008）。

在此背景下，一种新测度生产率的指数应运而生，即 Malmquist-Luenberger 指数，并迅速得到了广泛应用。这一指数能够同时兼顾"有用产出"和"无用产出"，可以在无需价格信息和无需假定生产函数形式的情况下对全要素生产率进行测度。

技术进步方向也是环境规制领域的一个热点研究主题。随着发达国家环境质量的不断改善，我们是否可以简单地认为，经济发展到一定阶段其自身就会实现绿色增长，实际上经济体内技术创新能否朝向清洁技术发展才是问题的重要动因。Newell 等（1999）的研究发现，在能源价格稳定的情况下，空调行业的技术进步朝向的发展方向使生产价格下降，而在能源价格上升时，技术创新的发展方向则转向节约能源，进而对环境质量的提升也起到了积极作用，那么进一步概括总结，能源价格变化直接影响着地区技术创新及其所应用的方向，即应用类型。Popp（2004）对能源相关产业的研究显示，技术进步方向直接影响着对环境管制成本的估计。Popp 在 2002 年所发表的研究也同样显示，1970—1994 年影响美国技术创新发展方向的两个重要因素为知识存量和能源价格。Acemoglu 等（2012）则运用了更具说服力的样本，他们选取 80 个国家时间跨度为 40 年的汽车企业专利数和含税燃油价数据进行分析得到，能源价格和清洁技术水平越高，清洁技术越容易成为技术创新的选择。他们在运用两部门模型探讨技术创新在异质环境约束下的选择过程时，认为产品价格、技术禀赋以及市场规模决定了技术创新的类型，政府干预对环境质量的改善至关重要，政府简单的政策实施，例如单一的碳税或是研发补贴等，都能在改变技术创新的利润和清洁产品价格的基础上，实现引导企业研发经费向清洁技术领域倾斜（董直庆等，2014）。

综合以上讨论，我国学者也探索了环境规制与全要素生产率间的联系，并得出了可借鉴的政策建议，主要总结为以下三点：

首先，环境管制对经济的影响存在正面技术激励效应和负面的成本效应。由于技术创新所需的成本较高，因此对经济的影响将滞后于成本负效应，那么短期内，特定的环境规制会抑制技术创新，但是从长远来看，该规制水平能够激励技术创新。概括来讲，特定的环境规制水平与技术进步间呈倒"U"型关系。

王兵等（2008）对 1980—2004 年 17 个 APEC 成员国或地区的全要素生产率进行分析发现，在没有环境管制的约束下，这些国家的生产率增长平均水平为 0.44%，在既定减排目标不变的情况下，增长率约提升 0.11 个百分点，在减排目标不断提升的情况下，增长率也约会提升至 0.56%，与不考虑规制的情况相比，约提升 0.12 个百分点。人均 GDP、人均能源消耗量以及工业份额都是影响环境管制约束下全要素生产率增长率的重要因素。张成等（2011）基于我国 1998—2007 年工业数据，运用数理模型分析也得到了较为相似的结论。

其次，路径依赖是技术进步的重要特质，合理的环境管制能够使技术逐渐向绿色方向上转化。当技术进步被划分为清洁和非清洁两种类型时，技术进步方向是实现环境质量改善的关键。技术进步方向的变化存在路径依赖特征，这种路径依赖主要取决于总技术溢出水平和自身技术创新的历史，进而决定了一国的经济发展是否选择清洁技术。董直庆等（2014）发现，改善环境质量可采用控制城市用地规模、引导技术创新方式来实现。清洁技术能够实现污染水平的降低，而非清洁技术很可能提升污染防治水平，只有当清洁技术足够强大时，才能够逐渐减弱非清洁技术所带来的负面影响。在清洁技术强度较低时，城市用地规模和经济的增长将会对环境质量的改善起到明显的"挤出效应"，环境与经济协同发展需政府引导企业研发清洁技术，这些政策包括碳税、清洁技术的补助、调整能源价格等。

最后，对外开放与绿色技术进步。对外开放可以分为技术溢出效应和产品结构效应，技术溢出效应为积极的正向的，主要表现在两个方面，一是进口，二是部分 FDI；产品的结构效应是消极的负向的，也主要表现在两个方面上，一是出口，二是 FDI，可见 FDI 在两种效应中均有显著体现，其正向效果的发挥依赖于环境管制和相关政策的合理引导。

此外，从地区上看，张成等（2011）指出我国中东部地区环境规制强度与生产技术进步间的关系呈倒"U"型，而西部地区还未出现统计意义上的类似关系。田银华等（2011）认为1998—2008年，在环境制约条件下，TFP增长率在不同地区变化趋势相异，上升地区：东部沿海、北部沿海、大西南以及长江中游地区；下降地区：黄河中游、南部沿海、东北和大西北地区。从产业角度上进行分析，李玲等（2012）将28个制造业部门划分为重度、中度和轻度污染类别，实证分析结果显示，重度污染产业的环境规制强度较为合理，能够推进技术的改进，提高技术效率；而中度污染产业的环境规制强度偏弱，并且认为现有环境管制下，提高技术效率十分必要；对于轻度污染产业来说，在环境规制制约下，技术创新是产业发展的关键。

值得一提的是，技术知识进步会在空间上起到作用，它具有显著的外溢特性。外溢在一定的地理范围内发生，溢出的技术会带给其使用者的生产率效应随着技术的提供方与使用方之间空间距离的增加而减少。因此，离技术领先地区较近的技术落后地区获得的技术溢出会更多，相对其他技术落后地区，该地区的"技术前沿"会较高。一个地区的地理位置、技术的空间扩散和该地区的人力资本水平共同导致了异质性的技术前沿并影响了研发效率，而研发效率和研发投入则进一步导致了均衡路径上的技术进步率的差异，反过来，技术进步率的差异一方面影响了本地区的技术前沿，另一方面又导致了经济增长的空间集聚。

（二）空间视角下的环境规制研究

1. 地方政府竞争与环境规制

（1）我国地方政府竞争的空间特征

1998年，"地方政府竞争"这一概念由Breton提出，是指在区域内部，不同经济体的政府运用行政手段以吸引资本、劳动力和能够提升经济增长的其他流动性因素进入本区域的行为，这些手段包括环境政策、税收、医疗福利等，目的是提升自身经济竞争优势。周黎安（2004）对我国地方政府竞争的特征进行总结，主要表现为两种特性：第一特性表现为行政性分权和地方官员的财政激励，第二特性表现为地方官员的晋升激励，这一特性更能解释长期困惑我国经济发展的两大顽疾，即重复建设问题和地方保护主义。地方竞争的"恶性"程度仅仅运用财税激励来进行解释明显说服力不强，更有力的解释在于各地方官员由于对落后于竞争地区的巨大恐惧进而产生的对政绩的强烈追求。

进一步分析第二特性，它具有较为明显的空间特征，各地区经济的发展不仅仅是关注自身能力有多强，更重要的是其相邻地区，特别是经济实力较为相近的地区，这种竞争会更加"激烈"。在政治"晋升赛"中，地方官员倾向于将本地区经济行为的"溢出效应"内在化，即认为有益对手的"溢出效应"对自身来说较为不利，这也是地方官员在政治博弈中支持"恶性"竞争的根本原因。在成本允许的条件下，激励最充分的事情是利己不利人的事情，而能实现"双赢"的区域合作由于具有利己又利人的特性则显得激励不足。通过讨论地方政府竞争特性，可以更好地解释我国区域发展的空间互动关联：首先，表现在地方官员积极推动本地区经济发展。20世纪80年代，地方官员晋升标准发生了根本性变化，逐渐从纯政治缘由过渡至经济绩效，正因如此，出于晋升考虑，地方官员存在强烈动机推动本地区经济增长。其次，表现在区域合作与分工往往较难推行。出于政治"晋升赛"考虑，地方官员不会倾向于区域间协作，进而，我国区域间发展战略呈地方保护主义和"大而合"的特点。最后，区域发展伴随着"恶性竞争"。为提升自身政绩，同时拉低竞争对手政绩，地方官员很可能使出浑身解数展开"恶意竞争"，重复建设在所难免。

这种地方政府"恶性竞争"案例在对外资项目争夺上有较为明显的体现，特别是20世纪初，在我国尤为明显。当时新华社记者对于这种竞争的概括是"门槛一降再降，成本一减再减，空间一让再让"。在长三角地区，各省份上演了"优惠政策大战"，为了吸引外商，土地价格远远低于成本价，税收优惠政策一再到达国标底线，甚至还要低。招商引资一定程度上被视为"首要"工程，如此背景下，各地政府级级下任务，层层压指标，至于外资对于环境的影响被忽视，甚至被"遗忘"。

在地方官员晋升赛中，重复建设也层出不穷，产业同构化在 20 世纪初直至现在，都不断被涉及，我国几乎所有重要经济区域，如珠三角、长三角以及京津冀地区均较为突出，同一行业被各个地方竞相甚至过渡进入，对于国家规划的重点项目一拥而上，20 世纪 90 年代出现了"开发区热"，之后，长三角、珠三角地区出现了"机场建设大战"，这些重复建设的背后无疑是由地方政府主导推动形成的，尤其是那些一应而起的项目，隐含明显的攀比动机，地方政府竞争的第一特性，利润或财税动机不能对其进行有力的诠释。

综上所述，地方政府竞争的第二特性，官员晋升激励更好地诠释了我国的重复建设以及招商引资中的"恶性竞争"问题，大量重复建设加大了能源过度消耗，产生严重的资源浪费，而关于招商引资的竞争，常常伴随着污染型企业的进入，无疑给生态环境造成愈发严峻的压力，因此，地方政府的竞争与环境之间关系密切，而这种联系主要体现在政府对于环境的监管。

（2）空间视角下的环境规制研究

在地方政府竞争存在的情况下，环境治理常常成为重要的博弈手段，因而环境规制存在着相互竞争的特点，主要体现在两个层面，一种是在一国范围内的跨行政区之间的资本竞争，另一种是国与国之间的跨境污染问题。两种情形均有可能导致"逐底竞争"，即地方政府间为争夺企业投资，放宽环境管制标准，导致环境污染加剧的"竞次现象"。首先，国与国之间，可以对高收入国和低收入国分别进行讨论，一般情况下，高收入国家对于环境质量的要求相对较高，因而环境规制更为严格苛刻，企业为之付出的环境规制成本随之增加，特别是高污染企业所承受的成本会相对更高。而低收入国家更加看重经济的增长，对于环境的要求相对次之，更倾向于制定较为宽松的环境规制政策。那么，对于跨国企业来说，为了规避环境规制所带来的较高成本，更倾向于将企业转移至低收入国家，如果高收入国家为了留住跨国企业的投资，很可能倾向于将自身的环境规制标准降低，这样一来，环境规制就会出现整体被降低的情况，进而造成生态系统恶化（Wilson，1999；Oates & Portney，2003；Rauscher，2005；Konisky，2007）。其次，对于一国内的各行政区域情形大致相同，但也存在着区别，与跨国的环境规制竞争相比，行政区之间的"逐底竞争"行为更易形成，因为地区之间不是相互独立的，污染很容易实现地区之间的传递，低环境规制所造成的环境污染不是由污染源地区独自承担，而是由各行政区共同承担（Fredriksson & Millimet，2002；Woods，2006）。杨海生等（2008）与张文彬等（2010）研究了我国地方分权制度下各地方政府的竞争行为。结果显示，环境规制竞争行为在各省际间是存在的，并且更容易形成较为宽松的管制（杨海生等，2008）。此外，有学者认为地区环境规制竞争会改善环境质量，这种现象被称为"竞争到顶"。Fredriksson & Millimet（2002）通过对比美国州级地方政府的环境规制政策，认为倘若邻州政府提高环境规制标准，企业会转移至本州，本州污染物增加，倘若环境规制较宽松的邻州政府提升环境标准，可能影响本州企业投资，但对本州污染影响不大。张文彬等（2010）基于不对称战略互动模型，运用空间计量方法对 1998—2002 年的地方政府竞争行为进行考察，认为各省际之间的规制竞争并不明显，存在较大差异；而运用该方法再次对 2004—2008 年的数据进行实证时发现并进行分析得到，在科学发展理念的影响下，环境规制的战略互动行为呈现"逐顶竞争"的特征。

2. 空间视角下的我国环境规制与污染研究

有关环境规制，我国学者的研究起步较晚，大量文献出现在 2005 年以后，而从空间视角下考察环境规制问题是伴随着空间经济学的发展逐渐开始的，梁琦等（2013）认为目前各地区实施合作的环境规制是最优选择，而对于欠发达地区，不管是从消费的角度进行考虑还是从投资的角度进行分析，不实行环境管制都是最劣的抉择。

国内学者对财政分权制度下地方政府环境规制也展开大量讨论。朱平芳等（2011）基于地方分权的视角，从理论与实证的角度分析是否存在地方政府竞相降低环境标准来吸引 FDI，同时对 2003—2008 年中国 277 个地级市进行实证分析，结果显示，环境规制对 FDI 的"逐底效应"仅在适当范畴内存在，而在其他区间并不显著，当 FDI 的水平提高到某一程度后，这种"逐底效应"出现了明显的弱化，其原因在于与服务业相关的清洁型 FDI 替代污染型 FDI 流入城市的比例在不断的提高。此外，FDI 水平较低的城市，"逐底效应"也相对不是很明显。他们认为实证分析所带来的启示在以重经济绩效轻公共服务为特点的地方绩效激励政策下，环境政策常常成为博弈工具在吸引 FDI 的作用中被不断放大，使得本来就不协调的经济与环境关系雪上加霜。进一步地，根据 FDI 分区间显现可以观察到，处于 FDI 水平中间区段地区，中央政府更应重视地方政府环境规制的制定与执行。郭志仪和郑周胜（2013）指出，财政分权度越高，地方政府从经济增长中获取的收益越高，工业"三废"排放量越大。李胜兰等（2014）对 1997—2010 年中国 30 个省（区市）的"生态效率"进行测度，并运用空间面板联立方程模型实证分析了环境规制对区域生态效率的影响，结果显示，从整体上看，各省区市环境规制呈现"逐底竞争"特性，"模仿"特征在地方政府制定环境规则的过程中有明显的体现，在这样的背景下，实施环境规制会抑制区域生态效率。但当政策考核机制发生变动时，地方政府环境规制行为由"逐底竞争"转向"逐顶竞争"。他们以 2003 年为时间节点，发现中国各省份的环境规则制定、实施以及监督由相互"模仿"向"独立"转变，环境规制对生态效率的抑制效果逐渐减弱。这一现象的原因在于，我国地方政府的绩效机制在逐渐转变，"绿色环保"标准开始纳入政府官员绩效考核体系。

综合以上的分析可以看到，合理的环境规制是解决我国当前污染与发展之间矛盾的重要手段，地方分权体制决定我国环境规制在空间上具有某些特性，要制定有效的环境规制，基于空间视角的考量至关重要，各地区独自治理的环境规则制定对于环境的治理作用有限，实施区域环境政策的制定势在必行。特别地，从地方政府竞争行为可以看到，由于晋升激励的存在，使得地方政府对于那些"双赢"的区域合作明显激励不足，那么目前倡导有关环境的"双赢"合作，即区域联防联控的实施还要面临较大的挑战和困难。随着市场的发展和完善，我们有必要对政府的政策绩效进行反思，应将地方政府的注意力不断集中在提升服务本地公众的能力上，逐渐减少地方对于市场的干预能力。在区域环境政策的制定上，可以通过推进主体功能区建设来不断实施，在环境政策与政绩考核制度上构建区域核心功能，对于重点或限制型开发区域等，需制定因地制宜的环境规制和绩效评价制度，以推进区域间生态效率的收敛与平衡。

通过梳理既有文献，发现环境规制对环境污染的作用可划分为直接和间接两种情况（如图 4-6）：第一，直接作用。具体包含行政、经济、消费等控制-命令型环境规制手段。行政规制手段的直接表现为政策颁布、方案规划等，在我国，行政规制在污染防控工作中扮演重要角色。经济规制手段表现为环境税费、生态补偿等，经济规制可以通过限制污染源排放（关闭污染工厂等）、提升污染行业排放标准（提高排放达标率）等方式抑制环境污染。消费规制手段表现为政府通过政策宣传对民众进行"绿色"引导方式，有效减少污染排放。第二，间接作用。除上述直接作用外，环境规制还可通过影响 FDI、产业结构和技术创新等中介变量间接影响环境污染，具体来说：①环境规制→FDI→环境污染。"污染避难所"假说认为，倘若东道国放宽环境规制标准以吸引更多 FDI，一方面，FDI 引入将增加污染密集型企业占比，加大环境污染程度；另一方面，FDI 也可通过引入先进的绿色生产技术减

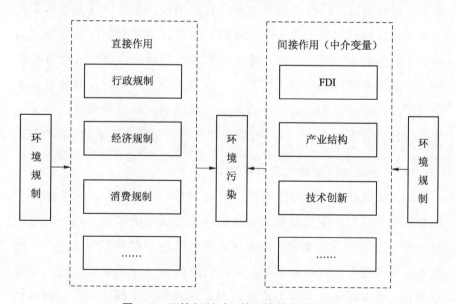

图 4-6　环境规制对环境污染的影响机制

少污染物排放，改善环境污染程度。②环境规制→产业结构→环境污染。环境规制标准能够促使污染密集型产业重新布局，譬如发达国家倾向于将高污染产业外包，以摄取东道国廉价劳动力，而高污染产业迁移会加速当地产业发展与环境污染之间脱钩。③环境规制→技术创新→环境污染。一方面，合理的环境规制可激励企业绿色技术创新，提升环保技术；另一方面，过于严格的环境规制标准会致使企业无法承受相应的治污成本，弱化研发创新动力。

四、地方财政的空间博弈与环境污染

如今，虽然我国经济形势一片大好，宏观经济各项指标稳步向前推进，但经济发展背后蕴藏的生态环境恶化问题却日渐凸显，"经济增长"还是"环境保护"，这一问题值得深思。尤其在我国中西部部分地区，仍然存在牺牲环境谋取经济增长情况。从产业结构看，当前我国仍然以第二产业为主，且升级速度较慢，大量粗放型企业生产中排放的"三废"（废水、废气和固体废弃物）加剧生态污染，危害人体健康。从环境污染现状看，当前由于大气污染物集中排放，扩散控制难度大，导致我国区域性环境污染问题日趋明显，主要表现为重污染天气在大范围同时出现。作为地方政府，面对日益复杂的区域性环境问题常常显得束手无策。此外，地方经济发展和政府财政收入会直接影响官员政绩考核，其为谋求晋升，过度追求经济增长，在财政投入时忽视了环境治理方面，最终导致环境污染问题无法妥善解决。本节主要探讨我国地方财政的空间特征以及地方财政与环境污染的空间关联。

（一）我国地方财政的空间特征

地方政府财政的空间性指在一定地域范畴内，财政行为主体基于空间依赖关系而产生的财政资源跨辖区配置活动的统称。地方财政的空间性包含五个基本要素，即地域，财政行为和财政行为主体，空间依赖，财政资源，辖区和规制。空间财政研究关注的地域范畴为经济联系、行政隶属等关系而形成的区域，其外延大于辖区概念；财政行为包括收支等具体行为，主体可以为某辖区政府、具体收支的公共部

门等；空间依赖指样本观测值与所在区位关联，且受邻近地区观测值影响，譬如，在空间财政研究中，辖区间财政策略性行为等具备明显的空间依赖特征；财政具备资源配置、收入分配、经济稳定与增长职能；辖区与地域存在概念上的重叠，特指存在隶属关系的行政区域；规制指对无序财政竞争等可能产生负外部性的政府行为进行规制。

我国"粗放式"经济发展模式一定程度上源于财政分权，分权制下的财政空间性特征具有如下特征：

第一，不同空间范畴的财政行为迥然相异。一般来说，财政收入或支出需以本地区实际掌握的公共资源为根柢，而各区域经济基础与财政能力在不同空间范畴内显然不尽相同。譬如，不同辖区政府向各自辖区内居民供给相同种类的地方性公共物品，但地区间供给水平无法均等。

第二，基于空间因素决策的财政行为具有排他性。比如为最大限度地实现本地居民效用最大化并减少外地居民"搭便车"现象，政府面向本地居民提供的教育、社保等地方性公共物品往往会以户籍、就业、投资等门槛条件进行限制，甚至有选择地对本地居民提供不同水平的地方性公共物品。

第三，在空间中发生作用的财政行为具有强弱不等的正负外部性。一些具有溢出效应的地方性公共产品能够给邻近辖区带来外部性，比如污染治理支出能够优化邻近地区环境，使邻近辖区得到正的外部性；负的外部性则表现在过度干预市场和地方保护等。由于这类财政行为难以限定地域范畴，将存在不同程度和方向上的溢出效应。

第四，基于要素空间流动而决策的财政行为具有一定的策略互动性。比如，刘洁和李文（2013）从理论上证明地方政府税收竞争会加剧环境污染水平，其原因在于，一方面，税收竞争低税率无法弥合环境污染负外部性造成的成本损失；另一方面，税收竞争的趋利性致使地方政府常常偏向于选择松弛的环境政策，因此造成环境污染加剧，质量下降。

第五，中央政府对地方政府的考核机制作用具有指导性。地方政府关注中央政府激励包含两方面：其一，经济激励。各地区生产总值和财政收入的增长率以及积累量成为中央对地方政府进行奖惩的主要依据，奖励越多，地区地方政府通过增量分成获得的财力就越多，相应的基础设计建设及投资增多，在乘数效应下，经济增长速度也会加快；其二，政治激励。中央政府对地方政府官员拥有委任权，其决定地方政府官员晋升会考察当地经济增长情况，并会和邻近省份的经济增长绩效以及该地区往届任期官员管辖期间的绩效进行横向和纵向比较。地方政府为谋求晋升，必埋头经济增长，缺乏环境监管动力。由此，在唯地区生产总值的考评机制下，地方政府往往选择这一经济发展方式。

（二）地方财政与环境污染的空间关联

地方政府行为对环境污染的影响主要源于两种制度安排：财政分权制度和晋升激励制度，两者既相对独立又相互影响，如图4-7。首先，财政分权模式下，地方政府被赋予更多剩余索取权和资金自主调度权，能够自主制定政策，拥有更多资源配置权力，是环境治理的施行者。较之中央政府，地方政府更能精准掌握居民偏好，可为居民提供符合其"口味"的环境治理政策，同时，环保服务具有公共物品属性，由中央统一进行污染治理可规避地方政府间的"搭便车"行为，有效降低治污成本，进而减少社会福利损失。然而，分权致使地方政府只愿朝"上"负责，倘若中央政府缺乏限制地方政府行为的切实措施，地方政府可能会忽视当地居民需求，做出自身利益最大化倾向的政治决策。譬如，降低提供优质环境偏好，牺牲公共福利换取投资商青睐等。因此，财政分权可能强化地方政府间竞争，怠忽民众对环境质量需求。其次，"理性人"假设是地方政府运行机制的根柢，地方政府官员普遍具有追求个人声誉的私利动机，其晋升一般以国内生产总值（GDP）为主要考核指标，可能会导致唯 GDP 论，产生"晋升锦标赛"现象，进而造成资源配置扭曲。地方政府在财政约束的情境下，官员晋升欲望强，意味着政府间竞争激烈，出于自身的利益考量，政府可能做出更加卖力向经济增长方向倾斜的行为，即"重基本建设、轻公共服务"，甚至与其他地方政府展开竞争，争夺益于经济发展的资源，尤其围绕外来资本这一稀缺要素的竞争异常激烈，从而放宽环境管制，放低准入标准，如此虽可在短期内扩大经济规模，但也加剧了环境污染，致使地方政府间环境"竞次"行为发生。最后，财政分权和晋升激励二者间存在交互影响关系，即在晋升激励过强的情况下，地方政府的竞争呈明显的短期导向，可能倾向投资收益好、缴税多的重污染工业行业，其后果就是使得财政分权的负面效应被进一步放大，加剧环境污染水平。

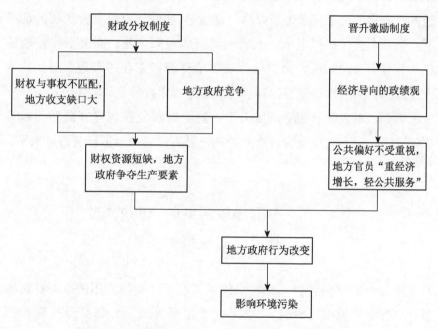

图 4-7　地方政府行为倾向对环境污染的影响机理

　　地方财政通过改变政府行为，间接影响环境污染水平，大致体现在三个方面：第一，地方财政分权作用于财政支出，进而影响环境污染水平。根据经典财政分权理论，地方政府为获民众支持，乐于将资金投入民生性公共物品，加重了地方政府间的竞争，使得其面临较大的财政压力，尤其还要担负教育、医疗等责任，"财权与事权"不匹配进一步加剧其财政约束，结果就是地方政府的环境治理资金捉襟见肘，加剧环境污染水平。第二，地方财政分权通过作用于中央政府转移支付，进而影响环境污染水平。一般来说，为保证收支平衡，地方政府可能牺牲生态质量换取经济绩效短期"亮眼"，导致其环境治理资金不足。因此，需要由中央转移支付纾解地方政府的财政压力，使其能够加大对环境污染的治理力度。在我国现行财政分权制度情境下，地方政府愈发仰赖中央政府的转移支付功能，但实践中由于转移支付制度本身存在财政体制不健全、审批程序不规范和资金拨付时滞长等问题，使得中央转移支付未必有效遏制环境污染。第三，地方财政分权通过作用于产业结构，进而影响环境污染水平。地区发展主要依托于产业。地方政府官员为了谋求短期政绩"靓丽"，在缺乏有效监督机制的情境下，会有动机保护产值大、上缴利税高的污染企业，而由于收益期较长，具有不可预知性，他们往往缺乏培育新兴企业的兴趣。因此，地方政府的行为激励机制导致环境污染水平难以好转。

　　综上，地方政府在竞争压力下，基于财政分权和晋升激励，通过财政支出、中央转移支付和产业结构三种方式影响地区环境污染水平。

第三节　中国环境污染的空间效应：
基于空间模型的实证

　　第三章的空间计量理论特别探讨了实证分析中常用的空间计量模型：空间滞后模型（SAR）、空间误差模型（SEM）和空间杜宾模型（SDM）。本节以本章第二节为经济理论基础，运用空间滞后模型（SAR）特别探讨我国 31 个省份（不包括港澳台）雾霾污染的空间特征以及经济、能源结构等影响因素。研究内容主要包括四个部分：第一部分基于横截面数据进行空间相关性分析，探讨了雾霾污染的空间特征以及形成雾霾污染的原因；第二部分和第三部分运用面板数据主要从能源结构角度入手对雾霾污染进行深入分析；结合以上三部分的相关结论，第四部分重点讨论考虑污染溢出后的产业结构调整与雾霾治理。不断完善区域合作机制，积极引导跨行政区的环境合作是协调经济增长与环境污染矛盾的必然选择。

一、中国雾霾污染现状及地区空间相关性分析

1. PM 2.5数据来源及数据处理说明

运用2001—2010年PM 2.5年均人口加权浓度值进行问题的分析，基础数据来源于伦比亚大学国际地球科学信息网络中心和巴特尔研究所联合发布的数据（Battelle Memorial Institute，CIESIN，2013）。鉴于卫星数据以及相关读取软件问题，在分析中将重庆与四川合并，针对中国31个省份（不包括港澳台）展开问题研究。

2. 雾霾污染现状分析

世界卫生组织将10 $\mu g/m^3$定义为PM 2.5人口加权浓度值的一个建议分界线，而早在2001年，我国的平均水平就已达到建议水平的两倍之多，见图4-8，雾霾污染形势早已相当严峻。从污染的分布上看，高污染区主要集中在北京、天津、河北、山东、江苏、湖北和安徽，大多为东部地区。

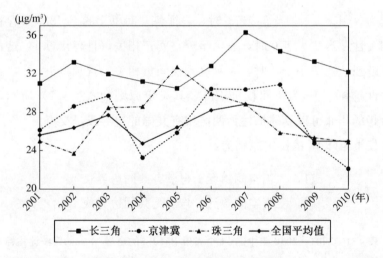

图4-8　2001—2010年长三角、京津冀及珠三角地区PM 2.5变化趋势

分区域看，我国的三大经济增长极（京津冀、长三角、珠三角经济区）污染持续维持在较高水平，其中，长三角地区最为严重，远远高于全国平均水平。从变动趋势上看，2007年成为转折点，2007年以

前，三大经济区及全国平均水平均呈上升态势，2007 年以后，分别呈现不同程度的下降。

3. 雾霾污染的空间相关性分析

（1）全局空间相关性。1979 年，Tobler 正式提出地理学第一定律，该定律指出任何事物均相关，相近事物的关联更为密切。要判断某一事物的空间关联，可通过全局 Moran's I 指数进行测度。它的计算公式如下：

$$I = \frac{\sum\limits_{i=1}^{n}\sum\limits_{j=1}^{n}w_{ij}(A_i-\overline{A})(A_j-\overline{A})}{S^2\sum\limits_{i=1}^{n}\sum\limits_{j=1}^{n}w_{ij}} \tag{4.1}$$

其中，I 为指数，表征各空间单元的整体相关程度。A_i 表示第 i 个地区被测度对象的具体是指，本书为 PM2.5 的人口加权浓度值，$\overline{A}$ 表示 n 个地区的平均值，$\overline{A} = 1/n\sum\limits_{i=1}^{n}A_i$，$S^2 = 1/n\sum\limits_{i=1}^{n}(A_i-\overline{A})^2$。$I$ 的取值范围为 $[-1, 1]$，当 I 接近 0 时，表征各空间单元的 $PM2.5$ 不存在空间相关性；当 I 大于 0 时，表示呈现空间正相关，且越接近 1，这种相关性越强；当 I 小于 0 时，表示呈现空间负相关，且越接近 -1，这种相关性越强。W 为空间权重矩阵，其设定原则如式（4.2）所示，本书所指的相邻可以具体描述为两区域有共同的边界或是交点。

权重矩阵 W 的设定原则为：

$$w_{ij} = \begin{cases} 1, & \text{当空间单元 } i \text{ 与 } j \text{ 有共同边界；} \\ 0, & \text{当空间单元 } i \text{ 与 } j \text{ 无共同边界或 } i = j。 \end{cases} \tag{4.2}$$

表 4-1　2001—2010 年中国 31 个省份 PM 2.5 的全局 Moran's I 统计指标

年份	Moran's I	E (I)	sd (I)	z	P-value
2001	0.524	−0.035	0.117	4.785	0.001
2002	0.512	−0.035	0.117	4.659	0.001
2003	0.498	−0.035	0.118	4.506	0.002

（续表）

年份	Moran's I	E（I）	sd（I）	z	P-value
2004	0.488	−0.035	0.119	4.383	0.001
2005	0.528	−0.035	0.111	5.077	0.001
2006	0.487	−0.035	0.119	4.395	0.001
2007	0.549	−0.035	0.114	5.119	0.001
2008	0.516	−0.035	0.119	4.638	0.001
2009	0.469	−0.035	0.118	4.289	0.001
2010	0.473	−0.035	0.114	4.472	0.001

注：p-value 由蒙特卡洛模拟 999 次得到，用以表示伴随概率；E（I）、sd（I）和 z 分别为 I 值的期望、方差和 z 检验值

表 4-1 给出了 2001—2010 年 PM 2.5 全局 Moran's I 的测算值，各年份的数值均通过了 1‰显著性水平检验且均为正值，由此可以得到中国 31 个省份的 PM 2.5 存在空间相关性，且呈现出明显的正向趋势，具体可描述为对 PM 2.5 较高的省份，至少存在着一个较高的相邻省份，而对于 PM 2.5 较低的省份，也会存在这一个或多个较低的相邻省份，前者将其记为高-高的正相关，后者记为低-低的正相关。从变动趋势上看，各年份的全局 Moran's I 指数值均在 0.5 左右波动，这进一步说明了这种正向空间相关的持续稳定性。

（2）局域空间相关性。对事物整体空间相关性的判断很有可能忽略了局部空间单元的非典型性特征，对局域空间相关性的测度显得至关重要，局域空间相关性的测度需要引入局域 Moran's I 指数，具体的测度公式为：

$$I_i = \frac{(A_i - \overline{A})}{S^2} = \sum_{i=1}^{n} w_{ij}(A_j - \overline{A}) \tag{4.3}$$

其中，I_i 是指数，测度 i 地区与其周围地区 PM 2.5 的相关程度，A_i、$\overline{A}$、n、W、S^2 均与全局 Moran's I 的计算设定相同。$I_i > 0$ 表示 i 地区与其周围地区呈现正相关的特征，即具有相似 PM 2.5 的地区集聚在

一起，表现为高-高类型的集聚或是低—低类型的集聚；$I_i < 0$ 表示负相关，即相异 PM 2.5 的地区集聚在一起，表现为高-低或是低-高类型的集聚。图 4-9 为根据局域 Moran's I 指数绘制的中国各地区 PM 2.5 局域集聚地图，集聚区均通过了显著性水平为 5% 的检验。

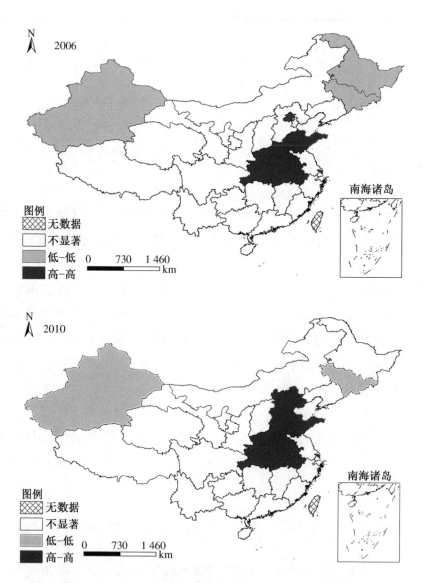

图 4-9　2006、2010 年中国各地区 PM 2.5 局域集聚地图

注：白色：不显著；黑色：高-高类型集聚；灰色：低-低类型集聚

图 4-9 以及其他年份的局域聚集地图[①]显示：低-低类型的集聚主要分布在新疆、吉林、黑龙江以及内蒙古地区；高-高类型的集聚主要分布在 8 个省份，分别为山东、河南、安徽、湖北、江苏、北京、河北、天津。其中，山东、河南、安徽、湖北在 2001—2010 年的聚集地图中均有出现，北京、河北、天津出现频率均达到 6 以上，江苏出现的频率为 3；此外，中部地区的山西、湖南也在某些年份出现在高聚集区内。据此我们可以得到中国颗粒物高污染集聚区主要发生在京津冀、长三角以及与这两大经济体相连接的中部地区，空间聚集效应明显，处于长期较稳定状态。

为什么这种高污染集聚呈现出以上分布态势，区域间的产业结构调整是其背后重要动因。在地方分权以及 GDP 绩效激励体制下，中国区域间的产业结构调整呈现出两方面重要特征：一方面，是产业转移。与京津冀、长三角相连的中部地区由于地理位置等因素的优越性承接了两大经济增长极的产业转移。2006 年，《中共中央国务院关于促进中部地区崛起的若干意见》的提出进一步加大了国家促进中部地区发展的力度，这一时期内中部地区开始如火如荼地承接来自东部发达地区的产业转移，且以污染型、高耗能的产业为主（朱允未，2013；陈耀和陈钰，2011），而目前东部地区产业逐渐向中西部地区转移已经成为中国协调区域均衡发展的重要战略部署，同时也符合产业发展的自身规律，产业转移方向在短期内很难改变。加之与本身污染较为严重的发达地区相邻，中部地区很容易成为高雾霾污染的集聚区域。另一方面，在以 GDP 作为重要政绩考核标准的激励机制下，地方政府竞争十分激烈。清洁且短期内显著提升 GDP 的产业成为各省区争相抢占的资源，不具竞争优势的欠发达地区只能发展以制造业为主的高污染产业来快速推进自身 GDP 的增长。与此同时，为在竞争中取胜，放松的环境政策常常成为地方政府博弈的重要工具，这一点经济欠发达的中西部地区表现尤为突出；然而，全局相关性分析显示，雾霾污染存在

---

① 局域聚集地图运用 GeoDA9.5 软件计算并绘制，本书作者已绘制了 2001—2010 年十年的局域聚集地图，因篇幅有限，列出其中具有代表性的两张。

着正向相关性，污染存在显著的外溢，获得优质资源的发达地区，由于与中部地区相邻，不能获得其自身产业结构优化的全部利益，特别是当这种"污染外溢效应"大于"自身优化效应"时，经济发达地区难以实现自身环境质量的改善。

综上所述，中国各地区 PM 2.5 存在着明显的正向全局空间相关性，且长期稳定；局域空间相关性显示高-高类型的集聚更是稳定的集中于局部经济发展较快地区。要达到对雾霾污染的根治，就必须充分考虑到污染的地理空间效应及其与经济发展存在的必然联系。那么，这种空间效应以及经济发展对于地区雾霾污染到底起到多大的作用？下一节我们将通过建立环境经济模型对此进行严格的计量实证分析。

二、空间效应模型设定

关于经济发展与环境质量的关系，早期的环境经济学家均指出经济增长会伴随着环境质量的不断恶化，这一假说也仅仅是举出大量的事实进行说明，而未对其进行标准化的数量实证分析。真正对经济发展与环境质量关系问题进行实证分析的研究开始于 20 世纪 90 年代初，Grossman & Krueger（1991）、Shafik & Bandyopadhyay（1992）开启了环境与经济发展关系研究的实证分析时代。这类实证分析主要是基于环境库兹涅茨曲线的研究，学者们运用不同的计量方法，适当的引入其他解释变量对经济环境关系进行了广泛的探讨。中国的学者也借助环境库兹涅茨曲线对该问题进行实证研究，较早且具有代表性的文献有张晓（1999），李周等（2002）。环境库兹涅茨曲线试图描述污染问题与经济发展之间的关系：一个国家的整体环境质量或污染水平在经济发展初期随着国民经济收入的增加而恶化或加剧；当国家的经济发展到较高水平（以国民的经济收入超过一个（或一段）值为标志）时，环境质量的恶化或污染水平的加剧开始保持平稳进而随着国民经济收入的继续增加而逐渐好转。即：在国民的经济收入（例如人均 GDP）达到转折点之前，经济收入每增加 1%，某些污染物（例如大气中的悬浮微粒、二氧化硫浓度）的增加幅度会超过 1%；在转折点之后，某些污染物的下降程度会超过收入的增长幅度。形象地，人均 GDP 与某些大气或水污染物呈倒"U"字形关系（张晓，1999）。本书借助该曲线的分析框架，探索中国经济发展与雾霾污染之间的联系。计量模型设定如下：

$$\ln Y_{it} = \alpha_0 + \alpha_1 \ln GDP_{it} + \alpha_2 (\ln GDP_{it})^2 + \alpha_3 ES_{it} + \mu_{it} \quad (4.4)$$

其中，Y_{it} 表示 i 地区第 t 年的 PM2.5 浓度值，GDP_{it} 为人均 GDP，代表 i 地区第 t 年的实际人均收入水平（统一以 2001 年为不变价计算），ES_{it} 为能源结构测度指标。

能源使用是产生大气污染的直接原因，因此能源消耗对于环境质量的影响一直是环境经济学家关注的问题。一些学者以能源总消耗量、能源强度等指标直接测度能源，分析其与环境质量的关系（Suri & Chapman，1998；Chuai 等，2012），另一些学者以产业结构变动、技术进步效率等指标间接测度能源，分析其对环境质量的影响（Maradan & Vassiliev，2005）。Stern（2004）在对 EKC 曲线进行综述的同时专门对从能源角度测度环境污染的方法进行了详细的综述分析，进而强调能源结构对于环境质量的重要作用。Poon 等（2006）、Wang & Feng（2003）讨论了总能源消耗对于中国环境质量的影响，蔡昉等（2008）从产业结构转变的角度讨论了改善能源结构对于提高中国环境质量的重要性。参考以上文献，本书选用以下指标度量能源消耗结构中煤炭所占比例来探讨能源消耗对雾霾污染的影响：

$$ES_{it} = \frac{\sum_{j=1}^{n} HCI_{itj}}{GDP_{it}} \quad (4.5)$$

其中，ES_{it} 为 i 地区第 t 年的能源消耗结构中煤炭所占比，GDP_{it} 表示 i 地区第 t 年的地区生产总值，HCI_{itj} 表示 i 地区第 t 年的第 j 个高耗煤行业产值，m 表示高耗煤产业个数，本书选取 8 个高耗煤工业行业作为代表。2001—2011 年，这 8 个行业的煤炭消耗加总占全国煤炭消耗总量的 90% 以上，表 4-2 列出了 2011 年的数据。一次能源的消耗，特别是煤炭的消耗，被认为是雾霾污染产生的最重要源头，该指标直接测度了高耗煤产业所占 GDP 的比重，反映了地区经济的产业能耗结构；另可将高耗煤行业产值间接看作是煤炭的消耗，地区 GDP 代表总能源消耗，那么该指标间接测度了煤炭消耗占总能源消耗的比重，从经济结构角度间接测算了能源消耗结构中煤炭所占比例。

表 4-2　工业行业煤炭消耗排名（2011 年）

名次	行业	煤炭消耗量（万吨）	占煤炭总消耗量比
1	电力、热力的生产和供应业	170 744.15	50%
2	石油加工、炼焦及核燃料加工业	34 087.24	21%
3	黑色金属冶炼及压延加工业	29 971.15	8%
4	非金属矿物制品业	25 031.84	7%
5	煤炭开采和洗选业	24 629.90	7%
6	化学原料及化学制品制造业	16177.17	5%
7	有色金属冶炼及压延加工业	6 227.18	2%
8	造纸及纸制品业	4 466.51	1%
合计		311 335.14	91%

资料来源：《中国能源统计年鉴（2012）》

三、雾霾污染的空间效应及经济、能源结构影响

为了考察中国各地区能源结构、经济发展对于雾霾污染的影响，以及雾霾污染的地区空间效应，将（4.4）式设定的计量模型作为基本框架进行经验分析。

1. 数据来源及处理说明

鉴于卫星数据处理问题，本书将重庆与四川合并为同一地区对中国 31 个省份（不包括港澳台）2001—2010 年十年的数据进行分析。PM 2.5 的数据来源于 Battelle Memorial Institute & CIESIN（2013），其他数据均来源于《中国统计年鉴》（2002—2011）、《中国能源统计年鉴》（2002—2011）、《中国工业经济统计年鉴》（2002—2011）。基本面板数据的处理运用 Stata 11.0 软件参考陈强（2014）完成，空间面板数据的估计运用 MATLAB 7.0 软件参考 Lesage（2009）完成。

2. 模型的估计及实证分析结果

（1）基于空间滞后面板数据模型的估计

空间滞后面板数据模型是在（4.4）式的基础上直接引入被解释变量的空间变量。由于进行的是面板数据分析，就必须考虑时间效应与个体效应的存在，故将（4.4）式中的随机误差项分解为：

$$\mu_{it} = \delta_{it} + u_{it} + \varepsilon_{it} \qquad (4.6)$$

其中，δ_{it} 表示时间效应随机扰动项，u_{it} 表示个体效应随机扰动项，ε_{it} 为随机误差项，引入空间变量后，空间误差模型假定随机误差项 ε_{it} 服从正态分布，可将（4.4）式化为具体的空间滞后面板数据模型进行估计：

$$\ln Y_{it} = \alpha_0 + \alpha_1 \ln GDP_{it} + \alpha_2 (\ln GDP_{it})^2 + \alpha_3 ES_{it} +$$
$$\rho \sum W \ln Y_{it} + \delta_{it} + u_{it} + \varepsilon_{it} \qquad (4.7)$$

$$\varepsilon_{it} \sim N(0, \ \sigma_{it}^2) \qquad (4.8)$$

其中，$\rho \sum W \ln Y_{it}$ 为空间变量，表示 i 地区周围地区的 PM2.5 整体状况；ρ 为空间变量系数，表征空间溢出效应的程度，W 为空间权重矩阵，设定原则同（4.2）式。

（2）基于空间误差面板数据模型的估计

地区间的空间相关性是相当复杂的，（4.7）式中的 ε_{it} 很可能不是简单的正态分布，其他可能影响雾霾污染并且具有空间性质的因素就会进入到随机误差项 ε_i 中，使得随机误差项具有较强的相关性，因此，可将（4.4）式化为具体的空间误差面板数据模型进行估计：

$$\ln Y_{it} = \alpha_0 + \alpha_1 \ln GDP_{it} + \alpha_2 (\ln GDP_{it})^2 + \alpha_3 ES_{it} + \delta_{it} + u_{it} + \varepsilon_{it}$$
$$(4.9)$$

$$\varepsilon_{it} = \lambda \sum W \varepsilon_{it} + \varphi_{it}, \ \varphi_{it} \sim N(0, \ \sigma_{it}^2) \qquad (4.10)$$

其中，参数 λ 为回归残差之间空间相关性强度，空间权重矩阵 W 设定原则同（4.2）式。由于存在着空间自相关，OLS 的参数估计将不再一致。因此对于上述两类空间模型的估计一般采用广义矩（GMM）估计或者极大似然（ML）估计（胡鞍钢和刘生龙，2009）。本书采用 ML 估计方法。表 4-3 给出了以上两个模型的估计结果。

表 4-3　回归模型的三种估计结果比较

	基本面板数据模型		空间滞后面板数据模型		空间误差面板数据模型	
	模型 1	模型 2	模型 3	模型 4	模型 5	模型 6
	固定效应 LSDV 估计	随机效应 GLS 估计	固定效应 ML 估计	随机效应 ML 估计	固定效应 ML 估计	随机效应 ML 估计
C		3.840 *** (0.002)		2.250 *** (0.006)		5.790 *** (0.000)
$\ln GDP_{it}$	−0.134 (0.473)	−0.168 (0.524)	−0.309 * (0.056)	−0.311 * (0.068)	−0.559 ** (0.014)	−0.570 ** (0.018)
$(\ln GDP_{it})^2$	0.003 (0.718)	0.005 (0.709)	0.015 * (0.074)	0.014 * (0.094)	0.028 ** (0.017)	0.029 ** (0.018)
ES_{it}	0.118 ** (0.019)	0.124 *** (0.001)	0.057 ** (0.017)	0.064 *** (0.009)	0.052 ** (0.029)	0.052 ** (0.032)
ρ			0.766 (0.000)	0.739 (0.000)		
λ					0.774 *** (0.000)	0.773 *** (0.000)
Adjusted R^2	0.973	0.036	0.683	0.381	0.594	0.468
Log likelihood	291.14	198.77	396.25	296.07	397.00	290.19
随机/固定效应选择：Hausman test	$X^2=2.98$ (0.395)		$X^2=262.40$ (0.000)		$X^2=2.45$ (0.653)	
空间相关性诊断检验						

Moran's I	LM_{lag}	RobustLM$_{lag}$	LM_{error}	RobustLM$_{error}$
67.23 (0.000)	176.84 *** (0.000)	134.53 *** (0.000)	44.07 *** (0.000)	1.77 (0.184)

资料来源：中国统计年鉴（2002—2011）、中国工业经济统计年鉴（2002—2011）

注：① Hausman test 用于检验随机效应与固定效应的选择，需要注意的是本书所用的 MATLAB 程序设定，当 $p > 0.05$ 表示拒绝随机效应选择固定效应。② ***、** 和 * 分别表示在 1%、5% 和 10% 的显著性水平下通过显著性检验，括号内为显著性水平 p 值或 z 值

（3）最优模型选择及空间溢出效应

Anselin（2005）给出了针对横截面数据的模型选择机制。首先通过 Moran's I 判断模型是否需要引入空间变量；其次观察 LM_{lag} 和 LM_{error}，LM_{lag} 用于检验空间滞后模型，LM_{error} 用于检验空间误差模型，若只有其中一个通过显著性检验，那么直接作出选择，模型选择结束；若二者均通过检验则继续向下考察 Robust LM_{lag} 和 Robust LM_{error}，同理，Robust LM_{lag} 对应空间滞后模型，Robust LM_{error} 对应空间误差模型，值得注意的是，二者均通过显著性检验的情况很少见，如出现该情况则需重新考察模型的设定。

由表 4-7 的 Moran's I 可知，基本的面板数据模型已不再适用，需引入空间面板数据模型。LM_{lag} 和 LM_{error} 均通过了 1‰ 水平下的显著性检验，故进一步考察 Robust LM_{lag} 和 Robust LM_{error}，Robust LM_{error} 未通过检验，则根据上述选择机制，应选择空间滞后面板数据模型，但是 Anselin 选择机制只是针对横截面数据进行说明，对于较横截面数据包含信息量更大的面板数据，该选择机制是否也适用，其未进行说明，本书根据具体的模型估计参数进一步向下分析。

由于本书建立的面板数据时间维度为 10，横截面维度为 30（30 个省份），属于"短面板"[①]。讨论反应时间效应的随机扰动项 δ_i 是否存在自相关存在着一定的困难，故假定 δ_i 为独立同分布。只考虑个体效应 u_i，即随机效应与固定效应模型的选择，考察 Hausman test 检验。

本书所用 MATLAB 程序 Hausman test 是在 $p > 0.05$ 的情况下拒绝随机效应选择固定效应，根据 Hausman test 的判断，选择空间滞后面板数据的随机效应模型和空间误差面板数据的固定效应模型，即模型 4 和模型 5，模型 5 的参数显著性水平及 Log likelihood 要优于模型 4，而 Anselin（2005）的选择机制判断模型 4 更为合适，两模型各具优势，故下文采用模型 4 与模型 5 共同进行讨论。

模型 4 中的 ρ 与模型 5 中的 λ 均大于 0，说明雾霾污染呈现出空间

---

① 面板数据既有横截面的维度（n 个个体），又有时间维度（T 个时期）。当 T 较小，n 较大时，这种数据被称为"短面板"，反之，则称为"长面板"（陈强，2010）。

溢出效应，由模型 4 可以看到，周围地区的 PM 2.5 每增加 1％，就会引起该地区 PM 2.5 增加 0.739％，空间溢出效应较为明显。

（4）能源结构与雾霾污染

表 4-3 中的模型 4、5 表达出，能源消耗结构中煤炭所占比每升高 1％，PM 2.5 浓度就会相应增加 0.052％，该指标一方面直接反映了地区经济的产业能耗结构，另一方面间接反映了能源消耗结构，即地区煤炭消耗占总能源消耗的比重，说明产业结构与能源消耗结构的变动均会引起雾霾污染的相应变动。

能源结构的变动与 PM 2.5 的变动高度相关。可通过图 4-9 及表 4-4 加以对应说明，2001—2007 年，各地区的 PM 2.5 整体呈上升趋势，2003 年中国进入市场导向的重工业化阶段，重工业是煤炭消耗"大户"，使得煤炭消耗占总能源消耗的比重不断升高，是导致 PM 2.5 呈上升趋势的重要原因。2008—2010 年，各地区的 PM 2.5 呈下降趋势，2007 年为抑制经济过热，国家出台一系列节能减排相关政策，推进投资由高污染产业向低污染产业转移，能源消耗结构中煤炭所占比不断下降；此外，受到 2008 年金融危机的冲击，部分重工业受到重创，雾霾污染在 2008—2010 年得到一定的改善①。

更值得关注的是，图 4-9 所示的污染高-高类型聚集区分布在中国北方，而南方地区未出现集聚，出现这一现象的重要原因之一在于供暖方式的不同。北方地区的供暖主要依靠对煤炭的消耗，而南方地区不采用这种方式，能源消耗结构中对煤炭的消耗相比较低，减少了产生 PM 2.5 源的消耗，进一步显示了能源消耗结构的重要性。

目前，中国能源消耗结构中煤炭是占绝对第一位的。2011 年，中国成为世界煤炭生产、消费与净进口"三个第一"大国，与 2010 年相比，煤炭总消耗量上升，且煤炭消耗占比也在提升，见表 4-4②。由上一节的表 4-2 可以看到，电力、热力行业对煤炭的消耗占去了总煤炭消耗的一半，成为中国耗煤"第一大户"，对雾霾污染的贡献极大。更

---

① 参考《中国工业发展报告》(2004，2009)。
② 参考《中国工业发展报告》(2012)。

值得关注的是，近年来，国内电力企业大量引进价格低廉的低卡进口煤，与优质煤掺杂使用进行供电来降低成本。低卡的进口煤尤其是褐煤（煤化程度最低的矿产煤）对 PM 2.5 的影响极为严重。表 4-4 中显示，中国褐煤的进口量每年都在呈数倍增长，占煤炭进口的比重也在逐年攀升，变相调高了能源消耗结构中煤炭所占比，势必进一步加大该行业对雾霾污染的影响。

表 4-4　能源消耗量及结构变化

年份	能源消费结构（%）				煤炭净进口（亿吨）	褐煤进口量（万吨）	褐煤进口占煤炭进口比重（%）
	煤炭	石油	天然气	水电、核电、风电			
1998	74.2	21.8	1.9	2.1	−0.42	—	—
2001	71.9	23.0	2.6	2.6	−1.01	—	—
2004	72.8	22.2	2.6	2.5	−0.83	16.42	0.88
2007	74.3	19.7	3.5	2.6	−0.17	58.58	1.15
2008	74.9	19.2	2.9	3.0	−0.17	328.55	8.14
2009	74.0	18.8	4.1	3.1	1.03	604.03	4.80
2010	71.9	20.0	4.6	3.5	1.41	2 009.21	12.32
2011	72.0	19.5	5.2	3.3	1.64	—	—

资料来源：《中国能源统计年鉴（2011，2002，1997—1999）》《中国海关统计年鉴（2004—2010）》

经济发展与雾霾污染。环境库兹涅茨曲线强调在一国经济发展的早期阶段，人均收入的增加，往往伴随着污染水平的不断上升；当经济发展到较高水平、收入达到某一特定值之后，进一步的收入增长将带来环境质量的改善或污染水平的降低，即大多数污染物的变动趋势与人均收入的变动趋势呈倒"U"型关系。鉴于数据原因，多数 EKC 研究文献用地区人均实际 GDP 代替人均收入来对此问题进行研究。而本书实证出的人均 GDP 与雾霾污染的关系恰恰相反，呈正"U"型，随着人均 GDP 的不断增加，PM 2.5 浓度经历短暂的下降后，持续呈上升状态，见图 4-10。2000 年起，中国的餐饮业及居民生活开始用天然

气来代替煤炭，天然气的使用逐渐增加，能源消耗结构中煤炭所占比
有所下降（见表4-4），很可能是出现短暂下降的重要原因，但2003年
中国工业开始进入重工业化阶段，煤炭消耗占总能源消耗比重不断攀
升，PM 2.5浓度也随之不断升高（Poon等，2006）。

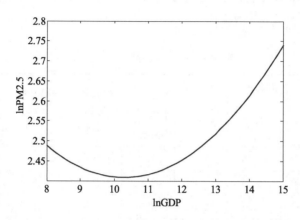

图 4-10　人均 GDP 与 PM 2.5的关系

本书的实证显示中国的雾霾污染与经济发展并不存在 EKC 关系，
或是由于研究年限相对较短，目前，雾霾污染与经济发展的关系仅仅
是倒"U"型关系的一部分，经济发展水平距离环境质量出现改善的拐
点还较远，但无论是哪一种情形，不可否认的是随着经济发展水平的
不断提高，我国的雾霾污染水平仍在持续上升中。

四、发现与讨论

1. 模型研究的实证发现

空间因素对于环境经济问题的研究具有不可忽视的重要作用
（Anselin，2001），大气污染及其治理的空间溢出效应被证实确实存在。
由于水流、风向等自然地理因素的存在，某一地区的环境问题必然会
受到邻近地区的影响，此外，产业转移、贸易等人为因素，进一步加
深了地区间环境质量与经济发展的空间联动性，空间因素不容忽视。
传统的研究假定地区间的环境相互独立明显与现实不符。本书将区域
间的空间效应引入问题分析中，运用空间计量方法对雾霾污染及其影

响因素进行研究得到以下发现：第一，中国各地区的雾霾污染存在着正的空间自相关且相关性长期处于稳定状态。第二，中国局部地区出现了雾霾高-高类型的集聚区，主要集中于京津冀、长三角以及与两大经济体相连接的中部地区，空间聚集效应明显，处于长期较稳定状态。第三，通过空间面板回归模型得到雾霾污染存在着显著的溢出效应。邻近地区的 PM 2.5 浓度每升高 1%，就会使本地区的 PM 2.5 浓度升高0.739%；能源消耗结构中煤炭所占比与雾霾污染呈正向变动关系，它的变动与雾霾污染的变动息息相关。然而，中国劣质煤进口量不断增大的现实变相调高了这一比重，加剧了中国的雾霾污染；最后，目前来看，中国雾霾污染与经济发展的倒"U"型关系并不存在或还未出现，即随人均 GDP 的持续增长，环境质量未得到改善反而不断恶化。

2. 考虑污染溢出后的产业结构调整与雾霾治理

实证分析中可以看到，雾霾污染的溢出效应确实存在，产业转移进一步加深了地区间经济与污染的空间联动性，污染的空间溢出效应进一步显现。诸多环境经济学家指出高耗能产业向发展中国家的转移是发达国家环境质量改善的重要原因之一，也很可能是 EKC 假说背后的真正动因（Stern，2004）。但是，考虑空间因素后的短距离的产业转移，对于雾霾污染的治理也仅仅是短期的。图 4-9 中，有明显产业转出的东部发达地区（北京、天津以及江苏）在高集聚区短暂的波动进一步印证了这一点。虽然这些省份在个别年份脱离出高聚集区，但长期看，均稳定的居于高集聚区内。此外，环境规制研究学者也强调由于污染溢出效应的存在，使得实行严格环境规制的地区不能获得其规制的全部利益（Fredriksson & Milimet，2002a）。那么，部分发达地区通过产业转移的方式所换取的高环境规制作用有限，地区环境质量的改善也仅仅是短期的缓解，从长期看，邻近地区的产业转移对于污染的根治作用甚微。此外，回归模型分析显示，本地区的高耗能产业所占比降低，会相应的降低本地区的 PM 2.5。由于产业转移的存在，本地区产业结构的"绿色调整"意味着邻近欠发达地区产业结构一定程度的"黑色调整"，中国的产业结构调整存在着"损人利己"效应。

然而，产业转移已经成为当前中国产业结构调整的内在需求，已是必然趋势。那么，考虑污染溢出后，产业结构调整就需要完善区域合作机制，更需要合理的全局规划。在中国经济分权体制下，加之环境要素的公共品特质，要实现产业的"绿色"调整，中央政府必须扮演重要角色，特别是对外溢效应大的污染（如雾霾污染）治理上，需要一定程度的集权从而实现区域间的联合防控。首先，制定产业结构调整的全局规划，形成全国产业布局的合理梯度。特别要在制度安排层面上规划好污染型产业的区位转移方向。中央政府应充分考虑到污染的外溢效应，避免污染行业的过分集中，通过对这些产业的区位调度及合理配置，减少经济增长带来的负外部效应，进而提高要素配置的整体效率，实现增长方式的平稳过渡。其次，中央政府必须进行机制设计，制定有针对性的区域减排政策。对于欠发达地区的 GDP 冲动提供有效的物质激励，如完善中央与地方，各省份之间的转移支付，在减排政策实施上实现真正的激励相容。最后，在基础设施建设以及具有公共产品属性的产业上逐渐打破地方分割，完善区域合作机制，积极引导跨行政区的环境合作是协调经济增长与环境污染矛盾的必然选择。此外，中央政府更应鼓励中西部地区借助产业转移这一契机，重视在承接基础上的升级改造，通过技术进步与科技创新，努力将自身打造成为传统第二产业升级换代的区域平台，实现经济增长方式的转变，缓解日益加重的环境压力。

　　目前，中国政府部门已意识到区域联合机制的重要作用。电力行业对雾霾的贡献尤为突出，值得关注的是，国家"十二五"规划中，明确提出加强"特高压跨区电网"建设，新兴的特高压电网，被业内誉为"最大的环保工程"，将进一步改善电力行业在区域与省内就地平衡的格局，优化能源时空布局作用明显，体现了联防联控的思路；2014 年 1 月，环保部与中国 31 个省份签署了《大气污染防治目标责任书》，将京津冀及周边地区（北京、天津、河北、山西、内蒙古、山东）、长三角、珠三角区域内的 10 个省及重庆市作为重点，考核 PM2.5 年均浓度下降情况，注重了环境规制整体水平的提高及污染空间效应的存在，同时加大了对图 4-9 所示的高雾霾污染集聚区的治理力度，对中国雾霾污染的改善将具有实质性的意义。

第四节　小　结

一、中国环境污染的空间经济影响因素

地区经济发展，特别是产业集聚，无疑加剧了环境负荷。根据发达国家的经验来看，经济发展与环境污染间的关系大致呈倒"U"型态势，即经济发展达到一定水平后，环境质量逐步优化，污染水平逐步降至合理范围内。而这样的经验并不意味着，我们任由环境的恶化，一心发展经济就能得到最终附带的"环境收益"。综合现有关于环境经济学的相关文献，环境质量改善的原因主要有两点：一是产业结构效应，即产业结构不断优化，污染密集型工业逐渐由发达地区转移至不发达地区。从全球视角来看，表现为发达国家转移至发展中国家；从国家层面上看，表现为经济发达省份转移至欠发达省份，或省份内部发达地区转移至欠发达地区。二是技术进步效应，偏向节能减排的绿色技术的进步也是环境改善的重要原因，并且这种绿色导向技术的发展与环境规制紧密相连。20世纪50年代，处于工业化阶段的伦敦出现了严重污染，而目前包括中国在内的很多发展中国家也需应对同样问题，但是相对来说，污染水平均未达到当时伦敦的污染程度，其主要原因在于虽然这些发展中国家承接了来自发达国家的污染产业转移，与此同时，全球的绿色平均技术水平在不断的提高，这是技术进步之于污染的一个鲜活例证。基于以上两点，我们从工业集聚、产业转移以及环境规制三个方面，从空间的视角探讨环境污染的原因与治理，见图4-11。

首先，通过对我国工业集聚的研究，我们可以得到：工业集聚无疑会产生污染，但我国现有体制进一步加剧了集聚给环境造成的压力，主要体现在以下两个方面：首先，在市场分割和地方保护主义的存在下，集聚之于环境的"正外部性"难以显现或作用缓慢。通常情况下，我们认为工业集聚产生经济正外部性和环境负外部性，但是我们往往

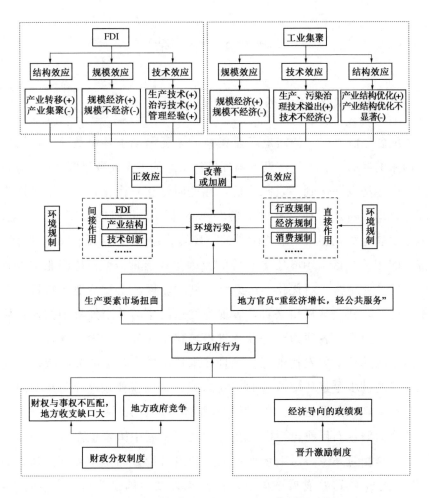

图 4-11　中国环境污染的空间经济驱动机制

忽略了其中重要的一点,即经济的正外部性同样会对环境产生正向的
影响,这主要体现在集聚有助于产业专业化的形成,进而促进技术水
平的提高,如果技术有助于节能减排,那么将对环境产生正向的影响,
特别是关键绿色技术的突破,很可能实现环境质量"质的飞跃"。然
而,由于市场分割和地方保护主义的存在,产业的区域专业化受到影
响,阻碍了技术的进步,使集聚之于环境的正外部性作用缓慢。其次,
虽然污染对于集聚也存在约束作用,但在我国以 GDP 为政绩考核的激

励下，地方政府的激烈竞争使得这一约束作用十分有限，加之集聚所带来的经济正外部性明显要滞后于环境负外部性，可想而知，污染的约束作用难以显现。

其次，从空间上来讲，产业转移可以划为两大层面，一是国家间的产业转移，二是国家内部行政区间的产业转移。改革开放至今，我国仍然经历着这两个层面的产业转移，有两个重要的时间点值得关注：第一，改革开放以来，我国开始大量承接来自发达国家的产业，特别是在 20 世纪 90 年代后期，呈强劲增长势头，在 2000 年左右成为当之无愧的"世界工厂"；第二，省际之间的产业转移开始于 2004—2005年，呈现出由东向西（东部地区转移至中西部地区）和由南向北（东部地区呈"北上"趋势）两个方向。与此同时，很多东部省份也出现了明显的省内转移迹象，由发达地区逐渐转移至欠发达地区。随着产业转移，污染也呈如此转移态势。

再次，路径依赖是技术进步的重要特质，合理的环境管制可促使绿色技术研发。地方分权体制决定了我国环境规制具有空间上的某些特性，要制定有效的环境规制，基于空间视角的考量至关重要，各地区独自治理准则对问题的解决能力有限，施行区域环境政策势在必行。

最后，在跨流域环境治理的博弈中，各个利益主体之间只有采取合作与协同互助的方式才能实现共赢。寻找各利益主体利益重合空间最重要的是建立激励和利益补偿机制，而激励和利益补偿机制的关键是建立一系列政府间公共品的产权及交易制度，使得"中央政府—地方政府""地方政府—企业"、地方政府间能够在合作中博弈同时从博弈中获益，这是协同发展与合作共识的达成和顺利执行的重要保障。基于我国当前分权治理体制以及地方保护主义的背景下，区域间的协作需最大化平衡各方利益，环境协同治理途径以及利益分配方式需综合考量地区间经济发展、生产力、环保意识和市场发育等现实情况。可转变传统 GDP 考核指标，发挥市场经济巨大潜力，通过多种方式合理让渡部分权力至各个主体，既不侵害既有主体利益，又能保护未来市场进入者利益，同时可以引入公众以及新闻媒体的监督，实现区域环境治理的良性发展。

二、空间计量分析结果及政策建议

基于实证分析结果，我们可以得到如下结论和相关政策建议：

首先，从空间上来讲，产业转移可划为两个层面，一是国家间，二是国家内各行政区间。改革开放至今，我国仍然经历着这两个层面的产业转移，有两个重要的时间点值得关注，首先，改革开放以来，我国开始大量承接来自发达国家的产业，特别是在 20 世纪 90 年代后期，呈强劲增长势头，在 2000 年左右成为当之无愧的"世界工厂"；其次，省际之间的产业转移开始于 2004—2005 年，呈现出两个方向，一是由东向西，即东部地区转移至中西部地区；二是由南向北，即东部地区呈"北上"趋势。与此同时，很多东部省份也出现了明显的省内转移迹象，由发达地区逐渐转移至欠发达地区。随着产业转移，污染也呈如此转移态势。

其次，产业的集聚及其转移是形成我国大气污染的重要动因，但是为什么很多有明显产业转出的地区环境质量仍未得到明显改善呢？其中一个首要原因在于大气污染以及经济发展存在着显著的溢出效应，考虑空间因素后的短距离的产业转移对于环境污染的治理作用有限，使得环境规制相对严格的地区不能获得其规制的全部利益。对东部地区来说，自身产业结构得到优化，基本进入工业化发展阶段的后期，交通以及来自邻近地区的影响是其成为高污染区的重要原因，特别是，当"污染的外溢效应"大于其自身"产业结构优化效应"时，东部地区很难改善雾霾污染。

那么，大气污染的治理需要区域性的环境政策，而非地方政府"各扫门前雪"的传统治理方式，即区域间的联防联控势在必行。表面上看，环境治理的区域合作与经济合作不相关联，甚至会发生利害冲突，然而，实际上，真正考验区域联防联控的，不是"瞬间节点"的政治威逼，而是各地区以空气污染治理推进经济优化和社会转型的能力，即建立在产业结构优化基础上的联防联控。然而，特别值得一提的是，第四章中对地方政府竞争行为的分析可以看到，由于晋升激励存在，使得地方政府官员对"双赢"的区域协作动力不足。那么，在现有唯 GDP 绩效的激励体制下，联防联控的实施将面临较大的挑战。

最后，产业结构优化以及能源结构的绿色调整能够有效地解决大气污染问题，但是，受到我国自身能源禀赋的限制加之经济发展方式的转型仍需一段时间，大力推进绿色技术的进步，特别是煤炭清洁高效利用技术，是实现经济与环境"双赢"的关键途径。第四章的分析可以看到，合理的环境管制能够推动绿色技术的发展，但是，技术的发展常常会受到我国现有政策体制的制约。其中，本书关于工业集聚的研究是一个有力的例证，在市场分割和地方保护主义的存在下，集聚之于环境的"正外部性"难以显现或作用缓慢。通常情况下，我们认为工业集聚产生经济正外部性和环境负外部性，但是我们往往忽略了其中重要的一点，经济的正外部性同样会对环境产生正向的影响，这主要体现在集聚有助于产业专业化的形成，进而促进技术水平的提高，如果这一技术有助于节能减排，那么将对环境产生正向的影响。然而，由于市场分割和地方保护主义，产业的区域专业化受到影响，阻碍了技术进步，使集聚之于环境的正外部性作用缓慢。

综上所述，要实现经济的发展，同时兼顾污染的治理，合理的环境管制至关重要，然而当前环境管制的实施明显地受制于地方政府竞争行为，我们有必要对政府的政策绩效进行反思，应将地方政府的注意力不断集中在服务本地公众的能力上，将环境绩效引入政绩考核中，逐渐弱化地方对市场的干预能力。在区域性环境政策的制定上，可以通过推进主体功能区建设来不断实施，在环境政策与政绩考核制度上可以通过区域核心功能进行构建，对于重点、限制等不同类型的开发区域，需要因地制宜地制定绩效评价制度，以推进区域间生态效率的收敛与平衡。

第五章　京津冀绿色发展的协同研究

第一节　京津冀绿色协同发展现状及主要问题

京津冀是中国参与全球竞争和国际分工的世界级城市群，京津冀协同发展在促进中国经济"转型"和经济"崛起"中担负着重大使命。然而，京津冀地区各城市发展极不平衡，特别是近年来大气环境污染成为制约京津冀区域发展的突出问题，已成为京津冀吸引外商投资、国外人才以及游客的重要障碍，尤其是对北京等国际大都市形象的打击更大，远远超过经济利益的损失。在推进区域协同发展过程中，如何一步步解决经济快速发展与资源环境承载压力之间的矛盾，积极推动地区绿色协同发展，是当前亟待破解的重要难题，也是中国实现可持续发展和增强全球竞争力的战略任务。

一、京津冀资源禀赋的空间特性

（一）区位优势独特，拥有丰富的自然资源

在地理区位上，在世界经济版图中，京津冀处于东北亚核心区域和环渤海城市群的核心位置，既辐射东北亚，又连接欧亚大陆桥；既辐射西北、华北，又连接辽东半岛和山东半岛，腹地广阔。在自然资源禀赋上，京津冀区域具有较大的优势，该区域拥有丰富的海盐及油气资源，铁矿和黄金的储量也在全国排在前列。河北是全国重要的农产品加工生产基地，同时其在土地资源、生态旅游资源等方面也具有明显的优势。天津滨海新区及河北曹妃甸还有大量可供开发的盐碱荒

滩。京津冀因其独特的区位优势及良好的自然条件，加之北京的政治中心地位，使得京津冀成为中国北方的经济重心和创新引擎区域。

（二）生态系统同源同体，资源环境承载压力巨大

京津冀属于温带半湿润半干旱季风气候，自然环境山水相连、大气一体，地下潜流互通，林草相依，生态系统同源同体，这是京津冀绿色协同发展的基础。伴随着京津冀城市群经济的快速提升，加大了对水资源等其他自然资源的消耗，生态环境承载力面临巨大压力，人口子系统受资源环境制约束缚的状态愈加显著。值得注意的是，京津冀地区的水资源供需矛盾长期存在并日益凸显。水资源承载力既反映了水资源系统满足社会经济系统的能力，安全的水资源和水环境也是实现经济社会可持续发展的重要保障。当前京津冀的水资源协同保护与利用问题面临严峻挑战。

（三）交通体系便捷发达，运输需求空间差异大

在交通方面，京津冀地处东北、华东和华北三大区域的交汇之地，交通运输不仅仅需要承担区域内 13 个城市的客流与物流运送任务，同时也在中国北方乃至全国经济社会交流中处于主干通道及核心枢纽的地位。京津冀区域目前已经基本形成了以北京为中心（铁路、公路和航空）、天津为副中心（航运）的四通八达的综合立体交通运输体系，是中国较为繁忙的综合交通枢纽区域之一。但该区域航空运输需求空间差异大，空港发展不平衡，对区域性机场体系的形成和发展产生较大的制约。此外，京津冀域内交通枢纽之间不能进行有效衔接、城市和城际交通之间协调度较差，海港与空港之间不能实现紧密的联系，沿海港口独自经营，竞争大于合作，没能形成优势互补、合理分工的局面，也成为京津冀交通体系现存的突出问题。

二、京津冀低碳工业化的初步成效与空间特征

为了解决传统工业化引发的环境问题，转向低碳工业化成为战略性选择。低碳工业化的主要特点就是把经济发展的基础由现存的传统化石能源转向清洁可再生能源，将推动工业文明向生态文明转变，其

意义远超前面几次能源转型。因此，以能源转型为契机推进京津冀低碳工业化进程，是实现京津冀绿色协同发展的重要途径。

（一）能源利用效率逐步提升，有力地支撑了经济向低碳方向转变

目前，京津冀地区的能源利用效率稳步提升，经济发展的低碳化特征愈发明显。京津冀三地共同合作采取了包括淘汰落后产能、发展清洁能源等系列措施。从单位 GDP 能耗指标①看，2013 年，河北省单位 GDP 能耗约为 1.04 吨标准煤/万元，约为全国平均水平的 1.55 倍，是北京单位 GDP 能耗的 3.07 倍；天津市单位 GDP 能耗为 0.545 吨标准煤/万元，在全国城市中排在前列，处于较高水平；北京单位 GDP 能耗虽处于全国较低水平，但依然与发达国家存在差距。"十一五"时期至"十二五"时期，虽然各地区单位 GDP 能耗均呈现下降趋势，但区域差距仍然明显，改善效果微弱。"十五"时期，北京与河北的单位 GDP 能耗差距均值约为 1.21 吨标准煤/万元，到"十一五"时期，这一差距仍维持在约 1 吨标准煤/万元，进入"十二五"时期，差距虽然有所减少，但数值仍维持在 0.70 吨标准煤/万元以上。

从产业结构及发展水平看，"十五"时期，高污染、高耗能行业分布北京、河北，至"十二五"时期，北京的产业结构发生了较大变化，产业结构不断优化，与此同时，京津冀地区的污染行业分布主要集中于河北、天津，地区差距仍然存在，未发生显著变化。图 5-1 为 2014 年 8 个高耗能、高污染行业的产值各地区占比，可以看到，北京的高污染行业主要为电力、热力生产及供应业，天津在有色金属冶炼压延加工业、煤炭开采和洗选业以及石油加工、炼焦及核燃料加工业均存在较高占比，河北在各行业中占比均较高，其中，黑色金属冶炼及压延加工业尤为突出，约为 75%，占全国该行业产值比达 22% 左右。

（二）能源结构向低碳方向转化，区域内发展差距较大

2013 年，京津冀能源消费 44 270 万吨标煤②，占全国能源消费总量的 10.36%，是我国能源消费重心之一。在资源禀赋、自然条件等因

---

① 数据来源：《中国能源统计年鉴》、《中国统计年鉴》。
② 数据来源：《中国能源统计年鉴》。

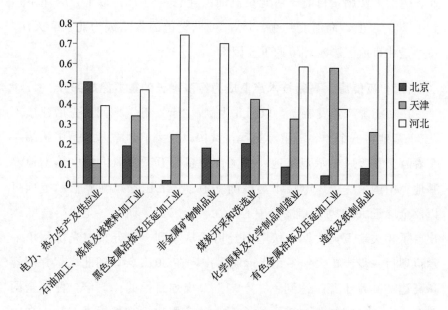

图 5-1　2014 年京津冀地区主要污染行业分布
资料来源：《中国工业统计年鉴（2015）》计算整理

素的制约下，京津冀地区可再生能源的开发和利用仍存在很大的限制，新增能源需求仍大部分来自于化石能源。从清洁能源消费看，各地区的清洁能源消费主要以天然气为主，可再生能源消费占比均不足 1%，2013 年，北京天然气消费约占总能源消费 17.8%，天津、河北均未达到 10%，依次约为 5.8%、2.0%，差距逐年扩大。从煤炭消费看，北京在 2005 年已达到煤炭消费峰值，天津在 2012 年呈现下降趋势，而河北仍呈现增长趋势。电力消费方面，2000 年以来，北京依靠大量外购电力，至 2011 年，已实现总能源消费的 50% 以上来自电力消费，而天津、河北的电力消费比重至 2013 年仍未突破 50%。

京津冀区域能源结构整体向低碳方向转化的同时，依然存在区域内发展差距大的问题。北京的油品消费水平显著高于其余两个省份，以汽油为例，自 2000 年起，北京的汽油消费量一度超越天津、河北，此后呈现迅猛增长势头，2013 年，北京的汽油消耗总量约为天津的 2 倍，河北的 1.2 倍，从汽油终端消费结构看，交通运输、仓储及邮政业、生活消费用量目前已占北京汽油消耗总量的 75％ 以上，天津也达到了 70％ 以上，而河北约为 55％，可见交通因素已成为北京、天津，特别是北京地区影响环境的重要因素。

（三）新能源、高新技术产业成为经济增长的重要组成部分

在新能源产业发展上，以河北为例，"十二五"期间，先后建成了"三个基地，一个中心"重点工程，其中，张家口风电基地是中国第一个百万千瓦级风电示范基地、中国首个超百万千瓦风电集中输出检测基地、中国第一个风电技术与检测基地、张北国家风光储输示范项目以及全球最大的风光储试验中心。在"十二五"期间，光伏行业陆续出台了相关政策，大型光伏电站经历了从零到一，分布式光伏从单一示范项目一步步扩大到多元化市场运作，在 2015 年，河北光伏并网容量高达 280 万千瓦，达到了"十二五"规划目标的 4.5 倍，位列全国第七。自"中国制造 2025"出台后，北京提出大力发展具有技术自主化、价值高端化、体量轻型化、生产清洁化、服务产品化的"高精尖"产业，向"北京创造"转型。2015 年，北京市高新技术产业增加值占GDP 比重已达到 22.5％，比上一年增长了 1.35％，三次产业结构调整为 0.5∶19.2∶80.3，"高精尖"经济结构持续优化。天津在京津冀协同发展战略中最为重要的功能定位就是打造高端制造业基地。2015 年天津拥有高新技术企业 2 460 家，是 2008 年 394 家的 6.2 倍。值得关注的是，天津的制造业企业中外资企业是其重要的组成部分，叠加 2014 年被确立为自由贸易试验区的政策优势，该城市正积极吸引国际先进制造业企业及研发机构落户天津、扎根于天津，力争成为先进制造业高端研发转化区。

此外，京津冀三地也陆续出台了相应的新能源发展规划。2016 年 9 月，北京市政府发展改革委发布《"十三五"时期新能源和可再生能源发展规划》，该规划指出努力发展可再生能源和新能源将会是优化首都能源结构、推动能源绿色智能高效转型的重要战略举措。2016 年 10 月，河北省发布可再生能源发展"十三五"规划，该规划要求到 2020 年时，河北省风电装机达到 2 080 万千瓦，年发电量达到 400 亿千瓦时

以上，充分利用张家口、承德地区的风能资源，大力推动千万千瓦级风电基地的建设。在 2016 年 12 月，《天津市可再生能源发展"十三五"规划》正式发布，规划指出可再生能源发展在天津"十三五"规划中具有战略性的重要地位，系列重点工程（包括太阳能及风力发电、生物质能综合利用等）将持续开展并在"十三五"期间得到不断完善，计划到 2020 年，可再生能源的年替代量可达到 320 万吨标准煤。

（四）城市群"中心—外围"格局显著，在区域竞合中产业空间分布逐渐整合优化

京津冀区域的经济格局呈现出明显的"中心—外围"特性，"中心区"主要包括 3 个城市（北京、天津和廊坊），京津冀内的其他城市表现为外围特征。"中心区"的北京、天津和廊坊不仅在地理位置上紧密相连，而且在经济联系量上也远大于其他外围城市的经济联系量；"外围区"的经济联系呈现出沿着"北京—天津、北京—唐山、天津—唐山"等主要干线拓展开来的特征。在城市群中，北京对外围城市既存在"虹吸效应"，也同样存在明显的"溢出效应"，且随着京津冀协同发展的推进，北京对外围城市的辐射能力正逐渐扩大，"虹吸效应"逐渐弱化，区域内城市的协同性呈逐年上升趋势。

2015 年 6 月，为了清除产业迁出地与迁入地政府税收博弈所带来的障碍，国家财政部正式发布了《京津冀协同发展产业转移对接企业税收收入分享办法》，在该文件中明确规定税收的"五五分成"模式，即企业迁出地政府和迁入地政府均享有征税的权力，企业上缴的税收通过五五分成纳入到两地税务部门。2016 年 6 月，为了进一步明晰和区分各类产业园的功能，优化产业转移整体空间布局，由国家工信部牵头联合三地政府正式发布了《京津冀产业转移指南》，指南中对各类园区优先承接产业的方向进行了更清晰的解读和说明，这在一定程度上缓解了重复建设和产业同构现象，极大地推进了京津冀地区产业的有序转移。从企业注册资本来考察产业布局情况，2016 年，租赁和商务服务业、科学研究和技术服务业成为北京的首要行业；金融业、租赁和商务服务业为天津前两位的行业；制造业、批发和零售业成为河北的两大主要行业。综上所述，北京的高新技术研发、商务服务业具有明显优势，城市产业链具有较高的附加值；天津的金融及租赁商务等生产性服务业具有优势，城市产业链也相对高阶化和现代化；河北的制造业及批发零售业具有优势，总体处于产业链的制造和流通环节。可见，京津冀区域产业分工已渐趋明朗，产业空间分布整体优化性逐步加强。

三、京津冀绿色协同发展的主要问题

（一）经济协同度低，行政区域经济仍以各自发展为主

京津冀区域内部各主体经济发展水平差距较大，发展不平衡问题突出，区域主体间产业关联度不强，功能分工和经济协作关系不紧密，这些存在的问题都与现有的行政区划以及行政主体的利益规划等政策体制有密不可分的关系。近年来，京津冀三地的协作发展虽然取得了一定成效，但受到长期以来各行政区各自发展，甚至竞争博弈的发展思路影响，各地区的经济关联度仍然不高，产业仍未合理的分工，区域经济一体化仍存在较大的提升空间。进一步看问题背后的原因，主要包括以下几个方面：首先，京津冀地区市场化程度较低，导致市场机制未能充分发挥作用；其次，京津冀地区行政干预力量过强，导致区域经济割裂发展明显；最后，中小民营企业发展不足，区域产业未能形成规模效应。正是这些因素的阻碍，使得京津冀区域产业融合难度高，区域经济协同度低，成为京津冀绿色协同发展的首要问题。

（二）生态补偿机制薄弱，可持续生态补偿实现难度大

区域生态补偿机制在协调区域关系中扮演着不可取代的角色，它的存在保证了区域供需总体平衡，是追求综合效益最大化区域分工模式的重要支撑。如果生态补偿机制环节出现问题，对环境问题的有效管控将受到威胁。完善生态补偿机制，需从生态财政的政府间责任、资金来源及其支出方向和管理模式等方面进行全方位的考量及思考。目前，京津冀地区生态补偿机制环节具有如下问题：一是生态补偿机制、补偿模式较为单一，市场化补偿不足，缺少多元化、多样性。对

于生态服务收益地区与生态资源保护地区，尚未形成两者间高效切实的协商平台，且日常化的政府间横向补偿机制、企业间市场补偿机制以及非盈利性社会组织参与机制仍未全面铺开，生态补偿机制明显薄弱。与此同时，京津冀还缺少随资源稀缺程度及时间变化而进行实时调整的补偿制度，生态补偿机制滞后性较为明显。二是生态补偿标准差异大，难以实现可持续生态补偿。当前，京津冀地区很多重点项目的补偿标准远低于项目建设的运营成本，且生态补偿的标准差异较大，补偿标准未能随成本的变化灵活调整，导致以项目为载体的生态补偿缺乏可持续性。整体来看，京津冀地区生态补偿机制较为薄弱，要实现可持续生态补偿还有很长的一段路要走。

（三）行政主导因素过强，区域协调机制尚未落实

目前，京津冀地区发展主要依赖于国家的政策指导以及重大项目的实施，政府作用十分明显，行政力量显著强于市场力量，区域协调机制尚未完全落实。从跨域横向调节来看，由于北京的多重优势，使得优质资源不断向北京集聚，津冀二地共同关注的重大项目和重大议题难以与北京形成完全平等的协商地位和同等话语权的谈判能力；从域间纵向调节来看，三地目前缺乏一个权力高于现有行政区划，能够对三地进行统一规划同时又具备法律执行效力的顶层设计机构；从区域整体协调机制看，由于市场无法充分发挥资源配置作用，区域利益共享机制、区域成本分摊机制与区域生态补偿机制的形成仍存在较高的难度，区域协调机制的全面落实仍面临着突出严峻的问题。

第二节 京津冀绿色协同发展的空间演进
历程与发展方向

一、京津冀协同发展的空间演进历程：1949—2017

1949年以来，京津冀地区的空间发展大致经历两个时期、四个阶

段，见图 5-2。总体来看，京津冀地区空间发展先后经历两个时期，第一时期从 1949—2004 年，历经自然分工、行政分割、竞争博弈三个阶段；2005 年后进入第二个时期，经历合作探索后，协同发展程度逐渐加深。

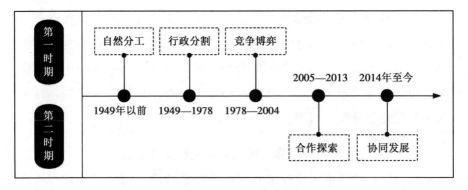

图 5-2　京津冀协同发展的演进历程

（一）各自为政的博弈竞争期

1949 年以前，辽朝升幽州为陪都，揭开了北京为首都的序幕。元朝统一全国之后，将北京设立为元大都，北京正式成为全中国的政治中心。此后，北京的区位优势逐渐凸显，京津冀各城市间逐步形成了联系密切又各自分工的发展格局（文魁和祝尔娟，2016）。1949 年以后，这一时期的主要特征表现为各政府间尚未形成"协同"发展的意识，自身的发展是地区经济的首要目标，主要包括两个阶段。第一阶段（1949—1978 年）：这一阶段，经济管理机制呈现高度计划特征，京津冀的经济发展逐渐随计划主体的独立逐渐割裂开来，中央集权的计划经济在京津冀发展中起到关键作用。在此背景下，北京、天津的经济功能不断集聚，发展态势良好，河北却处于相对被动的状态，为促进北京与天津的发展做出了较大的牺牲。20 世纪 70 年代，中央提出要在各地构建独立完整的工业产业链结构，其中，北京在当时建设投产了以石景山钢铁厂以及燕山石化为代表的一系列重工业大型项目。1958—1967 年，天津作为河北省的省会，强调要带动全省的发展，从天津市向河北省各地市迁移的制药、钢铁、纺织等企业多达 100 多家。在这些政策的带动下，北京、天津、河北的产业呈现雷同趋势。第二阶段（1978—2004 年）：借力于改革开放的迅猛推进，京津冀三地经济一路高歌猛进，彼此间的经济关系逐渐发生了翻天覆地的变化，1981年，依托于已有的经济联系，一些架构松散的区域经济协作组织开始在京津冀区域间出现。到 1993 年，河北省内达成新的共识，即"依托京津、利用京津、服务京津、优势互补、共同发展"，自 1993 年以来，河北的产业结构得到了不断的优化升级，市场机制逐步建立，工业发展也逐步步入正轨。这一阶段发展的特点主要表现在：①北京、天津与河北在一些大项目上仍存在激烈竞争，河北与两者的经济发展差距进一步拉大；②北京、天津的一些低技术、污染高、能耗大的产业逐步向河北转移；③北京与天津在三者的物资交换过程中提供高技术产品，而河北向二者提供农副产品、矿产品等，工农业产品的价格剪刀差和初级产品与最终产品的利益转移造成的不公平交换，使河北处于不利地位。

（二）政府协作治理的新时期

这一时期的主要特征表现为区域发展的"协作"意识已初步形成，实现经济与环境的可持续发展成为政府制定政策的趋势和区域发展的共同目标，该时期主要包括两个阶段。第一阶段（2005—2013 年）：自 2005 年起，系列重要规划与政策不断发布，国家正式启动了京津冀地区的区域规划编制。2008 年，京津冀发改委共同签署了《北京市、天津市、河北省发改委建立"促进京津冀都市圈发展协调沟通机制"的意见》；2010 年，《京津冀都市圈区域规划》上报国务院，规划中指明京津冀发展采取"8＋2"模式，即包括北京、天津两个直辖市和河北的石家庄、唐山、秦皇岛、张家口、廊坊、保定、承德、沧州 8 个地级市；2011 年，国家"十二五"规划纲要发布，提出"打造首都经济圈"，加快建设沿海经济发展带。这一阶段的特点表现为：京津冀的差距仍然较大，但呈现缩小趋势，侧重于经济的一体化发展。

　　第二阶段（2014 年至今）：随着环境污染的日益严重，特别是大气污染问题，京津冀地区的合作发展不仅仅局限于经济领域，更进一步拓展至环境、生态领域，致力于建立科学长效的区域发展新机制。2014 年 2 月 26 日，习近平总书记主持召开京津冀三地协作发展座谈会，会上将京津冀协同发展提升到国家战略层面上来，并就京津冀区域的协作发展进行了具体的指示和要求；同年 8 月，国务院批准成立了京津冀协同发展领导小组，任命中共中央政治局常委、国务院副总理张高丽担任京津冀协同发展领导小组组长；同月，三地共同签署了 1 份备忘录与 5 份合作协议，分别为《交通一体化合作备忘录》《贯彻落实京津冀协同发展重大国家战略推进实施重点工作协议》《共建滨海——中关村科技园合作框架协议》《关于进一步加强环境保护合作协议》《关于加强推进市场一体化进程的协议》以及《关于共同推进天津未来科技城京津合作示范区建设的合作框架协议》。最值得关注的是，2015 年 4 月 30 日，经由中央政治局审议通过，《京津冀协同发展规划纲要》（下称《纲要》）正式出台，《纲要》中就京津冀区域发展目标、功能定位与疏散、空间布局等方面进行了详细的阐释，见图 5-3。《纲要》提出的区域空间格局是"一核、双城、三轴、四区、多节点"："一核"是北京，"双城"为北京和天津，"三轴"是京津发展轴、京保石发展轴、京唐秦发展轴，"四区"为中部核心功能区、东部滨海发展区、南部功能拓展区和西北部生态涵养区，多节点包括石家庄、唐山、保定、邯郸四个区域性中心城市和张家口、承德、廊坊、秦皇岛、沧州、邢台、衡水等节点城市。此外，雄安新区和通州北京城市副中心的规划和确立，称为北京的"两翼"，京津冀协同发展的区域规划已基本确立。该《纲要》同时指出：要在生态环境保护层面打破行政区域所带来的限制，大力推进能源生产和消费革命，不断促进绿色循环低碳发展，同时也要增强生态环境保护治理，不断扩展区域生态空间。图 5-3 清晰地展示出文件内容，京津冀三地功能定位等方面渐趋明确，对于推进三地绿色协同发展具有重要指导意义。

　　2015 年 12 月，《京津冀协同发展生态环境保护规划》印发，该规划在大气、水、土壤防治等方面进行了细致的规划，同时详细说明了

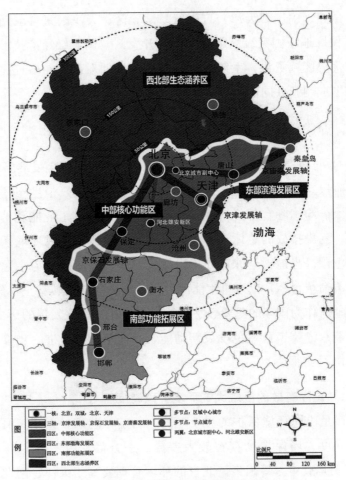

图 5-3 京津冀区域空间格局

资料来源：作者根据《京津冀协同发展规划纲要》绘制

区域主要污染物排放总量等指标的控制目标；2016 年 6 月，环境保护
部联合京津冀三地政府出台《京津冀大气污染防治强化措施（2016—
2017）》，规定统一了北京、天津、唐山、保定、廊坊、沧州等城市的
重污染天气预警分级响应标准，同时上线区域大气污染防治信息共享
平台以便京津冀三地大气污染治理的区域协作，区域污染治理力度显
著加强；2016 年 7 月，国务院批复《京津冀系统推进全面创新改革试
验方案》，该方案明确指出要深度融合京津冀政策链、资金链、产业链
和创新链，依托于中关村国家自主创新示范区、北京市服务业扩大开

放综合试点、中国（天津）自由贸易试验区、天津国家自主创新示范区和石保廊地区国家级高新技术产业开发区及国家级经济技术开发区等现有优势区域资源，系统推进京津冀区域创新改革，早日促进京津冀区域形成创新共同体。

二、京津冀绿色协同发展的研究重点

（一）推进京津冀能源低碳转型，积极打造工业绿色发展新动能

现阶段京津冀的经济绿色转型取得了初步成效，但生态环境压力仍然较大。与国际首都经济圈相比，京津冀地区的工业能源消耗、资源消耗、污染排放的总体水平仍然偏高，现阶段京津冀环境承载能力已接近上限。当前，全球正处于以绿色发展、智能制造为主题的新一轮工业革命孕育期，以可再生能源为主要动力的能源转型正悄然发生，京津冀地区作为国家的重要经济区域，应该抓住这一发展的历史机遇，积极打造京津冀工业绿色发展新动能，在此基础上，进一步推动地区的绿色协同发展。

（二）建立有效的区域大气环境管理制度

法律是协同环境保护的重要基石。目前，北京、天津、河北的环境规制强度、环保力度存在较大差异。一方面，由于产业升级以及2008年奥运会申办等因素，北京的环境管理要高于天津、河北。另一方面，随着区域产业转移的不断推进，河北由于承接了北京等地的高污染转移，使其面临着与京津不同的环境管制问题。因此，三地应该在差异化的环境治理标准上，建立区域大气污染防治法律体系、统一区域大气、水和土壤固废领域的专项治理规划，编制《京津冀及周边地区大气污染中长期规划》，进行统筹有效协调管理，避免各自为政、各自治理的无效局面。

（三）交通一体化建设是未来京津冀绿色协同发展的重点

从全球范围看，交通问题不仅在中国，同样也是国际性难题。经济越发达的国家，交通对环境质量的影响越显著，而对于经济较为落后的国家，能源结构对环境的影响则愈显突出。根据美国能源信息署

（EIA）的报告分析①，美国、加拿大、澳大利亚等发达国家，交通运输是影响其空气质量的主要原因，然而对于印度、南非等发展中国家，能源结构则成为主导因素。2013年，在国家交通部科学研究院、环保部机动车排污监控中心等单位主办的"缓解交通拥堵、改善环境质量经济技术政策国际研讨会"上，会议代表指出汽车在怠速状态下排放的 PM 2.5是顺畅通行时的 5 倍，杭州汽车尾气排放对 PM 2.5的贡献度已达到了 40％，北京也达到了 30％以上。随着京津冀经济的迅速发展，交通将会成为影响城市环境的重要因素。因此，京津冀的交通一体化建设势在必行。

（四）疏解与统筹兼顾，以京津冀绿色协同发展促首都持续健康发展

京津冀绿色协同发展势必需要兼顾整体和局部的统筹与疏解。非首都外区域要合理疏解首都环境压力，有效承接首都非核心功能，促进首都持续健康发展。2017 年 6 月 19 日，北京市召开的第十二次党代会指出，要坚持首都城市战略定位，优化城市空间布局，推动南北均衡、城乡一体、内外联动、区域协调，建设高水平城市副中心。雄安新区作为首都非核心功能的集中承载地，是推动疏解功能纵深发展，落向实处的重要保证。既要从产业布局、能源结构以及公共服务等方面考量首都与周边城市的协同发展，逐步完成人口、企业、市场的过渡与疏解，又要在确保京津冀区域整体的绿色协同推进，推动绿色能源的研发及其在区域内产业结构中的运用，加快绿色产业在区域内的整体规划与布局分工，寻求经济可持续增长。

第三节　基于空间计量的绿色协同实证研究

以往研究将河北看作一个整体进行空间互动研究，而对于河北而言，其主要由 11 个城市（秦皇岛、承德、唐山、张家口、石家庄、保

---

① 资料来源：http：//www. eia. gov/countries/。

定、廊坊、衡水、邢台、邯郸、沧州）构成，河北各城市对北京、天津的空间影响，由于地理区位及产业关联的不同，空间互动故而不同，笼统地将这些城市归为一体，研究与京津的互动，将淹没京津冀地区各城市间的不同特性。鉴于此，这里以北京、天津以及河北 11 个城市为研究对象，从环境规制视角出发，研究京津冀地区绿色协同发展的演进历程。

一、城市绿色发展水平测度研究

环境规制是反映地区绿色发展质量的一个重要指标，本书从一个崭新的视角来研究环境规制，进而实现对城市间绿色发展水平的测度研究。这里运用单位 GDP 环境污染物排放量来测度环境规制。依据污染物的物理存在形态，可将其分为固体污染物、水体污染物、气体污染物。鉴于这里侧重研究污染的空间特性，固体污染的跨区污染问题不明显，以及固体污染物数据的不易获得，空间特性研究主要考虑水体污染（化学需氧量）、气体污染（二氧化硫、烟尘）。在对环境污染的指标测度上，将各环境污染物数量简单相加显然会影响其对坏境污染程度的测度质量，这里采用将污染物进行货币化来测度环境污染成本，进而运用单位 GDP 的环境污染成本来测度城市环境规制。该测度指标越高，说明单位产值的污染排放越高，地区的环境规制强度越低，也进一步反映了地区的绿色发展水平也相对较低。

在环境规制测度上，现有研究主要运用治污投资、排污费收入或工业污染物排放去除量来度量环境规制水平，这些测度方法不能完整地反映环境规制的整体效力，存在一定的缺陷。环境规制的测度也是现有规制研究中一个重要的亟待改进的问题，本书运用环境污染成本方法来测度环境规制，尝试在规制测度方法上有进一步的创新及改进。

对于各类污染物的治理成本问题，较为权威的研究最早见于环境保护部环境规划院课题组公布的研究成果《中国环境经济核算报告：2007—2008》，该研究显示，2007 年，国内废水单位治理成本为 3 元/t，SO_2 的单位治理成本为 1 112 元/t，烟尘为 185 元/t，粉尘为 305 元/t。鉴于各污染物的治理成本会随着技术进步及其他因素的影响不断下降，由于官方未公布历年的治污成本，本书按照一定的技术进步率①进行递进估算，得到历年各污染物治理成本的确定值。数据来源于《中国城市统计年鉴》。地区 GDP 以 2003 年不变价为基础计算。

从空间整体分布看，2014 年，环境规制的严格程度从中心到外围依次递减。从地理方位看，处于中心地区的城市环境规制强度最高，由高到低依次为北京、保定、天津、廊坊；西南方向，处于最西南的邢台、邯郸环境规制强度较低，其他地区环境规制与中心地区规制的平均水平较为接近，由高到低依次为沧州、衡水、石家庄；东北方向，该区域是整个京津冀规制强度最低的地区，包括承德、唐山、秦皇岛；西北方向，仅张家口一个城市，其环境规制强度仅次于东北方向的城

（a）2003 年京津冀环境测度指标

（b）2014 年京津冀环境测度指标

图 5-4　2003 年和 2014 年京津冀绿色发展水平

注：本书的环境测度指标数值越高，表明单位 GDP 产生的环境成本越高，说明绿色发展水平越低。

---

①　2006 年，中国政府首次提出将能源强度降低及主要污染物排放总量减少作为一种"约束性指标"，受这一政策的影响，技术进步率很有可能将在 2006 年以后高于 2006 年以前。参考相关研究对中国各种技术进步率的估算，各项技术每年约增进 0.5%—4%，本书假定 2006 年以后为 3%，2006 年及 2006 年以前为 0.5%。

市，相对较低。从变动趋势看，2003—2014 年，各地区的环境规制强度均呈上升趋势，2003 年，张家口为环境规制强度最宽松的城市，北京为最高，到 2009 年，张家口仍为最宽松的城市，但与其他城市的差距有所缩小。2014 年，承德、唐山成为环境规制强度最弱的两个城市，而值得一提的是，在其他城市环境规制强度均呈现上升趋势时，唐山、秦皇岛、沧州呈现略微下降趋势。

二、京津冀绿色发展的空间协同性分析

（一）京津冀绿色发展的全局空间相关性

由于"地理学第一定律[①]"的存在，大量国内外文献开始关注相邻地域间的空间相关性问题。判断地区间绿色发展水平的空间相关性，可通过测算全局 Moran's I 指数进行检验（Anselin，1988）。其计算公式为：

$$I = \frac{\sum_{i=1}^{n}\sum_{j=1}^{n} w_{ij}(A_i - \overline{A})(A_j - \overline{A})}{S^2 \sum_{i=1}^{n}\sum_{j=1}^{n} w_{ij}} \qquad (5.1)$$

其中，I 是指数，测度区域间绿色发展水平的总体相关程度；$S^2 = 1/n \sum_{i=1}^{n}(A_i - \overline{A})^2$；$\overline{A} = 1/n \sum_{i=1}^{n} A_i$，$A_i$ 为第 i 个地区的绿色发展水平；n 为地区数；w 为空间权重矩阵。I 的取值范围为 $-1 \leqslant I \leqslant 1$，当 I 接近 1 且大于 0 时，表示地区间绿色发展呈现空间正相关，接近 -1 且小于 0 时，表示呈现空间负相关，接近 0 时表示地区间不存在空间相关性，京津冀各地区绿色发展空间相关性见表 5-1。

权重矩阵 W 采用两种量化方法进行刻画：（1）0-1 相邻矩阵。该矩阵假定来自相邻城市的影响是相同的，故也被称为平均加权矩阵。其设定原则为，如果两地区相邻则权重值为 1，不相邻则为 0；（2）地理距离矩阵。Rosenthal & Strange（2003）认为，地区间的空间交互影

① 地理学第一定律是由地理学家 Tobler 在 1979 年正式提出，该定律强调任何事物均相关，相近事物的关联更为紧密。

响关系会随着距离的增加呈现衰减的趋势，地理距离是影响地区经济、人口空间分布特征的重要因素。地理加权矩阵设定原则为：

$$w_{ij} = \frac{1}{d_{ij}}, \quad i \neq j \tag{5.2}$$

其中，d_{ij} 是使用经纬度数据计算的城市间距离，当 $i = j$ 时，d_{ij} 取 0。据全局 Moran's I 及其 P 值，可将京津冀地区环境规制的空间特征分为两个阶段：2003—2006 年和 2007—2014 年。2003—2006 年，京津冀各地区的绿色发展空间相关性较弱，且不显著。自 2007 年起，该地区的绿色发展逐渐显著且呈逐年递增趋势，显著性也呈现逐年增强，特别地，全局 Moran's I 由 2010 年的 0.181 1 变动为 2011 年的 0.336 7，空间相关性呈现了大幅的增长。

表 5-1　2003—2014 年京津冀各地区绿色发展的全局 Moran's I

年份	Moran's I	期望	方差	P 值
2003	0.090 4	−0.022 4	0.026 9	0.12
2004	0.080 5	−0.022 4	0.021 1	0.17
2005	0.107 9	−0.022 4	0.012 3	0.14
2006	0.087 3	−0.022 4	0.014 7	0.18
2007	0.139 7	−0.042 5	0.039 8	0.11
2008	0.156 6	−0.042 5	0.034 4	0.11
2009	0.181 3	−0.042 5	0.021 5	0.10
2010	0.181 1	−0.047 5	0.013 0	0.09
2011	0.336 7	−0.047 3	0.021 3	0.03
2012	0.357 3	−0.047 3	0.011 7	0.02
2013	0.357 5	−0.047 3	0.011 5	0.01
2014	0.320 7	−0.047 3	0.021 4	0.03

注：全局 Moran's I 为距离矩阵计算结果，0-1 矩阵的计算结果趋势基本相似，限于篇幅，未列示。P 值为其伴随概率，由蒙特卡洛模拟 999 次得到

（二）空间特性的内部结构：环境规制视角

由于本书测度的绿色发展水平为单位 GDP 的污染成本，说明单位

产值的污染排放越高，地区的环境规制强度越低，这里用环境规制进一步解释绿色发展水平空间结构形成的特性及成因。全局 Moran's I 的散点图可以用于分析单位个体的空间特征。图 5-4 为 2003 年、2013 年全局 Moran's I 的散点图，散点图的横轴代表标准化的环境规制值（各市自身值），纵轴代表标准化的环境规制值的空间滞后值（邻近地区的整体环境规制），散点图以平均值为轴的中心，将图分为四个象限，第一象限表示高-高类型的正相关，第三象限为低-低类型的正相关，第二象限为低-高类型的负相关，第四象限为高-低类型的负相关。散点图中的每一个点均代表一个城市。散点图的第一象限表示"高-高"类型区域，按照本书环境规制测度指标，值越高，表明环境规制较弱，则落在第一象限的城市为环境规制弱的城市，且其周围城市的环境规制也较弱。而第三象限表示"低-低"类型区域，对应环境规制的"高-高"类型区，即落在该区域的城市本身环境规制较强，且其周围城市的环境规制也较强。相应地，第二象限为"低-高"类型区，自身环境规制高，邻近城市环境规制低；第四象限为"高-低"类型区，自身环境规制低，邻近城市环境规制高。

由以上分析可以得到，若随时间的变化，代表城市的点向右上方移动，则意味着该城市逐步向"高-高"类型区移动，自身环境规制及其邻近城市环境规制均呈下降趋势，说明该城市的环境规制受"逐底竞争"影响，即"你多排，我更多排"。而若代表城市的点向左下方移动，则意味着受"示范效应"影响，本地及邻近城市的环境规制均呈现上升趋势，即"你严格把关，我更加严格把关"。

由图 5-5 可以看到，有 6 个城市处在"低-低"类型区（第三象限），自身环境规制高，邻近地区环境规制也较高，它们为天津、保定、廊坊、沧州、衡水、石家庄，并呈现出"示范效应"，各城市代表的点在第四象限不断向高规制区移动。有 4 个城市位于"高-高"类型区（第一象限），它们为承德、唐山、秦皇岛、邯郸，并呈现出"逐底竞争"趋势，这 4 个城市不断向右上方，即低环境规制区移动。呈"逐底竞争"的城市中有 3 个城市位于京津冀的东北方向，说明东北方向是京津冀环境规制的"低洼地带"。此外，北京、张家口、邢台均位于横轴附近，但北京、张家口不断向左下方环境规制严格区移动，说明其变动呈"示范效应"，而邢台的位置正向右移动，说明其受"逐底竞争"影响较大，具体可见表5-2最后一列。

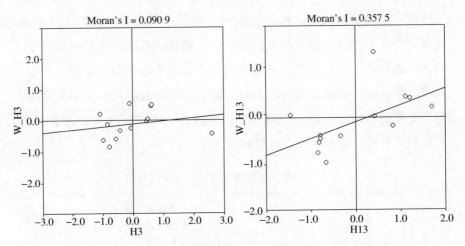

图5-5　2003年和2013年京津冀绿色发展的空间Moran散点图

与中国整体环境规制互动特征不同的是，京津冀地区的规制互动存在部分地区被动下降的趋势，而不是地方政府本身的主动行为，主要表现在北京、天津的部分高耗能行业向河北的转移不是产业自身发展规律而致，而是由行政手段而为。因此，呈现出京津冀地区独有的如上文空间分析部分描述的特征，即中心区域的主动"逐顶竞争"兼顾外围的被动"逐底竞争"。这与京津冀地区的发展历程及产业分布息息相关。

当前，京津冀已逐渐形成了各具特色的区域产业分工格局，北京的优势产业主要集中在第三产业，天津的优势产业主要在第二产业，河北的优势产业主要分布在资源密集型的第二产业和第一产业。从具体行业看，重化工行业不断向沿海城市集聚，包括唐山、天津、秦皇岛和沧州，"石油和天然气开采业""有色金属冶炼及压延加工业"不断向天津集中，"黑色金属冶炼及压延加工业"不断向河北转移；高新技术产业不断向北京、天津集聚，"通信设备、计算机及其他电子设备制造业"由天津向北京转移，"交通运输设备制造业"由北京向天津转移；现代制造业正逐步向京津冀的中心方位区域北京、石家庄、保定集聚，"金属制品业""电气机械及器材制造业"由天津向石家庄及保定转移。就河北自身而言，化学工业及建材工业在京津冀地区多年来持续维持在较高水平，见表5-2。这一产业分布格局在一定程度上决定了环境规制的空间特征，重化工业向沿海城市的集聚，使得天津的环境规制要低于北京，唐山的规制处于京津冀地区各城市中的较低水平；高新技术产业、现代制造业正逐步向京津冀的中心区位（北京、天津、保定、石家庄）集聚，使得以上四个城市的环境规制均位于中上水平，而产业集聚的边缘区域，包括邯郸、邢台、张家口以及承德成为环境规制的"低洼"城市，位于区域较低水平。

表5-2　2014年京津冀地区产业空间分布

方位		主导产业	六大高耗能行业占本地区工业比重	本地工业在本省占比	环境规制空间特征
东北	承德	黑色金属采矿、黑色金属冶炼及压延	13%	1%	逐底竞争
	唐山	钢铁、装备制造、能源、化工、建材	62%（2012年）	22%	逐底竞争
	秦皇岛	食品加工、玻璃制造、金属冶炼及压延、装备制造	25%（仅黑色金属冶炼）	3%	逐底竞争
中部	北京	计算机及电子设备制造、汽车	33%	—	示范效应
	天津	黑色金属冶炼及压延、计算机及电子设备制造、汽车、化工	32%	—	示范效应
	保定	汽车、新能源、纺织、食品、建材	19%	10%	示范效应
	廊坊	黑色金属冶炼及压延、计算机通信及电子设备、汽车制造、家具制造	45%	7%	示范效应

（续表）

方位		主导产业	六大高耗能行业占本地区工业比重	本地工业在本省占比	环境规制空间特征
西北	张家口	矿产品及精深加工、食品加工、装备制造、新能源	—	3%	示范效应
西南	沧州	石油化工、管道装备冶炼、机械制造、纺织服装、食品加工	37%（仅石油化工）	12%	示范效应
	衡水	—	—	4%	示范效应
	石家庄	装备制造、医药、食品、纺织、石化、钢铁、建材	33%	19%	示范效应
	邯郸	装备制造业、纺织、食品	68.4%	11%	逐底竞争
	邢台	钢铁深加工、煤化工、装备制造、食品医药、纺织服装	40%	6%	逐底竞争

资料来源：来自各市历年统计公报

京津冀地区不均衡的发展模式决定了其环境规制的不均衡分布。而其产业的空间分布特征在一定程度上决定了各城市自身的规制水平。2006 年以前，环境规制的空间相关性较低，且不显著，这一时期，京津冀协同发展的理念尚未形成，各地区间尚处于行政分割、竞争博弈阶段，自 2005 年起，在一系列京津冀一体化政策的推动下，到 2010年，呈现出显著的正相关且显著程度及相关度均明显增加，这同样是伴随一体化理念及政策不断深入的结果。

（三）其他空间特征分析：环境库兹涅茨曲线视角

Kuznets 在 1955 年提出了收入不平等与经济增长关系的假设，此后环境经济学家们发现，其所描述的关系与环境存在一定的相似性，故将其引入环境经济问题分析中，并以 Kuznets 命名该曲线，即环境库兹涅茨曲线。他对污染问题与经济发展之间的关系进行了描述，在一个国家经济发展初期，往往伴随着环境的恶化，随着经济的不断发展（常常用国民经济收入或人均收入水平来度量），并达到某一特定值或特定区间后，环境质量开始保持平稳，随着经济水平的进一步提高，环境状况不断呈现趋优态势，形象地，环境恶化与经济发展呈倒"U"型关系（Stokey，1998；陆旸，2012），见图5-6。

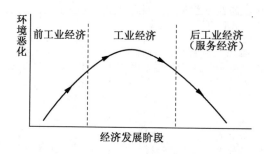

图 5-6　环境库兹涅茨曲线：经济发展阶段与环境的关系
资料来源：陆旸（2012）

本书对京津冀的13个城市进行分析，研究其各自的工业化进程，进一步探讨京津冀地区环境污染与经济发展的关系。由表5-3可知，无论按人均GDP标准，还是按产业结构标准进行划分，北京、天津均已处于后工业经济阶段，按照图5-6环境库兹涅茨曲线的演示，北京、天津的环境质量应出现好转趋势，或已达到较优化水平。实质上，在2010年，北京、天津已进入后工业化阶段，然而，近年来，北京的环境污染日益突出，特别是大气污染问题形势极其严峻。北京、天津的这一事实案例是否意味着，环境库兹涅茨曲线不再成立，或是其对环境与经济发展关系的解释不适用于京津冀这一特殊地区？本书认为，环境库兹涅茨曲线仍然适用，这里忽视了空间因素对环境的影响。由表5-3可知，北京、天津的相邻省份河北，其11个城市均处于工业化阶段，按照最宽松的标准进行划分，也仅有4个城市，石家庄、唐山、廊坊、沧州位于工业化阶段的后期，环境质量并未出现得以改善的基础。由于污染溢出效应的存在，北京、天津的环境质量，特别是具有空间特性的空气污染、水污染等，均会受到来自邻近地区的影响，当本地自身的产业结构优化效应带来的环境质量改善效应小于由于空间效应带来的溢出时，本地的努力难以得到"全部收益"，环境质量难以得到改善，北京、天津亦是如此。因此，在进行京津冀环境与经济发展关系研究时，空间因素是非常重要的一个影响因素。

表 5-3　2014 年京津冀各城市工业化进程

阶段		基于人均 GDP 的划分（汇率法）	基于产业结构的划分
后工业化阶段（五）		北京、天津	北京、天津、（秦皇岛）
工业化后期（四）	后半阶段	唐山	石家庄、唐山、廊坊、沧州
	前半阶段	石家庄	
工业化中期（三）	后半阶段	秦皇岛、邯郸、承德、沧州、廊坊	邯郸、邢台、保定、张家口、承德、衡水
	前半阶段	邢台、保定、张家口、衡水	
工业化初期（二）	后半阶段		
	前半阶段		
前工业化阶段（一）			

注：评价方法参照陈佳贵等（2012）。①按人均 GDP 的划分标准：以 2010 年美元计算，人均 GDP 位于 827—1 654 美元，为前工业化阶段；人均 GDP 位于 1 654—3 308 美元，为工业化阶段初期；人均 GDP 位于 3 308—6 615 美元，为工业化阶段中期；人均 GDP 位于 6 615—12 398 美元，为工业化阶段后期；人均 GDP 位于 12 398 美元以上，为后工业化阶段。前半段、后半段的划分以各阶段的中点为界。②按产业结构的划分标准：$A > I$，为前工业化阶段；$A > 20\%$，$A < I$，为工业化阶段初期；$A < 20\%$，$I > S$，为工业化阶段中期；$A < 10\%$，$I > S$，为工业化阶段后期；$A < 10\%$，$I < S$，为后工业化阶段。其中，A、I、S 分别表示第一产业、第二产业、第三产业在国民经济中的占比。

此外，值得关注的是，京津冀的发展具有许多自身独有的特点，其中最为值得关注的是区域内城市发展极不均衡，即北京、天津经济水平高，发展快，而河北省则落后较大，河北内部也呈现出不均衡的态势。这种不均衡致使其具有突出的总量规模优势，而量化到人均指标则不具优势。与中国的其他两个经济增长极长三角、珠三角相比，京津冀的人均 GDP 仍不及以上两个区域，且经济的外向度偏低；与世界级大都市圈相比，以 2010 年的数据为例，以纽约、伦敦以及东京为核心的都市圈，其人均 GDP 远高于京津冀地区，分别约为北京的 10

倍、14 倍和 8 倍（祝尔娟等，2011）；在交通方面，以人均轨道交通里程数为例，2010 年，京津冀为 0.30 公里/万人，而以上三个都市圈分别高达 0.80、0.54、0.68。这种极不均衡的发展模式也决定了环境规制的不均衡分布。

三、实证分析之一：基于空间环境库兹涅茨曲线的再检验

（一）理论模型

Grossman & Krueger（1991），Shafik & Bandyopadhyay（1992）最早建立了环境经济的实证计量模型——环境库兹涅茨曲线，用以研究人均收入与环境质量之间的关系。至此之后，学者们运用 EKC 曲线的分析框架研究不同地区人均收入与环境质量的同时，也相应引入其他重要变量，分析这些变量与环境质量之间的联系。Cole et al.（1997）在 EKC 曲线中引入除人均收入之外的经济变量——贸易集中程度，来分析贸易集中程度与环境质量二者的联系；此外，公民的权利以及教育水平，外商直接投资，工业结构等相关变量也被引入 EKC 曲线中进行讨论。标准的 EKC 模型为以下形式：

$$\ln Y_{it} = \alpha_0 + \alpha_1 \ln X_{it} + \alpha_2 (\ln X_{it})^2 + \alpha_3 Z_{it} + \mu_{it} \qquad (5.3)$$

其中，Y_{it} 表示 i 地区第 t 年的环境质量，$\ln X_{it}$ 为地区人均收入的对数值，鉴于数据原因，多数 EKC 研究文献用地区人均实际 GDP 代替人均收入，Z_{it} 为影响环境质量的其他变量，μ_{it} 为随机干扰项。本书试图运用环境库兹涅茨曲线的分析框架研究京津冀地区环境规制、经济变动与污染三者之间的有机联系。

（二）计量模型的设定

结合上文分析，空间因素是影响京津冀环境污染的重要因素，Rupasingha et al.（2004）最早在 EKC 曲线中引入空间变量进行分析，发现提升了计量模型的精确度。此后，Maddison（2007）、Hossein & Kaneko（2013）等相继运用该方法对环境问题进行了探讨。但他们仅仅引入了污染的溢出，并未涉及到环境规制的空间作用对于环境治理具有重要意义。考虑到京津冀地区环境规制的空间关联效应明显，本

书在 Rupasingha et al.（2004）的基础上，引入环境规制的空间变量，分析京津冀地区环境库兹涅茨曲线的变动趋势，建立计量模型如下：

$$Y_{it} = \alpha_0 + \rho \sum WY_{it} + \alpha_1 GDP_{it} + \alpha_2 (GDP_{it})^2$$
$$+ \alpha_3 ER_{it} + \alpha_4 \sum WER_{it} + \alpha_5 IS_{it} + \mu_{it} \qquad (5.4)$$

其中，Y_{it} 表示 i 地区第 t 年的环境质量；GDP_{it} 为人均 GDP，代表 i 地区第 t 年的实际人均收入水平（统一以 2003 年为不变价计算），ER_{it} 表示 i 地区第 t 年的环境规制水平，与上文的测度方法一致；W 为空间权重矩阵，采用 0-1 权重矩阵；$\sum WER_{it}$ 为环境规制的空间变量，它表示邻近地区的环境规制加总，表征环境规制的空间效应，那么，α_4 则为邻近地区环境规制的共同作用对 i 地区环境质量的影响系数；IS_{it} 表示 i 地区第 t 年的产业结构；ρ 被称为空间自回归系数，其大于 0，表征污染存在溢出效应；μ_{it} 为随机误差项；各变量在具体回归时均作对数处理。

IS_{it} 为第二产业产值占地区 GDP 比重，用以衡量地区的产业结构变动。第二产业包括工业及建筑业，参考国内外文献（Zheng & Kahn，2013；Zheng et al.，2011；Glaeser & Kahn，2010），均将工业排放和建筑水泥尘看作环境污染的主要来源，本书选用该指标分析以上两个行业对环境质量的影响。最初的环境经济实证分析文章 Grossman & Krueger（1991）也讨论了产业结构变动对环境质量影响的特征。

环境污染水平 Y_{it}。这里本书选用两种方法度量环境质量：①第二部分测度的环境污染成本，它反映了环境污染的整体损失，该指标越高，说明环境污染排放总量越大，进而环境污染就越大；②选用空气污染的浓度 PM2.5 表示环境质量，该数据由对气溶胶光学厚度（AOD）进行测度得到，来源于 Battelle Memorial Institute & CIESIN（2016），数据时间跨度为 2003—2014 年。在运用空间计量模型之前，要进行空间诊断性检验，诊断指标 LM_{lag}、LM_{error} 均在 5% 的水平下显著，说明需要引入空间计量模型进行分析。

（三）实证结果分析

表 5-4 呈现了空间环境库兹涅茨曲线的回归结果，第 2 列为非空间面板模型，以便与空间面板模型形成对比。

表 5-4　空间环境库兹涅茨曲线的回归结果

	基本面板数据（未引入空间变量）	空间模型 1	空间模型 2	空间模型 3
		空间固定效应	时空固定效应	随机效应
被解释变量	Y_{it}	Y_{it}	Y_{it}	PM_{it}
GDP_{it}	0.980 5 (0.700 0)	2.945 8 *** (0.000 0)	2.536 5 *** (0.000 3)	−0.729 1 ** (0.024 1)
$(GDP_{it})^2$	−0.001 4 (0.990 0)	−0.118 3 *** (0.000 2)	−0.104 6 *** (0.001 1)	0.031 4 * (0.055 5)
ER_{it}	0.010 4 *** (0.002 0)	0.033 6 *** (0.000 0)	0.030 0 *** (0.000 0)	−0.032 5 * (0.100 0)
$W^* ER_{it}$	0.047 2 ** (0.040 0)	0.0177 ** (0.011 1)	0.007 1 (0.396 7)	0.087 7 *** (0.004 0)
IS_{it}	1.642 5 *** (0.000 0)	0.8378 *** (0.000 1)	1.031 2 *** (0.000 0)	0.196 5 *** (0.002 7)
ρ		0.251 1 *** (0.001 5)	0.060 5 *** (0.009 7)	0.813 9 *** (0.000 0)
R^2	0.641 4	0.963 1	0.969 2	0.990 0
$Corrected\ R^2$		0.586 4	0.530 1	0.344 3
$Log\ likelihood$		90.304 1	106.497 4	224.798 8
$Hausman\ test$			X^2=11.266 7 (0.421 2)	X^2=159.028 8 (0.000)
LR spatial lag		121.447 4 *** (0.000 0)	17.751 4 *** (0.003 3)	728.671 5 *** (0.000 0)
Wald spatial lag		231.195 5 *** (0.000 0)	12.416 9 ** (0.029 5)	56.729 1 ** (0.024 0)

由空间模型 1、空间模型 2 可知，$(GDP_{it})^2$ 的系数为负，说明环境库兹涅茨曲线的开口向下，京津冀地区整体呈现出随着地区人均 GDP

达到一定水平后，环境质量开始呈好转的趋势，而这与事实并不相符，北京、天津的人均 GDP 处于京津冀的高位，而其环境质量并未出现改善，且该问题日益凸显。本书认为，其中的一个重要原因在于，对环境质量的改善与否应以污染浓度（如 AQI、PM2.5、水质检验等）来进行评定，不应以污染的排放量（本书 Y_{it} 的测度）进行度量。在诸多环境经济学的研究文献中，特别是对环境库兹涅茨曲线进行讨论的研究中，学者们强调，环境污染水平的下降不应是排放量的下降，而应是环境质量的提升，环境质量的测度应该用污染物的浓度进行度量（Stern，2004；张晓，1999）。为了进一步印证该观点，本书以各城市的 PM2.5 为被解释变量进行回归发现（表 5-4 中的空间模型 3），$(GDP_{it})^2$ 的系数为正，即环境库兹涅茨曲线的开口向上，说明京津冀地区的环境质量未出现随人均 GDP 提升而出现改善的趋势，反而人均GDP 越高，环境污染问题愈发严重。

空间模型 3 的实证结果表明，京津冀地区的环境经济发展与环境库兹涅茨曲线所呈现的规律不相吻合，北京、天津已进入后工业化阶段，随着其人均 GDP 的提升，环境质量会呈现好转趋势，然而事实与理论截然相反。事实上，从空间视角进行分析，能够较好地理解这一矛盾。由空间环境库兹涅茨曲线的实证结果可以看到，一方面 ρ 大于0，即污染存在溢出效应，而另一方面，京津冀地区的环境规制同样存在空间关联（3 个空间模型的回归结果 $W\,ER_{it}$ 的系数与表 5-4 中均有体现），即京津冀地区的环境是"一个整体"，而不属于单纯的一个城市、一个地区，环境质量的改善需要区域整体的集体努力，而不是一个城市的"竭尽全力"，这即是本书引入空间环境库兹涅茨曲线进行诠释的真正意义。

四、实证分析之二：基于空间杜宾模型的驱动因素分析

基于上文的机理研究及空间相关分析，本书发现京津冀中心地区的环境管制呈现出明显的示范效应，存在"逐顶竞争"的可能，空间效应作用明显。而京津冀的外围地区则呈现"逐底竞争"趋势。环境规制制定最终的目的是实现对环境质量的正向影响，提升环境质量，

京津冀地区环境规制的这种独特的空间效应对于环境污染的影响效力如何，呈现出何种特征，这里建立空间杜宾模型探索经济变动、环境规制及其空间效应对环境污染的影响：

$$
\begin{aligned}
\ln AQ_{it} = {} & \alpha_1 \ln ER_{it} + \alpha_2 \ln ES_{it} + \alpha_3 \ln GDP_{it} + \alpha_4 \ln TP_{it} + \alpha_5 \ln NT_{it} \\
& + \beta_1 W \ln ER_{it} + \beta_2 W \ln ES_{it} + \beta_3 W \ln GDP_{it} + \beta_4 W \ln TP_{it} \\
& + \beta_5 W \ln NT_{it} + \rho W \ln AQ_{it} + \delta_{it} + u_{it} + \varepsilon_{it} \quad \varepsilon_{it} \sim N(0, \ \sigma_{it}^2)
\end{aligned}
$$

$$(5.5)$$

其中，AQ_{it} 表示 i 地区第 t 年的环境污染水平；GDP_{it} 为 i 地区第 t 年的人均实际 GDP（统一以 2003 年为不变价计算）；ER_{it} 表示 i 地区第 t 年的环境规制水平；ES_{it} 为产业结构，用城市第二产业结构占比表示；TP_{it} 为交通因素测度指标；NT_{it} 为地区的自然环境因素；ln 表示各变量的对数值；$W \ln AQ_{it}$ 为被解释变量的空间滞后变量，表示所有邻近地区环境污染的综合作用对 i 地区的影响；ρ 为空间变量系数，表征空间溢出效应程度；$W \ln ER_{it}$、$W \ln ES_{it}$、$W \ln GDP_{it}$、$W \ln TP_{it}$、$W \ln NT_{it}$ 分别为各解释变量的空间滞后变量；W 为空间权重矩阵；ε_{it} 为随机误差项；δ_{it} 表示时间效应；u_{it} 表示个体效应。

　　环境污染水平 AQ_{it}。这里本书选用三种方法度量环境质量：①第二部分测度的环境污染成本，它反映了环境污染的整体损失，该指标越高，说明环境污染排放总量越大，进而环境污染就越大；②在诸多环境经济学的研究文献中，特别是对环境库兹涅茨曲线（EKC）进行讨论的研究中，诸多学者强调，环境污染水平的下降不应是排放量的下降而是环境质量的提升，环境质量的测度用污染物浓度度量更具实际意义（Stern，2004；张晓，1999；Dinda，2004），这里本书选用空气污染的浓度 PM2.5 进行测度，由对气溶胶光学厚度（AOD）进行测度得到，数据来源于 Battelle Memorial Institute & CIESIN（2014），时间跨度为 2003—2012 年；③中国环境保护部数据中心网站也公布了部分城市的空气质量数据，但比较遗憾的是，2013 年以前，该中心公布的城市空气质量数据为 API，且仅包含了部分本书所研究的城市，2013 年起，本书所研究的 13 个城市的数据均存在，且为 AQI。这里本书也用这一组数据进行实证检验，以提升研究结论的可靠性，时间跨度为 2013—2014 年。

交通因素 TP_{it}。用该城市的出租车拥有量与该城市的道路面积之比来表示。近年来，中国民用汽车总量呈迅猛增长态势，然而交通建设的发展速度却远滞后于汽车总量的增长速度，交通拥堵不断蔓延至全国各地。1995—2013 年，中国运输线路总长增长速度为 9%，而交通工具总量增长速度高达 32%，1995 年交通工具拥有的平均线路长度约为 0.22 公里，而到 2013 年这一数字缩小了 8 倍。郑思齐和霍燚（2010）以北京为例同样阐述了我国严重的交通压力问题。因此，本书选取出租汽车拥有量与地区道路面积之比来测度交通压力，该指标在一定程度上也反映了交通拥堵程度。测度值越高，说明交通压力越大。实际上，选取城市民用汽车拥有量与地区道路面积之比来度量这一指标更为合适，鉴于数据的可得性，这里用出租车数量代替。此外，本书也选用人均道路面积来度量交通因素。NT_{it} 为地区的自然环境因素，自然因素对于环境污染的影响也至关重要，这里用城市绿地占有率进行测度。在运用空间计量模型之前，要进行空间诊断性检验，诊断指标 LM_{lag}、LM_{Error} 均在 5% 的水平下显著，说明需要引入空间计量模型进行分析。

（一）京津冀环境规制的空间治理效力

表 5-5 给出了模型（3）的回归结果。由表 5-5 第 2 列可知，当 $\ln AQ_{it}$ 为被解释变量时，本地的环境规制升高（表现为 $\ln ER_{it}$ 的下降）会导致本地的污染水平的好转（表现为 $\ln AQ_{it}$ 的下降），但是，邻近地区的环境规制降低（$\ln ER_{it}$ 的升高），也会导致本地区的污染水平下降（$\ln AQ_{it}$ 的上升）。

这是当前京津冀环境质量不能明显改善的重要原因，即京津冀地区的环境规制的提高表现为以牺牲邻近城市的环境规制为代价，这也意味着只要本地环境规制得到提升，本地的污染水平将出现改善，地方政府没有激励去影响改变邻近城市的环境规制。

表 5-5 不同环境污染测度指标的空间回归结果

权重矩阵	平均（0-1）加权（模型 1）	距离加权（模型 2）	距离加权（模型 3）	距离加权（模型 3）
估计方法	空间固定效应（ML 估计）	空间固定效应（ML 估计）	空间固定效应	时空随机效应
被解释变量	$\ln AQ_{it}$	$\ln AQ_{it}$	$\ln PM_{it}$	$\ln AQI_t$
ρ	0.210 1** (0.025 2)	0.333 1** (0.042 1)	0.442 1*** (0.000 1)	0.392 2*** (0.001 7)
$\ln ER_{it}$	0.029 0*** (0.000 0)	0.123 5*** (0.000 0)	−0.052 5 (0.175 5)	−0.042 1 (0.222 2)
$W\ln ER_{it}$	0.486 4** (0.014 6)	0.123 7*** (0.000 0)	0.330 7* (0.055 1)	0.290 1*** (0.003 4)
$\ln GDP_{it}$	0.184 4 (0.120 2)	0.225 3* (0.093 8)	0.426 9*** (0.000 2)	0.400 5*** (0.001 1)
$W\ln GDP_{it}$	0.250 7* (0.052 3)	0.160 2** (0.040 1)	−0.721 1*** (0.000 1)	−0.528 7*** (0.000 0)
$\ln ES_{it}$	1.251 0*** (0.000 0)	1.442 6*** (0.000 0)	0.451 2*** (0.000 0)	0.413 5*** (0.000 5)
$W\ln ES_{it}$	−1.195 1*** (0.001 4)	−1.006 9*** (0.000 0)	−0.225 2 (0.111 7)	−0.184 3 (0.100 2)
$\ln TP_{it}$	−0.037 1 (0.408 1)	−0.003 5 (0.319 8)	0.182 6 (0.571 0)	0.053 3 (0.382 9)
$W\ln TP_{it}$	−0.135 2** (0.044 7)	−0.132 7** (0.017 3)	−0.114 5** (0.030 1)	−0.089 2** (0.021 7)
$\ln NT_{it}$	−0.104 3 (0.403 0)	−0.261 1 (0.493 7)	0.253 0 (0.100 5)	0.184 6* (0.082 2)
$W\ln NT_{it}$	0.158 8 (0.488 1)	0.128 2 (0.124 5)	−0.110 7 (0.882 1)	−0.102 5 (0.883 4)
调整后的R^2	0.621 4	0.725 9	0.579 8	0.445 0
σ^2	0.019 1	0.011 0	0.021 5	0.100 2

注：括号内为 p 值

另一方面，ρ 大于 0 意味着污染本身存在明显的溢出效应，即邻近地区污染水平升高，本地的污染水平也将上升，这种污染的溢出效应并未得到地方政府的重视，因为环境污染的测度不以具体的环境质量（如 AQI、PM2.5、水质检验等）来进行评定，而是以污染的排放量（本书污染水平的测度）进行度量，政府的环境绩效考量往往以污染物的排放量来衡量，排放量降低，意味着从政府层面讲，环境质量就会改善。溢出效应所带来的环境污染（即来自相邻城市的环境污染影响）淹没了本地规制提升所带来的污染水平的下降，因此，在溢出效应的影响下，从环境质量本身而非污染排放量水平看，京津冀地区环境质量整体未出现明显的改善。为了进一步印证该观点，本书以各城市的 PM2.5 为被解释变量进行回归发现（表 5-5 第 4 列），环境规制升高，而环境质量（$\ln PM_{it}$）则呈现恶化趋势（虽然结果不显著，但 $\ln ER_{it}$ 系数为负），而邻近地区的环境规制提升，能够使得本地的环境质量显著出现好转（$W\ln ER_{it}$ 系数为正，且在 5％ 的水平下显著）。以 AQI 为被解释变量的回归（表 5-5 第 5 列）也同样反映了这样的趋势。

综上所述，就整体的回归结果看，对京津冀地区而言，由于污染溢出效应的存在，淹没了环境规制严格区的"规制收益"，本地环境规制的提高并不能起到环境质量改进的作用，而邻近地区整体环境规制的提升才能使本地的环境质量得到改善。

（二）影响环境的其他因素分析

以环境质量（$\ln PM_{it}$、$\ln AQI$）作为被解释变量进行分析，由表 5-5 第 4 列、第 5 列可以看到，人均 GDP 的提升伴随着环境质量的上升，而邻近地区人均 GDP 的提升伴随着本地环境质量的下降。产业结构，即第二产业占比增加将使得环境质量提升，而邻近地区的该比重降低会使本地环境质量得到改善，这进一步说明了京津冀地区的产业结构变动伴随着"损人利己"效应，即经济发达区将高污染的行业向经济欠发达区转移，而这种转移不仅仅是由产业变动规律所致，而且伴随着一定的行政手段。产业转移更多地表现为由高能效的地区转向环境标准相对较低的地区（李雪慧，2016）。当前，交通压力在京津冀各城市中的作用还未显现，该指标不显著，但已呈现正向趋势，说明交通压力在未来很有可能成为影响京津冀地区城市环境质量的重要因素，而邻近地区的交通压力也对环境质量产生了影响，说明交通因素也存在着空间交互影响。而城市绿地覆盖率增加，环境污染将呈现恶化趋势，这说明经济发达城市通过增加绿化面积来减少污染的途径，就目前看，作用甚微。

第四节　结论及政策建议

一、京津冀城市群绿色协同发展的空间分析结果

本书利用京津冀地区 13 个城市的数据，从空间视角，研究京津冀地区绿色协同发展进程。理论分析研究得到，从历史角度分析，京津冀的发展历经五个阶段：自然分工阶段（1949 年以前）、行政分割阶段（1949—1978）、竞争博弈阶段（1978—2004）、合作探索阶段（2005—2013）、协同发展阶段（2014 至今）。实证分析得到，2003—2006 年，全局相关性指数 Moran's I 的值相对较小，且并未通过 10% 的显著性检验，说明这一阶段京津冀地区绿色协同发展的空间关联相对较弱；2007—2014 年，Moran's I 的值逐渐增大，且基本上通过了 10% 的显著性检验，特别地，自 2010 年开始，显著性逐渐提升。随着合作探索的不断深入，2010 年以来，京津冀绿色发展空间关联不断增强，且较为显著。从京津冀绿色发展空间特性的内部结构看，京津冀的"外围"表现出环境规制的"逐底竞争"态势，而京津冀的"中心"表现出环境规制"示范效应"特征。

此外，本书建立空间环境库兹涅茨曲线分析京津冀地区的环境与经济发展关系，回归结果显示，污染存在溢出效应，即一个地区的环境污染是由本地污染和邻近地区的环境污染共同作用而形成，另一方面，本地的环境质量不仅仅取决于本地的环境规制，同样要受到邻近地区环境规制的影响。

二、从空间相关性视角深入推动京津冀绿色协同发展的建议

从产业协同视角进行分析，要着力加快产业对接协作，在优化产业布局的同时兼顾产业政策公平。当前，京津冀已逐步形成了各具特色的区域产业分工，政府在京津冀产业对接协作中发挥着重要的作用，主要举措包括签署区域合作协议及备忘录、打造产业合作对接平台以及共同打造区域重大合作项目。但从整体看，北京已呈现明显的创新驱动，天津和河北，特别是河北的转型升级仍然任务艰巨。突出的问题在于：一是在特殊优惠政策上，由于北京、天津现有基础较好、优势明显，更有能力获得中央政府的支持，而给予河北的政策倾向力度有待进一步提升；二是在承接产业转移过程中，三地区县，特别是河北省内，存在一定程度的产业同构和恶性竞争现象。因此，在推进产业协同过程中，应更加注重运用经济、法律手段引导产业有序转移，同时在执行过程中，应充分考虑到津冀的诉求，给予财政等各项政策上更大的倾斜。

从政策规划协同视角进行分析，关键在于突破条块分割的行政壁垒，将顶层设计充分落实，不断拓展协同发展的广度与深度。《京津冀协同发展规划纲要》对京津冀区域的发展目标、功能定位、空间布局和重点领域等内容进行了详细描述，顶层设计已经基本搭建完成，但在具体执行操作过程中，一些政策的落地面临着执行不到位或执行效率低下的问题。因此，如何打破行政壁垒障碍，避免政策碎片化，进一步深入推进协同发展至关重要。本书从两个方面提出建议：一是在率先突破领域或试点示范项目上加强协调指导部门的统筹领导作用，对于政策落地过程中出现的矛盾和冲突进行疏导和调节，确保政策执行的质量；二是积极推进不同层级政府之间的交流与合作，合作的内容由经济领域逐渐向社会事业领域拓展，逐步发挥市场在协同发展中的调节作用。

从交通协同视角进行分析，将交通领域作为绿色协同发展的先行选择，加快推动交通一体化发展，同时不断提高交通运输的能源效率及智能化水平。当前，京津冀已初步形成了"四纵、四横、一环"的

骨干路网格局，京津城际铁路也已基本实现"公交化"运营，交通领域的协同发展取得了较好的成绩，但交通协同发展仍面临一系列问题，表现突出的问题体现在管理体制机制和法规、标准等各地差异明显以及交通基础设施建设的资金缺口大，容易造成建设浪费及交界"断头路"等问题。此外，交通仍然是影响京津冀区域环境污染的重要因素。因此，加快交通一体化发展需要从体制机制入手不断创新，同时提高交通用能的效率以及智能化水平，以解决现有建设中的困难并积极应对大气污染问题。本书从两个方面提出建议：一是在重大交通项目建设上，应集聚三地力量，集体攻关、共同突破，这样有利于形成统一的现网和市场，由此形成的税收收入在协商共议的基础上由沿线省市共同分享；二是加大新能源汽车的推广力度，统一提高汽车用油标准及加大高耗油汽车的淘汰力度，同时，在航空、铁路、公路领域加强合作与建设，逐步实现一体化运营和数字化管理。

从生态环保协同视角分析，要突破单一的地区治理模式，积极构建区域生态环境共建共享机制。当前，京津冀区域在生态环保协同领域已取得初步进展，主要举措包括两个方面：一是共同签署系列生态环保领域的合作协议和备忘录，力争在大气、水、土壤污染防控上实现"四个统一"（统一规划、统一标准、统一监控和统一执法）；二是积极加强联防联控合作，特别是在雾霾治理上取得了显著成效。但是京津冀区域的环境污染问题依然严峻，是京津冀实现可持续发展的重要障碍。基于此，本书提出两点建议：一是构建京津冀区域生态补偿机制，从制度层面明晰划分地区环境治理的责任与义务，实现区域生态环境治理的成本共担与收益共享；二是设立区域生态环境治理基金，在政府投入的基础上，以市场化的方式筹措资金，资金的使用可以用于涉及生态环保领域的区域重大工程项目，也可奖励对生态环保做出突出贡献的集体和个人，鼓励社会公众积极参与环境治理，创造良好的社会氛围。

第六章 长江经济带绿色发展的
协同研究

实施长江经济带发展战略，是新时代党中央作出的重大决策部署，是推进区域绿色协同发展的关键所在。党的十九大报告提出，以"共抓大保护、不搞大开发"为导向推动长江经济带发展。这一指示奠定了长江经济带发展的总基调。习近平总书记在2018年中央经济工作会议上强调，推进长江经济带发展要以生态优先、绿色发展为引领，在整治长江生态环境、保护长江岸线、建设黄金水道、推动沿江三大城市群错位发展等方面取得进展。如何建立长江经济带大保护一体化绿色协同发展机制，对于推进长江经济带的高质量发展起到至关重要的作用。

第一节 长江经济带绿色协同发展现状及主要问题

长江经济带以长江为纽带，跨越中国东、中、西三大自然地理区域和行政区域，其横贯东西，自入海口向前溯源共涉及上海、江苏、浙江、安徽、江西、湖北、湖南、云南、重庆、四川、贵州11个省市，具有十分明显的区位优势和巨大的内需潜力，是我国经济建设的重要组成部分，在推进我国东中西互动合作、对内对外开放过程中占有主体地位。

一、长江经济带绿色协同发展的现状与基础

长江经济带覆盖上海、江苏、浙江、安徽、江西、湖北、湖南、云南、重庆、四川、贵州 11 个省市，依照 2018 年全国城市行政区划标准，长江经济带共有 108 个地市级和 2 个直辖市，地市级数量占全国的 37.5%。长江上中下游所覆盖的省份及城市情况见表 6-1。

表 6-1　长江经济带地级市分布情况

长江经济带	城市数量合计	城市数量	省市	地级市
下游	41	1	上海	上海
		13	江苏	常州、徐州、南京、淮安、南通、宿迁、无锡、扬州、盐城、苏州、泰州、镇江、连云港
		11	浙江	杭州、宁波、温州、湖州、嘉兴、绍兴、金华、衢州、舟山、台州、丽水
		16	安徽	合肥、宿州、淮北、亳州、阜阳、蚌埠、淮南、滁州、六安、马鞍山、安庆、芜湖、铜陵、宣城、池州、黄山
中游	36	13	湖北	武汉、黄石、十堰、荆州、宜昌、襄阳、鄂州、荆门、孝感、黄冈、咸宁、随州
		14	湖南	长沙、株洲、湘潭、衡阳、邵阳、岳阳、常德、张家界、益阳、郴州、永州、怀化、娄底
		11	江西	南昌、九江、上饶、抚州、宜春、吉安、赣州、景德镇、萍乡、新余、鹰潭
上游	33	8	云南	昆明、曲靖、玉溪、昭通、保山、丽江、普洱、临沧
		1	重庆	重庆
		18	四川	成都、绵阳、德阳、攀枝花、遂宁、南充、广元、乐山、宜宾、泸州、达州、广安、巴中、雅安、内江、自贡、资阳、眉山
		6	贵州	贵阳、遵义、六盘水、安顺、毕节、铜仁

资料来源：中华人民共和国民政部

（一）经济持续平稳健康发展

经济发展是地区协同发展的基础，经济持续平稳健康发展对区域

绿色协同发展有良好的推动作用。从2015—2017年的数据（见表6-2）看，长江经济带工业经济运行稳中有进、稳中向好，工业生产好于预期，工业投资增速回升，经济效益大幅提升，区域绿色协同发展的经济基础向好。

表6-2　2015—2017年长江经济带经济运行情况

指标名称	地区	规模（亿元）		增速（%）	
		2017年	2015年	2016年	2017年
地区生产总值	全国	827 122	6.9	6.7	6.9
	长江经济带	373 806	8.5	8.1	8.0
	下游地区	195 321	8.1	7.7	7.5
	中游地区	91 932	8.8	8.2	8.1
	上游地区	86 553	9.1	9.0	9.0
工业投资	全国	232 619	7.8	3.6	3.6
	长江经济带	105 707	12.3	8.4	9.2
	下游地区	49 458	11.6	7.4	8.1
	中游地区	35 803	14.1	9.7	11.3
	上游地区	20 446	10.8	8.3	8.5
规模以上工业企业利润总额	全国	75 187	−2.3	8.5	21.0
	长江经济带	33 057	4.6	9.6	17.9
	下游地区	20 426	6.1	11.4	13.8
	中游地区	6 877	1.7	9.1	16.6
	上游地区	5 754	2.3	3.4	37.2

资料来源：《中国城市统计年鉴》（2016—2018），相关年份全国及长江经济带成员地区统计公报，中华人民共和国国家统计局 http：//www.stats.gov.cn；笔者整理计算

从表6-2中可以看出，2017年，长江经济带地区生产总值达373 806亿元，同比去年增长8.0%，较全国平均水平高出1.1个百分点，长江经济带的地区生产总值占全国的45.2%。从长江经济带的三大地区看，下游地区经济发展水平较高，2017年该地区生产总值达

195 321 亿元，占长江经济带地区生产总值的 52.25%，2017 年较上年增长率为 7.5%，低于长江经济带平均的增长水平；中游地区 2017 年地区生产总值为 91 932 亿元，占长江经济带地区生产总值的 24.59%，2017 年的经济增速为 8.1%，较前两年有所下降，中游地区经济增速维持在 8% 以上，高于长江经济带的平均增长水平；三大区域中，上游区域增速领先，2017 年上游地区生产总值达 86 553 亿元，占长江经济带的 23.15%，2017 年增速为 9%，高于长江经济带整体增速水平 1 个百分点。

长江经济带工业投资增速较之前有所回升。2017 年长江经济带工业投资总额为 105 707 亿元，首次突破十万亿元，占全国工业投资总规模的 45.44%，在经历了 2016 年增速回落之后，2017 年长江经济带的工业投资增速出现明显回升，达 9.2%，远高于全国平均水平。分地区来看，中游地区的工业投资增速是最高的，2017 年工业投资规模为 35 803 亿元，占长江经济带总规模的 33.87%，增速为 11.3%，高于长江经济带工业投资平均增速水平 2.1 个百分点；下游地区凭借其经济发展的各项优势，其工业投资规模是最高的，2017 年达 49 458 亿元，占长江经济带总规模的 46.79%，2017 年工业投资增速为 8.1%，同比去年增速提高 0.7 个百分点，但低于长江经济带工业投资平均水平；上游地区工业投资占比较低，占长江经济带总规模的 19.34%，其增速虽然低于中游和长江经济带平均水平，但却远高于全国平均水平。

规模以上工业企业是指年主营业务收入在 2 000 万元以上的工业企业，该指标可以反映出一个地区企业的经营效益总体状况。2017 年长江经济带规模以上工业企业利润总额达 33 057 亿元，占 2017 年全国总量的 43.97%，较去年同比增长 17.9%，其增速较去年增加了 8.3 个百分点，低于全国平均增速水平 3.1 个百分点。从地区来看，2017 年长江上游地区规模以上工业企业利润总额指标增幅最大，为 37.2%，其规模为 5 754 亿元，占长江经济带总量的 17.4%；2017 年中游地区规模以上工业企业利润总额为 6 877 亿元，占长江经济带总量的 20.8%，2017 年增幅为 16.6%，较去年增幅提高 7.5 个百分点；2017 年下游地区规模以上工业企业利润总额为 20 426 亿元，占长江经济带总量的 61.79%，占比过半，其增速为 13.8%，较去年增速提高了 2.4 个百分点。

（二）产业分工合作局面初步形成

伴随改革开放逐步深入和我国经济向前发展，产业结构出现较为明显的变化，见表 6-3。从 2012 年到 2017 年的数据来看，全国第一产业比重持续下降，第三产业明显上升，长江经济带的城市产业结构发展基本与全国趋势是保持一致的，三次产业比重由 2012 年的 9.1∶49.1∶41.8 调整为 2017 年的 7.3∶42.3∶50.5。从数字上看，长江经济带内部不同地区产业结构演变也各不相同，下游地区第三产业占比最高，上游和中游第二和第三产业比重相当，下游和中游第一产业比重逐年降低，上游第一产业比重较为平稳。长江下游地区城市由于率先进入到工业化，其第三产业的比重也高于长江经济带整体和全国平均水平，分别高出 2.5 个百分点和 2.3 个百分点。

表 6-3 长江经济带产业结构演变（单位：%）

地区	2012 年			2013 年			2016 年			2017 年		
	第一产业	第二产业	第三产业	第一产业	第二产业	第三产业	第一产业	第二产业	第三产业	第一产业	第二产业	第三产业
下游	5.9	48.9	45.2	5.8	48.0	46.2	4.9	42.9	52.2	4.4	42.5	53.0
中游	12.9	49.9	37.2	12.3	49.4	38.3	11.1	44.5	44.4	9.4	43.9	46.8
上游	12.9	48.4	38.6	12.6	48.0	39.4	12.0	41.1	46.9	11.5	40.0	48.5
长江经济带	9.1	49.1	41.8	8.9	48.4	42.7	8.0	42.9	49.1	7.3	42.3	50.5
全国	9.1	49.5	41.4	9.0	48.7	42.3	8.2	42.8	49.1	7.3	42	50.7

资料来源：《中国城市统计年鉴》（2013—2018）、相关年份全国及长江经济带成员地区统计公报、中华人民共和国国家统计局（http：//www.stats.gov.cn）；笔者整理计算

就当前产业发展的现状来看，长江经济带内各地区和各城市群依据其自身的地理位置和要素禀赋以及基础设施水平，已经建立起了其在该流域的分工和定位，并形成了较为完备的综合性产业基础和发展

态势。

就第一产业而言，长江经济带的种植业和养殖业是我国粮食和农副产品的主要生产基地，也是第二和第三产业发展的基石，其第一产业增加值占全国比重由2013年的40.6%增长到2017年的43%，对全国农业经济发展的贡献度有所提高。第一产业的生产主要集中于长江经济带的中上游，而当前，只有改变传统的种植和饲养模式，向规模化、产业化、现代化和生态化方向发展才能增强第一产业的竞争力。

就第二产业来看，长江经济带形成了轻重并进，且结构较为完整的工业体系，其中机械、电子、汽车、冶金、石油化工、纺织、农产品加工等行业在全国工业发展中占据重要地位。下游长江三角洲地区是我国工业发展最发达的地区，一些代表性的工业企业占有重要的市场份额，其中包括汽车制造业、电子通信设备制造业、成套设备即大型机电设备制造业、家电制造业、石油化工及精细化工工业、集成电路与计算机、现代生物及新材料为代表的高新技术产业等，该地区凭借发达的高科技产业，对产业结构升级和整个国民经济发展都起到了重要的推动作用。从中游地区三大产业产值分布来看，2017年第二产业比重最高，达43.9%，中游地区工业主要包括有色金属采掘及加工、汽车及其他交通运输设备业、石油和天然气业、纺织工业、烟草加工业以及重型机械设备制造业等。长江上游地区的装备制造业基地、天然气化工基地和国防工业基地在我国占据着举足轻重的地位，其在汽车、摩托车、成套设备制造、数控机床、工程机械、通信设备等传统产业上具有较好的基础优势。

就第三产业来看，近几年长江经济带各地区第三产业都得到较快的发展，如批发零售业、交通运输业、金融保险业、旅游业及餐饮业等都有不同程度的发展。

（三）生态环境协同治理得以推进，绿色发展初见成效

作为中国工业化的主要阵地和环境污染的重灾区，长江流域环境保护工作愈加艰巨，其最为核心的就是解决跨流域环境污染的难题。

首先，针对水土流失问题，在长江中上游地区，实施了三峡水库、

上游水土防治保持等重点生态工程，对重要支流和重点区域开展水土保持动态监测以及联合水土保持监督执法检查，自我国启动造林工程以来，长江流域已通过人工造林、飞播造林、退耕还林、封山育林、退化林修复以及人工更新等方式进行了树林的广泛播种，对流域内的水土流失起到重要的防治与保护作用，取得显著成效，2017年长江经济带省份总造林面积为 3 417 498 公顷，占当年全国总造林面积的44.5%。同时，除上海和江苏省外，长江经济带其余九省 2017 年的森林覆盖率均高于全国平均水平，如图 6-1。

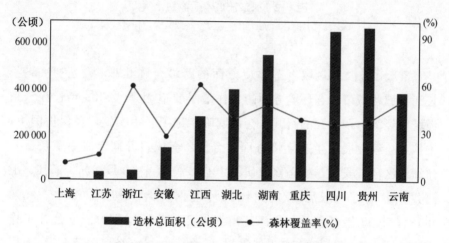

图 6-1 2017 年长江经济带各省造林面积及森林覆盖率情况

资料来源：《中国环境统计年鉴（2018）》，作者整理得到

其次，长江流域还以保障流域饮水安全为重点，开展了对长江干流、主要支流及三峡库区水域排污口的综合治理，对水污染启动了应急响应，基本建成了覆盖长江流域主要江河、湖泊和水库等水体的水环境监测网络。根据长江流域水质的时间变化分析可以看出，如图 6-2 为长江流域河流水质状况评价结果（按评价河长统计），从 2011 年到 2017 年，长江流域水质状况逐年改善，Ⅰ-Ⅲ类占河长比例从 2011 年的 70.4%上升到 2017 年的 83.9%，提升了 13.5 个百分点，而Ⅳ类水质占河长比例从 11.8%下降到 8.8%，劣Ⅴ类比例从 12.5%下降到 4.2%，下降幅度为 8.3 个百分点。

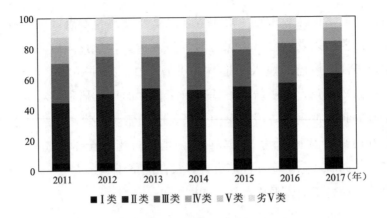

图 6-2　长江流域水质类别比例
资料来源：《中国环境统计年鉴》（2012—2018），作者整理得到

再次，在长江流域生态环境方面的跨域合作也取得了一些成就。长江流域各城市生态环境方面的合作最早要追溯到"2003年长江三角洲城市经济协调会"的召开，会议明确指出了联手实施环境保护国策，维护可持续发展的生态环境方面的合作。会议召开同年成立了长江三角洲地区环境安全与生态修复研究中心。2008年12月江苏、浙江、上海共同签署了《长江三角洲地区环境保护合作协议（2009—2010年）》，2009年出台了《长江三角洲地区企业环境行为信息公开工作实施办法》，2014年11月长江沿岸27个中心城市经济协调会第16届市长联席会议召开，签订了《长江流域环境联防联治合作协议》。2017年6月在北京召开的推动长江经济带发展工作会议上，习近平总书记针对推动长江经济带发展做了重要讲话，会议讨论了《长江经济带生态环境保护规划》等文件。生态环境治理的合作是一个不断探索、不断完善的过程，在现有的区域行政分割体制下，跨域环境污染是一个棘手的难题，只有创新跨域环境管理体制，完善沿江各行政单元的合作机制，才能适应建立长江经济带城市群生态协同保护机制的需要。

二、长江经济带绿色协同发展的困境与难点

（一）区域间环境污染治理差异明显，跨区域生态补偿亟待有效实施

为了量化长江经济带环境污染的相对程度，我们借鉴孔凡斌等

（2017）度量长江经济带环境污染相对指数的度量方法，选取了工业废水排放量、工业废气排放量（含二氧化硫、氮氧化物、烟/粉尘等）和工业固体废物产生量作为度量长江经济带沿江地区环境污染状况的指标，并根据三类主要工业污染物排放量占同期全国三类主要工业污染物排放量的比值之和构造长江经济带环境污染相对指数（$EIEP$），用以表示环境污染的相对程度。公式表示如下：

$$EIEP_{it} = \frac{IWW_{it}}{\sum IWW_t} + \frac{IWG_{it}}{\sum IWG_t} + \frac{ISW_{it}}{\sum ISW_t} \tag{6.1}$$

其中，IWW_{it}、IWG_{it}、ISW_{it} 分别用来表示 i 地区的工业废水排放量、工业废气排放量以及固体废弃物排放量；此外，$\sum IWW_t$、$\sum IWG_t$、$\sum ISW_t$ 分别用来表示同期全国工业废水排放量、工业废气排放量以及固体废弃物排放量。由公式可知，$RIEP$ 值越小，表明该地区环境污染状况越好或污染物聚集程度越轻；反之，表明该地区环境状况越差。动态相对指数的构建方法是通过差分的方式来实现的，即用 $\Delta RIEP_{it}$ 表示环境污染的变化情况，$\Delta RIEP_{it}$ 大于 0，表示地区环境污染状况进一步恶化，反之，表示地区环境污染排放情况有所改善。此外借鉴孔凡斌等（2017）的环境污染相对指数的度量方法，本书还构造了工业废水排放量、工业废气排放量以及固体废弃物排放量的相对指数差值，分别用 ΔIWW_{it}、ΔIWG_{it}、ΔISW_{it} 表示，用于分析环境质量变化的具体原因。

根据《中国环境统计年鉴》《中国统计年鉴》现有数据，选取2012—2017 年环境污染相对指数差分值来表现长江流域近几年环境污染的变化情况，计算结果见图 6-3。从以上分析结果中可以看到，长江经济带污染相对指数差值总体上呈现负值，即从 2012 年到 2017 年长江经济带总体环境质量是向好的，固体废弃物污染在很大程度上得到了改善，但是水污染和大气污染仍然不乐观，而水和大气的流动性决定了治理长江经济带的环境问题，必须要加强绿色协同发展。

从区域层面分析，中下游区域（除江苏、江西外）各省份污染相对指数差值为负值，说明环境治理取得了较显著的成效，环境质量得

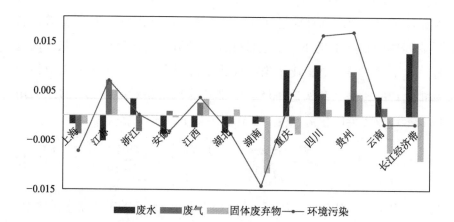

图6-3　2012—2017年长江经济带污染相对指数

资料来源：《中国环境统计年鉴》（2013—2018）、《中国统计年鉴》（2013—2018）

到明显改善；而上游区域（除云南外）各省份污染相对指数差值为正值，说明环境治理能力仍存在较大提升空间。从污染类别层面分析，空间特性较明显的水污染和大气污染，长江经济带的上游几乎均呈现正值特征，环境治理能力较弱，与下游区域相比，中上游区域存在显著的治理差异。

出现显著差异可能的原因在于：一是长江上游资源丰富，大量水电站开发和矿藏开发对生态环境造成了严重的破坏，加之经济相对落后，实现生态友好型的后发追赶难度很大；二是资源要素的价格机制不合理，导致资源丰富省份的资源收益大多归入更高层级政府和国企的收入体系中，基层政府和人民并未从中受益或受益较少，资源价格（电力等）的非市场机制可能变相补贴了中下游发达地区，造成上游更无资金支持保护生态。因此，通过中央转移支付和跨区域的生态补偿弥补长江经济带上游的生态损失势在必行。

（二）区域内部产业相似度不断提升，中上游地区呈现显著竞争趋势

长江经济带发展形成差异显著的梯度分布。通常采用产业梯度系数来反映某一个的产业梯度差异和产业转移情况。产业梯度系数主要由地区的区位熵（Location Quotient，LQ）和比较生产率（Comparative Labor Productivity，CPOR）乘积决定。

区位熵是某区域特定产业的增加值占该区域所有产业增加值的比重与全国该产业增加值占全国所有产业增加值的比重之比，其数学表达式为：

$$LQ_{ij} = \frac{e_{ij}/e_j}{E_j/E} \tag{6.2}$$

其中，LQ_{ij} 表示区位熵，e_{ij} 为 i 地区 j 部门的产业增加值，e_i 为 i 地区 GDP；E_j 为全国 j 部门的产业增加值，E 为全国 GDP。区位熵用以衡量某种区位特定要素的空间分布情况，能够体现该区域产业的专业化程度，以此反映这一区域在高层次区域及整体区域中的地位和作用，区位熵可以根据其值的大小找到该区域在全国的比较优势产业及产业的专业化程度。

比较劳动生产率（CPOR）表示地区内某产业的劳动生产率与地区所属整个区域这一产业的劳动生产率的比值，其公式为：

$$CPOR = \frac{e_{ij}/e_i}{L_{ij}/L_i} \tag{6.3}$$

其中，L_{ij} 表示 i 地区 j 部门的就业人员数量，L_i 为 i 地区全部就业人员数量；e_{ij} 为 i 地区 j 部门的产业增加值，e_i 为 i 地区 GDP。当比较劳动生产率数值大于 1 时，表明该地区某产业的劳动生产率高于地区所属整个区域该产业的平均水平，具有一定的竞争优势。当比较劳动生产率数值小于 1 时，表明该地区某产业的劳动生产率低于地区所属整个区域该产业的平均水平，在竞争中不具备优势。

产业梯度系数（IGC）的计算公式为：

$$IGC = LQ \times CPOR \tag{6.4}$$

根据产业梯度系数的计算公式，运用 2017 年的数据计算长江经济带城市群三大产业的比较劳动生产率和产业梯度系数。具体结果见表 6-4。

表 6-4　2017 年长江经济带三大产业产业梯度系数

地区	产业梯度系数		
	第一产业	第二产业	第三产业
上海	0.01	1.51	3.13
江苏	0.32	1.96	2.18
浙江	0.22	1.25	1.77
安徽	0.24	1.11	0.55
江西	0.30	1.23	0.68
湖北	0.37	1.84	0.99
湖南	0.23	1.55	1.11
重庆	0.24	1.89	1.16
四川	0.37	0.97	1.00
贵州	0.36	1.36	0.98
云南	0.29	1.34	0.67

资料来源：根据《中国统计年鉴（2018）》计算得到

　　根据 2017 年长江经济带的三大产业梯度系数获悉，长江下游的上海、江苏、浙江三地第二、三产业的产业梯度系数比较高，其中上海市第三产业的区位熵为 1.37，比较劳动生产率为 2.28，产业梯度系数为 3.13。其次，中游及上游地区多数表现为第二产业的产业梯度系数大于 1，对应于劳动生产率也表现为第二产业上的比较优势，湖南省和湖北省在中游地区第二和第三产业的产业梯度系数较高，重庆市在上游地区第二产业具有比较优势。长江经济带各省份城市之间存在明显的梯度差异。

　　长江经济带上中下游明显的产业梯度，为各区域间的产业协同提供了可能。但区域内部省份的竞争可能会变得更为激烈。在长三角地区，上海、江苏、浙江的第二、三产业梯度系数均相对较高，特别是江苏与浙江，产业梯度系数较为接近，难以避免区域内部的产业竞争问题；对于长江中游城市群，湖北、湖南的产业梯度系数较为接近，同样存在产业竞争问题；此外，长江上游城市群与中游城市群间在产业过程中也存在一定的竞争，特别是对优质产业和要素的竞争将更趋激烈，协调难度不断加大。

（三）水生态治理任务艰巨，联防联控合作困难重重

水生态文明建设是我国生态文明建设的重要一环，水生态治理任务同时也是转变经济发展方式的突破口之一。近年来，水体污染、水资源短缺等给我国水生态环境带来较大压力，呈现影响范围广，危害强度大，治理难度高等趋势。目前长江水生态面临的主要问题包括但不限于：适宜生物生存的生态环境萎缩严重、重要生物资源量下降，物种濒危程度加剧、生态系统产出下降，这些问题极大程度地限制了长江生态环境的可持续发展，也为长江经济带经济绿色转型带来一定的难题。湖南省社会科学院与社会科学文献出版社联合发布的《长江经济带绿色发展报告（2017）》中指出，长江经济带城市废水排放量与污水处理能力落差依然明显，尽管人均城市污水处理能力从 1 971.83立方米/（万人·日）提高到 2 065.10 立方米/（万人·日），但长江周边大量的工业污染让废水排放量居高不下，污水处理压力巨大。此外，数据显示，2012—2017 年，农药施用强度由 0.018 吨/公顷略微下降到 0.017 吨/公顷，化肥施用强度由 0.504 吨/公顷上升到 0.507 吨/公顷，农药、化肥等污染性要素仍然为长江经济带带来不可忽视的农业污染，区域水生态治理任务仍然艰难曲折。

水污染之所以难治理，主要受到两个方面的阻碍。其一，自然因素，长江的水是流动的，因此在上游或者中上游造成的水污染通过水流运动就会传播到中游和下游乃至整个长江流域，即水污染存在扩散性；其二，人为因素以及响应制度的缺乏，水资源具有"准公共物品"的特征，再加上河流的流动性，就造成了中上游造成污染但并不治理，中下游城市又不愿为中上游污染买单，最终造成整个流域的水污染加重。

长期以来，受"搭便车""诸侯经济""九龙治水"等影响，长江经济带 11 个省（市）之间开发与保护不协调、竞争与合作不同步、上下游利益诉求不一致等问题突出，直接导致长江承载能力下降、发展

潜力破坏，亟须通过创新全流域体制机制，通过大保护，共促大修复，共享绿色发展。为此，深刻阐述体制机制创新的重大意义，总结体制机制创新推进绿色发展的实践经验和重要举措，着力分析长江经济带建立生态环境保护协调机制面临的困境，提出创新一体化协调机制，推进一体化发展与保护治理的路径和政策建议，对于促进绿色发展与生态文明示范带建设具有重大现实意义。

第二节　长江经济带绿色协同发展的空间演进历程

　　1949 年以来，长江经济带的空间发展大致经历两个时期、四个阶段，见图 6-4。两个时期分别为"各自为政与经济分化时期"和"合作与集聚的新时期"。第一个时期可以划分为两个阶段：行政分割与经济分化阶段（1949—1991 年）和多增长极发展阶段（1992—2005 年）；第二个时期也可归纳为两个阶段：组团式发展阶段（2006—2012 年）和协同发展阶段（2013 年至今）。

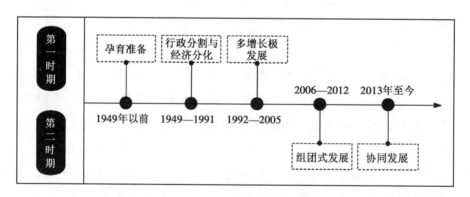

图 6-4　长江经济带协同发展的空间演进历程

一、各自为政与经济分化时期

　　1949 年以前，元明清时期，长江流域已成为全国农业经济的重心，两湖地区继江南之后经济迅速发展，以发达的农业为基础，手工业及工商业得到迅速发展，至 15 世纪初，中国约一半的发达城市集中在长江流域，仅江浙两省就占三分之一。此后，长江流域逐渐成为我国经济重心，上海、南京、宁波、武汉、重庆等沿江城市成为我国近代的重要工业基地，为长江经济带如今和未来的发展奠定了有利条件和基础。

1949 年以后，这一时期的主要特征表现为各自为政，经济联系逐渐分化，初步形成了"经济梯队"现象，越靠近上海地区，城市越发达，即长江下游区域经济最发达，长江中游地区次之，上游地区经济相对落后。主要包括两个阶段。

第一阶段（1949—1991 年）：1949—1978 年，在计划经济体制下，长江流域经济的发展相对缓慢；1978 年以后，经济得到初步恢复，但增速仍然较为缓慢。20 世纪 80 年代初，原国务院发展研究中心主任马洪提出"一线一轴"战略构想，其中，"一线"对应沿海一线，"一轴"对应长江；1985 年 9 月，"七五"计划提出东中西部的概念，并要求加快开发建设长江中游沿岸地区，建立起东西地带的横向经济联系。虽然这一阶段形成了一些合作发展的初步提案，但是各城市、各省份之间仍然是各自为政，只有长三角区域的一体化发展逐步进入实质性合作阶段，长江经济带的其他区域则表现欠佳，各区域间经济交往则逐渐分化。

第二阶段（1992—2005 年）：1992 年，党的十四大确立了以建立社会主义市场经济为社会主义经济体制的目标模式，中国的经济体制改革进入新阶段。为贯彻邓小平南方讲话精神和党中央关于"以上海浦东开发为龙头，进一步开放长江沿岸城市"的决定，1992 年 6 月，国家提出发展"长江三角洲及长江沿江地区经济"的战略构想。随着经济体制改革的不断深入，上海再次获得发展动力，江浙地区的经济增长模式也发生了变化，江苏乡镇企业及浙江民营企业的改革与创新有效促进了经济的加速发展。到 2005 年，长三角地区 GDP 比重已接近全国 GDP 的 20%，见图 6-5。

一方面长三角区域迅速崛起，另一方面长江经济带的其他区域并未显现出明显的区域经济特征，但一些区域性中心城市开始迅猛发展，

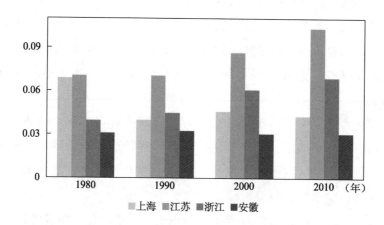

图 6-5　长三角地区 GDP 占全国比重变化

资料来源：《中国统计年鉴》(1981、1991、2001、2011)

成为长江中上游地区的增长极，这些城市以省会城市和直辖市为标志性特征，主要包括武汉、成都、重庆和长沙。综上所述，这一阶段以长三角区域—体化趋势明显、长江上中游中心城市迅速崛起为特征。

二、合作与集聚的新时期

这一时期的主要特征表现为区域发展的"协作"意识已初步形成，区域共同努力实现经济与环境的可持续发展成为共同目标，主要包括两个阶段。

第一阶段（2006—2012 年）：2005 年 11 月，长江沿线 7 省 2 市（上海、江苏、浙江、安徽、湖北、湖南、重庆、四川和贵州）在交通运输部的牵头下于北京签订了《长江经济带合作协议》；2006 年 4 月，中共中央、国务院出台《关于促进中部地区崛起的若干意见》，明确指出："以省会城市和资源环境承载力较强的中心城市为依托，加快发展沿干线铁路经济带和沿长江经济带"；2009 年以来，7 省 2 市坚持向中央倡议"将长江经济带的发展上升为国家战略"。在此阶段，长江经济带的其他城市群开始逐渐形成，主要包括成渝城市群（核心城市为成都、重庆）、大武汉城市圈（核心城市为武汉）、长株潭城市群（核心城市为长沙）和环鄱阳湖城市群（核心城市为南昌）。这一阶段的特点表现在：长江经济带区域间经济的差距仍然较大，但呈现缩小趋势，侧重于各城市群内经济的合作与协同。到 2010 年，五大城市群 GDP 总和占长江经济带整体比重已达到 72.55%，其中长三角城市群在长江经济带中 GDP 比重达 46.71%，紧接着成渝城市群比重达 13.10%，随后大武汉城市圈、长株潭城市群、环鄱阳湖城市群也呈现日趋增长模式，见图 6-6。以城市群为经济核心驱动要素的趋势逐渐加强，城市群已成为长江经济带经济的主要发力点和辐射中心。

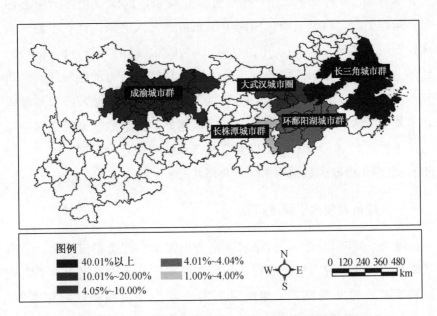

图 6-6　2010 年五大城市群 GDP 占长江经济带比重情况

资料来源：作者根据《中国统计年鉴（2010）》整理测算制图

第二阶段（2013 年至今）：2013 年 9 月，国家发展改革委会同交通运输部于北京召开关于《依托长江建设中国经济新支撑带指导意见》研究起草工作动员会议，讨论范围主要包括上海、重庆、湖北、四川、云南、湖南、江西、安徽、江苏 9 个省市；2014 年 3 月，政府工作报告中首次提出"依托黄金水道，建设长江经济带"的战略构想；2014 年 9 月 25 日，国务院出台《关于依托黄金水道推动长江经济带发展的指导意见》，正式明确了长江经济带的范围、目标和任务。这一阶段的特点表现在坚持生态优先、绿色发展的战略定位，绿色协同成为长江经济带发展的主旋律，经济带内城市群之间的合作与协同不断显现。

第三节　基于空间计量的绿色协同实证研究

本书以长江经济带 11 个省市为研究对象，范围以长江为中心纽带，东起上海，西至云南，横跨中国东中西三大区域，涵盖上游（重庆、四川、贵州、云南），中游（湖北、江西、湖南）和下游（上海、江苏、浙江、安徽）三大地区，是中国最具经济活力的区域之一。研究考察时间窗口为 2007—2018 年，除 PM 2.5 浓度数据来源于加拿大达尔豪斯大学大气成分分析组提供的数据外，其余数据来源于《中国统计年鉴》（2008—2019），以及各省市统计局统计公报（2007—2018年），个别年份缺失数据用平均增长率法补齐。

一、绿色发展水平测度研究

绿色发展概念与"青山绿水就是金山银山"理念不谋而合，是指活动主体转变传统粗放发展模式，以节能减排、环境友好为抓手实现可持续增长的发展模式。绿色发展需要减少环境污染（刘亚雪等，2020），自改革开放以来，中国工业化进程加快，导致严重的环境污染问题，特别是 PM 2.5 浓度过高是造成雾霾污染的"罪魁祸首"。PM2.5是指大气中直径小于或等于 2.5 微米的颗粒物。既有文献较少考虑对公众身体健康与生活质量危害更大的 PM 2.5 年均浓度（$\mu g/m^3$），常采用如 SO_2、CO_2 和 NO_x 等常规污染物测度环境污染（霍露萍和张燕，2020），区别于现有研究，本书采用 PM 2.5 年均浓度作为环境污染水平的代理变量更具学理价值与现实意义。PM 2.5 浓度数据来源于加拿大达尔豪斯大学大气成分分析组提供的数据，这一数据经验证与地面监测点 PM 2.5 监控数据的匹配度极高（$R^2 = 0.81$）（Van 等，

2016）。样本省份环境污染水平描述统计如表 6-5 所示。

表 6-5　样本省份环境污染水平描述统计

年份	重庆	四川	贵州	云南	湖北	江西	湖南	上海	江苏	浙江	安徽	均值
2007	49.39	24.59	38.71	18.11	55.78	46.92	53.40	56.66	59.36	43.33	64.22	46.41
2008	52.00	24.86	35.44	15.49	53.14	41.60	53.83	50.44	55.34	41.64	56.83	43.69
2009	50.44	26.92	35.98	19.11	57.97	43.57	50.69	58.02	64.42	40.84	63.63	46.51
2010	57.90	31.08	38.25	18.74	62.80	46.02	54.90	47.38	60.37	40.52	66.20	47.65
2011	57.18	31.09	43.71	23.95	65.15	45.09	57.28	51.42	65.14	40.69	65.50	49.65
2012	54.70	30.45	46.95	21.46	52.19	45.12	56.62	48.43	54.71	40.92	57.50	46.31
2013	45.97	27.12	33.25	19.58	55.97	40.82	47.91	46.11	58.09	37.32	61.38	43.05
2014	41.61	24.06	33.71	18.92	51.65	40.65	49.46	48.04	60.10	39.86	62.71	42.80
2015	36.30	19.38	30.59	17.41	46.21	34.62	41.93	49.79	57.50	34.29	54.22	38.39
2016	35.93	19.77	28.95	18.02	41.50	33.91	38.32	40.39	49.21	28.78	48.04	34.80
2017	30.48	17.60	25.88	14.95	39.76	34.80	35.61	38.24	48.79	29.32	50.77	33.29
2018	26.87	15.98	23.37	15.21	35.43	28.87	32.08	35.03	46.11	25.79	45.48	30.02
均值	44.90	24.41	34.57	18.45	51.46	40.17	47.67	47.50	56.60	36.94	58.04	—

　　由表 6-5 可知，从整体来看，2007—2018 年长江经济带 11 个省份的环境污染水平均值呈波动下降态势，由 2007 年的 46.41 降至 2018 年的 30.02，降幅达 34.67%。其中，安徽（58.04）、江苏（56.60）和湖北（51.46）的环境污染水平较高，而云南（18.45）、四川（24.41）和贵州的环境污染水平较低。环境污染水平逐年下降，表明长江经济带在发展经济的同时，非常注重环境保护，污染治理卓有成效。

　　图 6-7 中显示，长江经济带三大区域环境污染水平均值大体上呈逐年下降趋势。从三大区域看，上中下游地区环境污染水平变动趋势与整体均值大致保持一致，但各区域污染水平存在差异，上游地区环境污染水平明显低于中游、下游。具体来说，长江上游地区环境污染水平值由 2007 年的 32.70 降至 2018 年的 20.36，降幅达 37.74%；中游地区环境污染水平值由 2007 年的 52.03 降至 2018 年的 32.13，降幅

达 38.26%；下游地区环境污染水平值由 2007 年的 55.89 降至 2018 年的 38.10，降幅达 31.83%。环境污染水平下降再次印证长江经济带发展经济的同时，坚持"生态优先与绿色发展"目标，地区环境治理能力逐步提升，环境质量逐年改善。本书以 2007 年、2018 年为观察年份，以长江经济带省域环境污染水平数据为基础，采用 Arcgis10.2 软件中的"Jenks 最佳自然断裂点分级法"描绘省域环境污染水平空间四分位图。

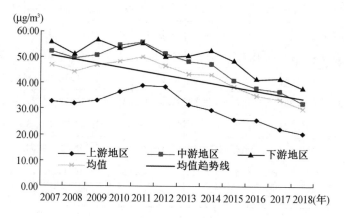

图 6-7　长江经济带三大区域环境污染水平

　　如图 6-8 所示，总体来看，长江经济带环境污染水平的空间格局较为稳定，呈"东高西低"分布模式。其中，2007 年环境污染水平处于高水平地区为安徽和江苏，处于较高水平地区为上海、湖北、湖南和重庆，处于较低水平地区为江西和浙江，处于低水平地区为四川和云南。至 2018 年，只有重庆由较高水平地区进入较低水平地区，其余省份环境污染水平的空间格局保持不变。总体来说，长江经济带上游地区的环境污染水平低于中游地区和下游地区。可能的原因是，自西部大开发战略实施以来，上游地区经济发展水平不断提高，环境治理投资力度加大，并且上游地区紧抓产业提质增效契机，革新原有生产技术，促进环境规制强度提升，使经济增长与环境保护协调发展。

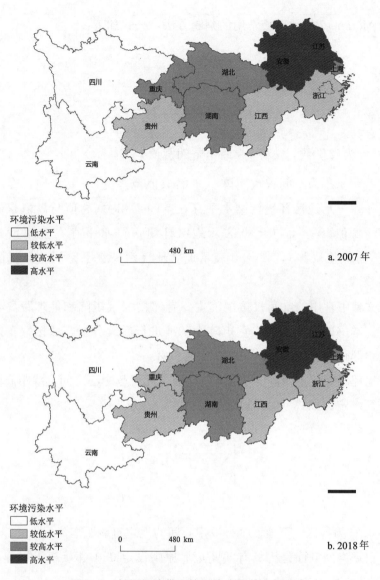

图 6-8   长江经济带环境污染水平的空间分布

二、长江经济带绿色发展的空间协同性分析

（一）长江经济带绿色发展的全局空间相关性

为纠正经典计量模型估计时忽略空间溢出项所造成模型设定偏差，在使用空间计量模型前需考察观测变量间是否存在空间依赖性，其中

全局 Moran's I 指数是最常用的判断方法，公式如下：

$$I = \frac{\sum\limits_{i=1}^{n}\sum\limits_{j=1}^{n}w_{ij}(x_i - \bar{x})}{S^2 \sum\limits_{i=1}^{n}\sum\limits_{j=1}^{n}w_{ij}} \tag{6.5}$$

式中，n 为省份数，i 和 j 为两个空间截面，$S^2 = \sum\limits_{i=1}^{n}(x_i - \bar{x})/n$ 为样本方差，w_{ij} 为空间权重矩阵。I 的取值范围为 $[-1, 1]$，在本书中，$I > 0$ 示地区环境污染水平存在空间正相关（高值与高值聚集、低值与低值聚集），$I < 0$ 表示地区环境污染水平存在空间负相关（高值与低值聚集），$I = 0$ 表示地区环境污染水平空间差异呈随机分布模式。

文献中常用的空间权重矩阵主要有邻接权重矩阵和地理距离权重矩阵。本书以地理距离权重矩阵为基准进行后续分析，邻接权重矩阵以备稳健性检验。

地理距离权重矩阵 w_{ij} 以空间截面单元行政中心之间直线距离的倒数表征，定义如式（6.6）所示：

$$w_{ij} = \begin{cases} \dfrac{1/d_{ij}}{\sum 1/d_{ij}}, & i \neq j; \\ 0, & i = j。 \end{cases} \tag{6.6}$$

式中，d_{ij} 为地区 i 至地区 j 行政中心间的地理直线距离。

根据空间截面是否具有共同边界原则设定 0-1 邻接权重矩阵，如式（6.7）所示：

$$w_{ij} = \begin{cases} 1, & 当空间单元 i 与 j 有共同边界; \\ 0, & 当空间单元 i 与 j 无共同边界或 i = j。 \end{cases} \tag{6.7}$$

本书采用经典的全局 Moran's I 指数检验 2007—2018 年长江经济带 11 个省份之间环境污染水平的空间关联性，结果如表 6-6 所示。

表 6-6　长江经济带环境污染水平的全局 Moran's I

年份	I	E（I）	sd（I）	z	p-value
2007	0.127	−0.100	0.088	2.586	0.005
2008	0.060	−0.100	0.087	1.833	0.033
2009	0.116	−0.100	0.091	2.386	0.009
2010	0.036	−0.100	0.089	1.523	0.064
2011	0.027	−0.100	0.091	1.389	0.082
2012	−0.028	−0.100	0.085	0.853	0.197
2013	0.115	−0.100	0.091	2.375	0.009
2014	0.175	−0.100	0.090	3.050	0.001
2015	0.172	−0.100	0.091	2.978	0.001
2016	0.118	−0.100	0.091	2.397	0.008
2017	0.201	−0.100	0.090	3.334	0.000
2018	0.194	−0.100	0.091	3.244	0.001

　　由表 6-6 可知，环境污染水平的全局 Moran's I 指数除 2012 年不显著外，其他年份均为正值且在 10% 水平上显著，表明长江经济带环境污染水平总体呈一种高水平省份被高水平省份包围（H-H 型）、低水平省份被低水平省份包围（L-L 型）的空间组织模式，因此采用空间计量模型进行分析是合理的。从时间维度看，全局 Moran's I 指数由 0.127（2007 年）升至 0.194（2018 年），说明长江经济带环境污染水平的空间依赖越来越紧密。

（二）空间特性的内部结构

　　Moran 散点图用于探索长江经济带省域间环境污染水平的空间关联模式。其中，横轴代表标准化的环境污染水平，即各地区自身值，纵轴代表标准化的环境污染的空间滞后值，即邻近地区环境污染水平的加权之和，第一至第四象限分别为 H-H（高-高）型、L-H（低-高）型、L-L（低-低）型、H-L（高-低）型空间集聚。图 6-9 为 2007 年、2018 年长江经济带环境污染水平的 Moran 散点图。

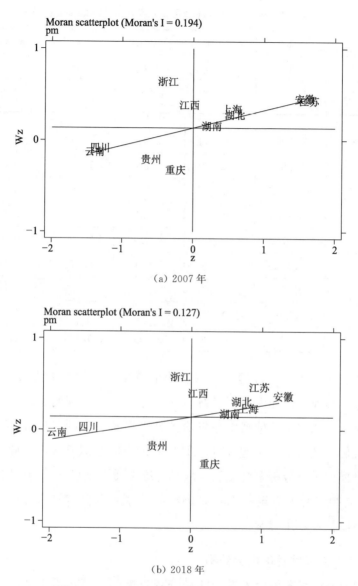

（a）2007 年

（b）2018 年

图 6-9　长江经济带环境污染水平的 Moran 散点图

从图 6-9 可以看出，2007 年、2018 年长江经济带大部分省域的环境污染水平都属于 H-H 和 L-L 两种类型，再次验证了长江经济带环境污染水平存在显著的空间正相关性。其中，2007 年、2018 年 H-H 型和 L-L 型集聚省份均分别占样本总体的 81.82%。集聚类型变化上，2007—2018 年 H-H 型省份数量由 6 个（安徽、江苏、上海、湖北、湖南、江西）降至 5 个，江西由 H-H 型落入 L-H 型。H-H 型省份大多位于长江经济带中下游地区，经济发展程度相对较高，但与此相伴随的是生态环境恶化等问题，这些省份间环境污染水平呈"逐底竞争"态势，构成高污染"俱乐部"。2007—2018 年 L-L 型省份数量由 3 个（云南、四川、贵州）增至 4 个，重庆由 H-L 型落入 L-L 型。L-L 型省份大多位于上游地区，经济条件相对落后，工业发展不足，省份企业之间环境污染水平溢出效应较小。

（三）其他空间特征分析：环境库兹涅茨曲线视角

根据环境库兹涅茨曲线（Environmental Kuznets Curve）含义可知，在一个国家经济发展初期，环境污染程度将呈上升趋势，随着经济发展水平进一步提高（常用人均 GDP 或人均收入水平度量），在达到某一特定阈值后，环境污染程度保持平稳态势，随着经济发展水平持续走高，环境污染程度呈趋优态势。本书以长江经济带 11 个省市为研究对象，通过分析各自工业化进程，进一步剖析地区环境污染与经济发展之间的关系。由表 6-7 可知，无论按人均 GDP 标准，还是产业结构标准进行划分，上海已处于后工业经济阶段，按照环境库兹涅茨曲线规律，上海的环境质量应出现好转趋势，或已达到较优化水平。事实上，上海早已进入后工业化阶段，本应降低对工业生产中所需要的资源投入需求，由此伴随工业活动产生的环境污染也应降低。然而，近年来上海的环境污染日益突出，特别是大气污染问题形势较为严峻。上海的这一事实案例是否意味着，环境库兹涅茨曲线不再成立，或是其对环境与经济发展关系的解释不适用于长江经济带这一特殊地区？本书认为，环境库兹涅茨曲线仍然适用，这里忽视了将空间因素纳入环境与经济发展的关系中。张可（2018）的研究认为，上海的大气污染有相当的比例来自周边地区，这进一步说明空间因素不可忽视。此外，无论按人均 GDP 标准，还是产业结构标准进行划分，江西和安徽均处于工业化阶段后期，环境质量并未出现得以改善的基础。由于污染溢出效应的存在，上海的环境质量，特别是具有空间特性的空气污染、水污染等，均会受到来自邻近地区的影响，当本地自身的产业结构优化效应带来的环境质量改善效应小于由于空间效应带来的溢出时，本地的努力难以得到"全部收益"，环境质量难以得到改善。因此，在进行长江经济带环境与经济发展关系研究时，空间因素是非常重要的一个影响因素。

表6-7　2018年长江经济带各省市工业化进程

阶段		基于人均GDP的划分（汇率法）	基于产业结构的划分
后工业化阶段（五）		上海	上海、浙江、江苏、重庆、湖南、湖北
工业化后期（四）	后半阶段	江苏、浙江	江西、安徽
	前半阶段	湖北、重庆	
工业化中期（三）	后半阶段	安徽、湖南、四川	四川、云南、贵州
	前半阶段	江西、云南、贵州	
工业化初期（二）	后半阶段		
	前半阶段		
前工业化阶段（一）			

注：评价方法参照陈佳贵等（2012）。①按人均GDP的划分标准：以2010年美元计算，人均GDP位于827—1 654美元，为前工业化阶段；人均GDP位于1 654—3 308美元，为工业化阶段初期；人均GDP位于3 308—6 615美元，为工业化阶段中期；人均GDP位于6 615—12 398美元，为工业化阶段后期；人均GDP位于12 398美元以上，为后工业化阶段。前半段、后半段的划分以各阶段的中点为界。②按产业结构的划分标准：$A > I$，为前工业化阶段；$A > 20\%$，$A < I$，为工业化阶段初期；$A < 20\%$，$I > S$，为工业化阶段中期；$A < 10\%$，$I > S$，为工业化阶段后期；$A < 10\%$，$I < S$，为后工业化阶段。其中，A、I、S分别表示第一产业、第二产业、第三产业在国民经济中的占比

三、实证分析之一：基于省级数据视角

前文分析发现，长江经济带省域间环境污染水平存在空间相关性。环境规制作为政府一种重要的排污治理措施，是以环境保护为目的的一种约束性力量，是改善地区环境污染，保障地区绿色发展的重要手段（Hettige，2000），可通过"结构红利"（推动生产要素由污染转向清洁部门）和"技术红利"（倒逼技术创新，改变非能源类生产要素对

能源类生产要素的替代率）影响地区环境污染水平（何兴邦，2018）。为探讨核心解释变量环境规制（ER）对环境污染（PM）的空间效应，本书考虑采用空间计量模型（将反映空间结构的矩阵引入到传统计量模型中）研究环境规制对长江经济带环境污染水平的影响。

鉴于环境规制措施的直接数据较难获取，既有研究大多采用人均GDP（Antweiler 等，2001；陆旸，2009）、不同污染物的排放强度（Domazlicky & Weber，2004；王贤彬和许婷君，2020；肖晓军等，2020）、环境治理成本（张成等，2011；王许亮和王恕立，2021；韩超等，2021）和污染治理设施运行费（张成等，2010）等替代指标表征。考虑到上述替代指标不能全面反映环境规制的整体效力，本书尝试在环境规制指标测度方法上进行一定改进，将采用环境污染成本法进行测度。环境污染成本法是将污染物排放量货币化来测度环境污染成本，这样做既可提升环境污染程度测度质量，又易于实现地区间横向对比。具体步骤如下：第一，以废水、二氧化硫、烟尘和粉尘排放量数据为基础，根据各单位治理成本算出相应损失值；第二，将各污染物的损失值加总，得出地区总污染成本。为消除规模经济的影响，本书采用单位 GDP 环境污染成本（地区污染成本/地区 GDP）衡量环境规制强度，其值越高，表明单位产值的污染排放越多，地区环境规制强度越低。为了研究便利，以及保证后续回归分析中与其他变量在方向上保持一致，借鉴卢斌等（2014）的做法，本书对环境污染成本取倒数反映环境规制强度，并做对数化处理，即环境污染成本倒数值越高，环境规制强度越高。需要说明的是，由于侧重于考察绿色发展水平的空间特性，固体污染物跨区域污染问题不明显，且固体污染物数据较难获取，因此本书主要分析水体污染（化学需氧量）和气体污染（二氧化硫、烟尘）。有关污染治理成本，较为权威的研究成果是环境保护部环境规划院课题组的《中国环境经济核算报告：2007—2008》。该报告指出，2007 年中国废水单位治理成本为 3 元/t，二氧化硫为 1 112 元/t，烟尘为 185 元/t。由于官方尚未公布历年治污成本，本书以报告中 2007 年的治污成本为基准，按照 3% 的技术进步率递进估算，最终得到历年治污成本。各省份 GDP 以 2007 年不变价为基础计算。

控制变量选取如下：①产业结构（IS）。产业结构的合理性会对环境造成一定冲击，工业生产会消耗大量的化石能源，加剧污染排放，同时建筑扬尘也无疑是环境污染的主要来源（邵帅等，2019）。本书采用第二产业增加值与地区 GDP 比重衡量产业结构变动情况。②经济发展水平（PGDP）。经济增长需要大量自然资源，产生更多污染物，加剧环境污染（李小胜等，2013）。本书选择人均 GDP 表征地区经济发展水平，这实际上也是 EKC 曲线经验研究中的惯用做法（Grossman & Krueger，1991），并做对数化处理。③交通条件（TRA）。交通条件影响产品和生产要素流通，进而影响产业发展方向，会对环境污染产生影响，本书采用人均道路面积衡量交通条件，并做对数化处理。④绿化覆盖率（GREEN）。一般来说，在地区经济发展初期，居民收入有限，对环境保护的意识淡薄。当地区经济发展达一定水平后，居民收入得到提升，对园林绿地的需求逐步增加，居民对环境需求偏好的改变可有效减少污染排放（丁继红和年艳，2010），本书采用绿地占有率衡量。变量含义及描述性统计如表 6-8 所示。

表 6-8　变量含义及描述性统计

变量类型	变量名称	变量编码	变量含义及说明	平均值	标准差	最小值	最大值
被解释变量	环境污染水平	PM	PM 2.5 浓度取对数	3.669 6	0.383 1	2.704 8	4.192 6
核心解释变量	环境规制强度	ER	环境污染成本法测度，先取倒数，再取对数	6.629 0	0.733 1	5.118 7	8.282 1
控制变量	产业结构	IS	第二产业增加值/地区 GDP	0.455 7	0.058 7	0.287 7	0.556 2
	经济发展水平	PGDP	人均 GDP 取对数	10.295 3	0562 8	8.971 8	11.545 3
	交通条件	TRA	人均道路面积取对数	2.539 0	0.448 7	1.396 2	3.243 4
	绿化覆盖率	GREEN	绿地占有率	0.388 9	0.034 4	0.274 0	0.468 0

常用的空间面板计量模型主要包括两类：空间面板滞后模型（SPLM）和空间面板误差模型（SPEM）。其中，SPLM 模型强调被解

释变量通过空间相互作用对其他地区产生影响，SPEM 模型的基本假设是空间溢出效应主要通过空间误差项传导。随着空间经济学研究领域的拓展，与上述两类空间计量模型相比，空间面板杜宾模型（SPDM）同时考虑了解释变量和被解释变量的空间相关性。在设定空间计量模型前需先设定基准模型。本书将基准面板模型设定为：

$$PM_{it} = c + X_{it}\varphi + \varepsilon_{it} \tag{6.8}$$

式中，i 和 t 表示第 i 个省份第 t 年的数据；X_{it} 为 $n \times k$ 外生解释变量矩阵；φ 为相应解释变量的回归系数；ε 为随机扰动项，下同。

空间面板滞后模型（SPLM）设定为：

$$PM_{it} = c + \rho\sum_{j=1}^{n}w_{ij}PM_{it} + X_{it}\varphi + \varepsilon_{it} + u_i + v_t \tag{6.9}$$

式中，w_{ij} 为 $n \times n$ 维空间权重矩阵；ρ 为空间自回归系数，反映邻近省份环境污染对本省环境污染的影响程度和效果；u_i、v_t 分别表示控制时间与空间效应，下同。

空间面板误差模型（SPEM）设定为：

$$PM_{it} = c + X_{it}\varphi + \xi_{it} + u_i + v_t$$
$$\xi_{it} = \lambda\sum_{j=1}^{n}w_{it}\xi_{jt} + \varepsilon_{it} \tag{6.10}$$

式中，λ 为误差项的空间自相关系数，表示回归方程残差间的空间依赖关系，反映邻近省份不可观测因素对本省环境污染的影响程度和效果。

空间面板杜宾模型（SPDM）设定为：

$$PM_{it} = c + \rho\sum_{j=1}^{n}w_{ij}PM_{jt} + X_{it}\varphi + \theta\sum_{j=1}^{n}w_{ij}X_{ijt} + \varepsilon_{it} + u_i + v_t \tag{6.11}$$

式中，θ 为空间滞后解释变量的系数，反映邻近省份解释变量对本省环境污染的影响程度和效果。

在采用空间面板计量模型估计参数前，需检验模型的适用性：先对不包含空间交互作用的基准模型进行 OLS 估计，再通过检验 LR 和 LM 统计量，以选择与样本数据拟合程度较好的模型。检验结果如表6-9所示。

表 6-9　基准模型检验结果

统计量	统计值	P 值
LM_{lag}	72.181	0.000
Robust LM_{lag}	79.583	0.000
LM_{error}	0.227	0.634
Robust LM_{error}	7.630	0.006
时间固定效应 LR 检验	399.91	0.000
空间固定效应 LR 检验	49.52	0.000
Hausman	1.29	0.935 6

Hausman 检验（1.29，$P=0.935\ 6$）表明，宜采用随机效应下的空间面板模型进行分析。LR 检验结果显示，时间和空间固定效应的 LR 统计量均在 1% 水平下显著，说明宜选择控制时间效应与空间效应的模型。LM 和 Robust LM 检验结果显示，LM_{lag}（72.181，$P=$ 0.000）较之 LM_{error}（0.227，$P=0.634$）更显著，表明宜选择 SPLM 模型。综上，本书选择时间和空间随机效应的 SPLM 模型进行回归分析。特别地，考虑到观测数据空间相关性存在，违背了传统计量模型的经典假设条件，如果仍采用 OLS 进行参数估计，将会产生无效或有偏的估计值。因此，本书参考 Elhorst（2010）的建议，采用极大似然法（MLE）对模型进行估计，既能够有效缓解传统 OLS 估计中变量的内生性问题，又能科学反映观测变量之间的空间依赖程度。为验证 SPLM 模型估计的稳健性，本书还给出了基于地理距离空间权重矩阵时间和空间随机效应下的 SPEM 模型和 SPDM 模型，以及基于邻接权重矩阵时间和空间 SPLM 模型、SPEM 模型和 SPDM 模型的估计结果作为参照。空间面板模型估计结果见表 6-10 所示。

表 6-10　空间面板模型回归结果

变量	地理距离空间权重矩阵			邻接空间权重矩阵		
	SPLM	SPEM	SPDM	SPLM	SPEM	SPDM
ER	−0.1498 ***	−0.1913 ***	−0.1571 ***	−0.1276 ***	−0.1542 ***	−0.0901 ***
	(−5.80)	(−6.50)	(−5.49)	(−5.26)	(−4.23)	(−2.93)

（续表）

变量	地理距离空间权重矩阵			邻接空间权重矩阵		
	SPLM	SPEM	SPDM	SPLM	SPEM	SPDM
IS	0.5147**	0.6410**	0.4613	0.5819***	0.7892***	0.3915
	(2.02)	(2.30)	(1.61)	(2.59)	(2.73)	(1.57)
PGDP	0.235 9***	0.127 7	0.113 9	0.199 7***	0.090 0	0.088 8
	(3.68)	(1.58)	(1.07)	(3.37)	(1.04)	(0.90)
TRA	−0.253 1***	−0.205 0**	−0.199 8**	−0.219 0***	−0.197 9**	−0.175 1**
	(−2.98)	(−2.30)	(−2.31)	(−2.80)	(−2.23)	(−2.22)
GREEN	−0.769 1*	−0.379 4	−0.853 5*	−0.662 5	−0.373 8	−0.950 6**
	(−1.71)	(−0.84)	(−1.83)	(−1.60)	(−0.88)	(−2.10)
C	0.234 2	3.703 5***	0.884 0	0.385 0	3.762 7***	0.927 6*
	(0.47)	(5.96)	(0.89)	(0.88)	(5.76)	(1.67)
W×ER			−0.003 7			−0.061 2
			(−0.06)			(−1.57)
W×IS			0.478 0			0.317 8
			(0.68)			(0.83)
W×PGDP			0.037 7			0.028 9
			(0.17)			(0.22)
W×TRA			−0.444 0			−0.139 6
			(−1.30)			(−1.01)
W×GREEN			4.340 8**			2.334 9***
			(2.53)			(2.84)
ρ	0.566 6***		0.383 7***	0.565 6***		0.465 9***
	(7.43)		(3.07)	(9.12)		(5.69)
λ		0.690 8***			0.605 4***	
		(8.23)			(6.31)	
σ^2	0.004 3***	0.004 6***	0.003 9***	0.003 6***	0.004 5***	0.003 4***
	(7.64)	(7.40)	(7.68)	(7.52)	(7.04)	(7.54)
R^2	0.831 4	0.773 0	0.862 7	0.839 7	0.778 8	0.852 2
Log-L	137.262 7	131.000 4	145.819 4	144.923 3	130.233 4	152.773 2
N	132	132	132	132	132	132

注：***、**、*分别表示在1%、5%和10%的水平下显著（双尾检验），括号内为 z 值，下同

（一）长江经济带环境规制的空间治理效力

由表 6-10 结果所示：①在地理距离空间权重矩阵 SPLM 模型中，核心解释变量环境规制（ER）的回归系数为 -0.1498，在 1% 水平上显著，表明环境规制强度增加能够显著抑制长江经济带环境污染水平，这也反映出随着当今社会人们越来越重视环保，以及政府考核中环境所占比重增加，政府对环境治理投入加大，地区环境规制强度相应提高，减少了经济活动的污染行为，进而通过"结构红利"和"技术红利"降低环境污染程度。②在地理距离空间权重矩阵 SPDM 模型中，$W \times ER$ 的回归系数为 -0.0037，但未通过 10% 显著性水平检验，说明邻近省份环境规制对本省环境污染水平的负向空间溢出效应不明显。可能的原因在于，对长江经济带地理距离接近的不同省份来说，本省环境质量改善可带动邻近省份学习先进环境治理经验，降低邻省污染水平，利于区域联防联控，表现为"逐顶竞争"，但邻近省份这种"学习效应"还不明显。③在地理距离空间权重矩阵 SPLM 模型中，空间自回归系数（ρ）为 0.5666，在 1% 水平上显著，表明长江经济带环境污染水平具有正向空间溢出效应，即邻近省份环境污染水平提高会增加本省环境污染水平。长江经济带环境污染水平省域间正向空间溢出效应应当受到地方政府关注，其作用机制可从自然和社会经济两方面解释：第一，在大气环流等自然条件作用下，空气污染物往往跨区域输送；第二，随着社会经济不断发展，区域产业转移会推动形成污染物集聚地，导致经济往来密切区域间的空气污染益发明显。④通过对比时空双固定的基准模型、SPLM 模型、SPEM 模型和 SPDM 模型发现，各模型中长江经济带环境污染水平影响因素的回归结果具有较好的稳健性。与此同时，SPEM 模型的空间误差系数（λ）显著为正，表明邻近省份不可观测因素会提升本省环境污染水平。

（二）影响环境的其他因素分析

从各控制变量来看：①产业结构（IS）的回归系数为 0.5147，在 5% 水平上显著，表明产业结构能够显著影响环境污染水平，这反映出长江经济带工业化水平提高会加剧污染物排放。②经济发展水平

（PGDP）的回归系数为 0.235 9，在 1%水平上显著，表明经济发展能够显著促进环境污染水平，这也解释了经济发展需要消耗大量资源、能源，产生更多污染物的现象。③交通条件（TRA）的回归系数为－0.253 1，在 1%水平上显著，表明交通条件能够显著抑制环境污染水平，这与本书的理论预期相反。可能的原因在于，交通条件良好可促使生产要素更多地集聚，而集聚的技术溢出效应利于环保技术进步，同时，人口集聚提升了基础设施利用率，降低了能耗与资源浪费，从而改善环境质量。④绿化覆盖率（GREEN）的回归系数为 0.769 1，在 10%水平上显著，表明绿化覆盖率能够显著降低环境污染水平，这与本书的理论预期一致。

四、实证分析之二：基于城市群数据视角

为了进一步挖掘长江经济带的空间特性，区别于基于省级数据的研究，以长江经济带 108 个地级市为研究对象，研究考察时间窗口为2005—2018 年，除 PM 2.5浓度数据来源于加拿大达尔豪斯大学大气成分分析组提供的数据外，其余数据来源于《中国城市统计年鉴》（2006—2019），以及各地级市统计局统计公报（2005—2018 年），个别年份缺失数据用平均增长率法补齐。

（一）绿色发展水平测度研究

长江经济带城市环境污染水平的空间分布如图 6-10 所示。由图6-10可知，总体来看，长江经济带城市环境污染水平的空间格局较为稳定，呈"东高西低"分布模式。其中，2005 年环境污染水平处于高水平地区的城市多位于四川中南部，比如眉山、宜宾、自贡等，同时还有湖北襄阳、随州和江苏北部徐州、连云港等地；处于较高水平地区的城市大多位于湖南、安徽、江苏南部淮安、宿迁等地和浙江北部杭州、绍兴一带，处于较低水平地区的城市多位于四川北部广元、巴中等地，同时还有江西、上海、浙江中部台州、金华一带和江苏东部盐城、南通等地，处于低水平地区的城市多位于云南和浙江南部温州、丽水等地。至 2018 年，环境污染水平处于高水平地区的城市多位

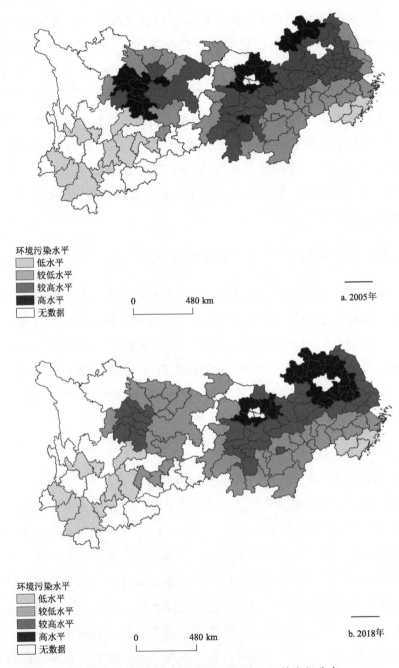

图 6-10　长江经济带城市环境污染水平的空间分布

于湖北和江苏西北部徐州、宿迁等地，处于较高水平地区的城市大多位于四川中南部、湖南、安徽、上海、江苏东部盐城、南通一带和浙江北部湖州、嘉兴等地，处于较低水平地区的城市大多位于重庆、江西和四川北部广元、巴中等地，处于低水平地区的城市大多位于云南和浙江南部温州等地。总体来说，长江经济带上游地区的环境污染水平低于中游地区和下游地区。可能的原因是，自西部大开发战略实施以来，上游地区经济发展水平不断提高，环境治理投资力度加大，并且上游地区紧抓产业提质增效契机，革新原有生产技术，促进环境规制强度提升，使经济增长与环境保护协调发展。

（二）长江经济带城市绿色发展的空间协同性分析

1. 长江经济带城市绿色发展的全局空间相关性

为纠正经典计量模型估计时忽略空间溢出项所造成模型设定偏差，在使用空间计量模型前需考察观测变量间是否存在空间依赖性，其中全局 Moran's I 指数是最常用的判断方法，公式如下：

$$I = \frac{\sum\limits_{i=1}^{n} \sum\limits_{j=1}^{n} w_{ij}(x_i - \bar{x})}{S^2 \sum\limits_{i=1}^{n} \sum\limits_{j=1}^{n} w_{ij}} \tag{6.12}$$

式中，n 为城市数，i 和 j 为两个空间截面，$S^2 = \sum\limits_{i=1}^{n}(x_i - \bar{x})/n$ 为样本方差，w_{ij} 为空间权重矩阵。I 的取值范围为 $[-1, 1]$，在本书中，$I > 0$ 表示城市环境污染水平存在空间正相关（高值与高值聚集、低值与低值聚集），$I < 0$ 表示城市环境污染水平存在空间负相关（高值与低值聚集），$I = 0$ 表示城市环境污染水平空间差异呈随机分布模式。

文献中常用的空间权重矩阵主要有邻接权重矩阵和地理距离权重矩阵。本书以地理距离权重矩阵为基准进行后续分析，邻接权重矩阵以备稳健性检验。

地理距离权重矩阵 w_{ij} 以空间截面单元行政中心之间直线距离的倒数表征，定义如式（6.13）所示：

$$w_{ij} = \begin{cases} \dfrac{1/d_{ij}}{\sum 1/d_{ij}}, & i \neq j; \\ 0, & i = j. \end{cases} \tag{6.13}$$

式中，d_{ij} 为城市 i 至城市 j 行政中心间的地理直线距离。

根据空间截面是否具有共同边界原则设定 0-1 邻接权重矩阵，如式（6.14）所示：

$$w_{ij} = \begin{cases} 1, & \text{当空间单元 } i \text{ 与 } j \text{ 有共同边界;} \\ 0, & \text{当空间单元 } i \text{ 与 } j \text{ 无共同边界或 } i = j. \end{cases} \tag{6.14}$$

本书采用经典的全局 Moran's I 指数检验 2005—2018 年长江经济带 108 个城市之间环境污染水平的空间关联性，结果如表 6-11 所示。

表 6-11　长江经济带城市环境污染水平的全局 Moran's I

年份	I	E（I）	sd（I）	z	p-value
2005	0.059	−0.009	0.015	4.459	0.000
2006	0.048	−0.009	0.015	3.722	0.000
2007	0.126	−0.009	0.015	8.813	0.000
2008	0.087	−0.009	0.015	6.260	0.000
2009	0.123	−0.009	0.015	8.618	0.000
2010	0.062	−0.009	0.015	4.619	0.000
2011	0.081	−0.009	0.015	5.876	0.000
2012	0.048	−0.009	0.015	3.744	0.000
2013	0.078	−0.009	0.015	5.689	0.000
2014	0.145	−0.009	0.015	9.991	0.000
2015	0.171	−0.009	0.015	11.692	0.000
2016	0.125	−0.009	0.015	8.706	0.000
2017	0.180	−0.009	0.015	12.270	0.000
2018	0.190	−0.009	0.015	12.954	0.000

由表 6-11 可知，2005—2018 年环境污染水平的全局 Moran's I 指数均为正值且在 1% 水平上显著，表明长江经济带城市环境污染水平总体呈一种高水平城市被高水平城市包围（H-H 型）、低水平城市被低

水平城市包围（L-L 型）的空间组织模式，因此采用空间计量模型进行分析是合理的。从时间维度看，全局 Moran's I 指数由 0.059（2005年）升至 0.190（2018 年），说明长江经济带城市环境污染水平的空间依赖越来越紧密。

2. 长江经济带城市绿色发展的空间特性的内部结构

图 6-11 为 2005 年、2018 年长江经济带城市环境污染水平的 Moran 散点图。从图 6-11 可以看出，2005 年、2018 年长江经济带大

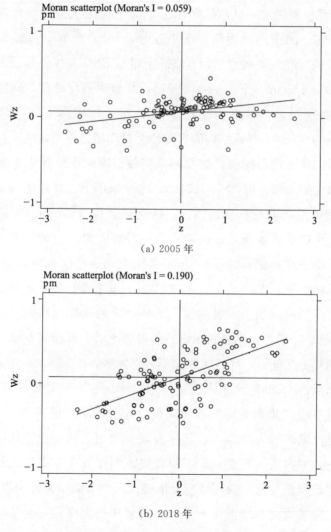

（a）2005 年

（b）2018 年

图 6-11　长江经济带环境城市污染水平的 Moran 散点图

部分城市的环境污染水平都属于 H-H 和 L-L 两种类型，再次验证了长江经济带城市环境污染水平存在显著的空间正相关性。环境污染 2018 年相较于 2005 年分布在第一象限的城市有所减少，分布在第三象限的城市有所增加，即部分城市由 H-H 型向 L-L 型转换，这也印证了近几年实行的环境污染治理政策初见成效。

（三）基于空间计量模型的驱动因素分析

环境规制的测度与省级层面数据的测度方法一致，控制变量选取如下：①经济发展水平（PGDP）。经济增长需要大量自然资源，产生更多污染物，加剧环境污染（李小胜等，2013）。本书选择人均实际 GDP 表征城市经济发展水平，这实际上也是 EKC 曲线经验研究中的惯用做法（Grossman & Krueger，1991），并做对数化处理。同时，为验证 EKC 曲线假设，本书在模型中还引入人均实际 GDP 的平方项。②产业结构（IS）。产业结构的合理性会对环境造成一定冲击，工业生产会消耗大量的化石能源，加剧污染排放，同时建筑扬尘也无疑是环境污染的主要来源（邵帅等，2019）。本书采用第二产业增加值与地区 GDP 比重衡量产业结构变动情况。③交通条件（TRA）。交通条件影响产品和生产要素流通，进而影响产业发展方向，会对环境污染产生影响（姜雨萌和孙鹏，2020），本书采用人均道路面积衡量交通条件，并做对数化处理。④技术水平（TEC）。一般来说，技术水平越高，相同产出下所需投入的资源就越少，单位产出的能耗也越低（李锴和齐绍州，2011），但考虑到新技术提升能源效率后，可能将刺激生产者和消费者消耗更多能源，导致污染加剧（邵帅等，2013）。本书采用科学技术支出额占 GDP 的比重来衡量技术水平。⑤人口集聚（POP）。人口集聚可通过"集聚效应"和"规模效应"影响环境污染。"集聚效应"能够降低环境污染水平，具体表现为增加公共交通使用率，减少私家车使用率；资源要素集聚，提高资源利用效率；提高人们环保意识，倒逼政府出台严厉的环境监督措施；人口集聚带来技术进步。"规模效应"能够增加环境污染水平，具体表现为无序集聚会使如家用电器、家用汽车等耗能提升；住房增加不利于污染物扩散。本书采用人口密度，即常住人口与建成区面积比值表征人口集聚，并做对数化处理。变量含义及描述性统计如表 6-12 所示。

表 6-12　变量含义及描述性统计

变量类型	变量名称	变量编码	变量含义及说明	平均值	标准差	最小值	最大值
被解释变量	环境污染水平	PM	PM 2.5 浓度取对数	3.814 3	0.393 6	2.127 7	4.617 0
核心解释变量	环境规制强度	ER	环境污染成本法测度，先取倒数，再取对数	7.565 0	4.366 2	0.010 0	15.120 0
控制变量	经济发展水平	PGDP	人均 GDP 取对数	10.191 0	0.798 7	4.595 1	12.201 2
	产业结构	IS	第二产业增加值/城市 GDP	0.491 0	0.097 1	0.177 2	1.124 7
	交通条件	TRA	人均道路面积取对数	2.213 2	0.617 0	0.198 0	3.754 9
	技术水平	TEC	科学技术支出额/GDP	0.010 6	0.009 5	0.000 1	0.166 4
	人口集聚	POP	常住人口/建成区面积，再取对数	5.997 6	0.642 4	3.981 7	7.733 6

常用的空间面板计量模型主要包括两类：空间面板滞后模型（SPLM）和空间面板误差模型（SPEM）。其中，SPLM 模型强调被解释变量通过空间相互作用对其他地区产生影响，SPEM 模型的基本假设是空间溢出效应主要通过空间误差项传导。随着空间经济学研究领域的拓展，与上述两类空间计量模型相比，空间面板杜宾模型（SPDM）同时考虑了解释变量和被解释变量的空间相关性。在设定空间计量模型前需先设定基准模型。本书将基准面板模型设定为：

$$PM_{it} = c + X_{it}\varphi + \varepsilon_{it} \qquad (6.15)$$

式中，i 和 t 表示第 i 个省份第 t 年的数据；X_{it} 为 $n \times k$ 外生解释变量矩阵；φ 为相应解释变量的回归系数；ε 为随机扰动项，下同。

空间面板滞后模型（SPLM）设定为：

$$PM_{it} = c + \rho \sum_{j=1}^{n} w_{ij} PM_{it} + X_{it}\varphi + \varepsilon_{it} + u_i + v_t \qquad (6.16)$$

式中，w_{ij} 为 $n \times n$ 维空间权重矩阵；ρ 为空间自回归系数，反映邻近省份环境污染对本省环境污染的影响程度和效果；u_i、v_t 分别表示控制时间与空间效应，下同。

空间面板误差模型（SPEM）设定为：

$$PM_{it} = c + X_{it}\varphi + \xi_{it} + u_i + v_t$$

$$\xi_{it} = \lambda \sum_{j=1}^{n} w_{it}\xi_{it} + \varepsilon_{it} \tag{6.17}$$

式中，λ 为误差项的空间自相关系数，表示回归方程残差间的空间依赖关系，反映邻近省份不可观测因素对本省环境污染的影响程度和效果。

空间面板杜宾模型（SPDM）设定为：

$$PM_{it} = c + \rho \sum_{j=1}^{n} w_{ij}PM_{jt} + X_{it}\varphi + \theta \sum_{j=1}^{n} w_{ij}X_{ijt} + \varepsilon_{it} + u_i + v_t$$

$$\tag{6.18}$$

式中，θ 为空间滞后解释变量的系数，反映邻近省份解释变量对本省环境污染的影响程度和效果。

在采用空间面板计量模型估计参数前，需检验模型的适用性：先对不包含空间交互作用的基准模型进行 OLS 估计，再通过检验 LR 和 LM 统计量，以选择与样本数据拟合程度较好的模型。检验结果如表6-13所示。

表 6-13　基准模型检验结果

统计量	统计值	P 值
LM_{lag}	334.412	0.000
Robust LM_{lag}	232.363	0.000
LM_{error}	570.144	0.000
Robust LM_{error}	1 468.096	0.000
时间固定效应 LR 检验	3 408.46	0.000
空间固定效应 LR 检验	1 552.93	0.000
Hausman	6.40	0.380 0

Hausman 检验（6.40，$P=0.380\,0$）表明，宜采用随机效应下的空间面板模型进行分析。LR 检验结果显示，时间和空间固定效应的 LR 统计量均在 1% 水平下显著，说明宜选择控制时间效应与空间效应的模型。LM 和 Robust LM 检验结果显示，Robust LM_{Lag}（232.363，$P=0.000$）与 Robust LM_{error}（1\,468.096，$P=0.000$）均在 1% 水平下显著，表明基于非空间模型的 LM 检验同时接受 SPLM、SPEM 模型，一般考虑 SPDM 模型。特别地，考虑到观测数据空间相关性存在，违背了传统计量模型的经典假设条件，如果仍采用 OLS 进行参数估计，将会产生无效或有偏的估计值。因此，本书参考 Elhorst（2010）的建议，采用极大似然法（MLE）对模型进行估计，既能够有效缓解传统 OLS 估计中变量的内生性问题，又能科学反映观测变量之间的空间依赖程度。为验证 SPDM 模型估计的稳健性，本书还给出了基于地理距离空间权重矩阵时间和空间随机效应下的 SPLM 模型和 SPEM 模型，以及基于邻接权重矩阵时间和空间 SPLM 模型、SPEM 模型和 SPDM 模型的估计结果作为参照。空间面板模型估计结果见表 6-14 所示。

表 6-14　空间面板模型回归结果

变量	地理距离空间权重矩阵			邻接空间权重矩阵		
	SPLM	SPEM	SPDM	SPLM	SPEM	SPDM
ER	−0.004 5	0.016 4	0.015 1	−0.056 0***	−0.009 3	−0.025 2**
	(−0.45)	(1.38)	(1.28)	(−5.02)	(−0.76)	(−2.04)
PGDP	−0.004 8	−0.006 9	−0.003 2	0.002 0	−0.041 1***	−0.003 0
	(−0.69)	(−0.64)	(−0.29)	(0.26)	(−3.93)	(−0.28)
IS	−0.110 8***	−0.126 6***	−0.104 4**	0.026 4	0.095 7**	−0.067 1
	(−2.93)	(−2.73)	(−2.24)	(0.63)	(1.98)	(−1.41)
TRA	0.010 6	0.018 6**	0.015 1**	0.006 4	0.027 6***	0.015 1*
	(1.44)	(2.47)	(2.00)	(0.80)	(3.56)	(1.88)
TEC	0.294 7	0.389 7	0.459 2	−0.530 3*	−0.209 3	0.123 4
	(1.14)	(1.27)	(1.50)	(−1.88)	(−0.65)	(0.39)
POP	0.025 8*	0.033 1**	0.038 7**	0.033 5**	0.050 7***	0.047 9***
	(1.78)	(2.10)	(2.39)	(2.14)	(2.93)	(2.83)

（续表）

变量	地理距离空间权重矩阵			邻接空间权重矩阵		
	SPLM	SPEM	SPDM	SPLM	SPEM	SPDM
C	0.049 6	3.684 9 ***	0.056 6	0.752 4 ***	3.924 4 ***	0.449 7 **
	(0.44)	(23.15)	(0.14)	(6.00)	(25.98)	(2.48)
$W×ER$			−0.120 8 ***			−0.169 6 ***
			(−2.89)			(−8.50)
$W×PGDP$			0.130 9 ***			0.118 3 ***
			(5.06)			(7.90)
$W×IS$			−0.032 3			0.248 9 ***
			(−0.25)			(3.75)
$W×TRA$			−0.168 0 ***			−0.083 8 ***
			(−3.18)			(−5.92)
$W×TEC$			3.580 5 ***			0.648 8
			(3.66)			(1.28)
$W×POP$			−0.141 5 *			−0.085 3 ***
			(−1.92)			(−2.97)
ρ	0.960 2 ***		0.916 3 ***	0.749 1 ***		0.685 4 ***
	(104.21)		(47.14)	(52.67)		(42.81)
λ		0.959 9 ***			0.801 1 ***	
		(114.09)			(61.92)	
σ^2	0.006 2 ***	0.006 2 ***	0.006 1 ***	0.007 5 ***	0.007 3 ***	0.007 0 ***
	(26.21)	(26.25)	(26.20)	(25.31)	(25.33)	(25.50)
R^2	0.044 8	0.157 6	0.542 5	0.334 3	0.071 1	0.546 0
Log-L	1 360.208 3	1 355.886 6	1 381.084 0	1 129.416 7	1 123.584 2	1 206.397 1
N	1 512	1 512	1 512	1 512	1 512	1 512

注：***、**、* 分别表示在 1%、5% 和 10% 的水平下显著（双尾检验），括号内为 z 值，下同

1. 长江经济带环境规制的空间治理效力

由表 6-14 结果所示：①在地理距离空间权重矩阵 SPDM 模型中，核心解释变量环境规制（ER）的回归系数为 0.015 1，但未通过显著性水平检验，表明提升环境规制强度会加剧长江经济带城市环境污染水平，但这种促进作用不明显。可能的原因在于，一方面，提高环境

规制强度反映当今社会人们越来越重视环保，以及政府考核中环境所占比重增加，政府对环境治理投入加大，减少了经济活动的污染行为，往往将促进地区企业通过"结构红利"和"技术红利"降低环境污染水平。另一方面，严厉的环境规制并不一定能够减少污染物排放，可能由于规制力度不足、规制成本高和市场机制不健全等原因，本城市环境规制强度未能降低环境污染水平，甚至可能加剧环境污染，即"绿色悖论"（Sinn，2008）。总体结果说明促进作用略大于抑制作用，作用效果不明显。②在地理距离空间权重矩阵 SPDM 模型中，$W \times ER$ 的回归系数为 $-0.120\,8$，在 1％水平上显著，说明邻近城市环境规制对本城市环境污染水平具有显著的负向空间溢出效应。可能的原因，对长江经济带地理距离接近的不同城市来说，本城市环境质量改善可带动邻近城市学习先进环境治理经验，降低邻近城市环境污染水平，利于区域联防联控，表现为"逐顶竞争"。③在地理距离空间权重矩阵 SPDM 模型中，空间自回归系数（ρ）为 $0.916\,3$，在 1％水平上显著，表明长江经济带城市环境污染水平具有正向空间溢出效应，即邻近城市环境污染水平提高会增加本城市环境污染水平。长江经济带城市环境污染水平省域间正向空间溢出效应应当受到地方政府关注，其作用机制可从自然和社会经济两方面解释：第一，在大气环流等自然条件作用下，空气污染物往往跨区域输送；第二，随着社会经济不断发展，区域产业转移会推动形成污染物集聚地，导致经济往来密切区域间的空气污染益发明显。④通过对比时空双固定的基准模型、SPLM 模型、SPEM 模型和 SPDM 模型发现，各模型中长江经济带环境城市污染水平影响因素的回归结果基本较为稳健。与此同时，SPEM 模型的空间误差系数（λ）显著为正，表明邻近城市不可观测因素会提升本城市环境污染水平。

2. 影响环境的其他因素分析

从各控制变量来看：①经济发展水平（$PGDP$）的回归系数为 $-0.003\,2$，未通过 10％显著性水平检验，表明经济发展对环境污染水平的抑制作用不明显。可能的原因，一般来说，经济增长往往伴随资源消耗，在一定程度上会对生态环境造成危害，但随着近年来社会经济发展水平不断提升，人民收入逐渐增加，尤其长江经济带作为中国经济发展最具活力的区域之一，人们生活条件改善，环保意识提升，逐步减少对资源损耗型产品的需求，更乐于消费服务型产品，同时经济增长带来的是地区清洁技术的应用和治污投资额的增加，进而改善生态环境。总体结果说明抑制作用大于促进作用，但作用效果不明显。在地理距离空间权重矩阵 SPDM 模型中，$W \times PGDP$ 的回归系数为0.1309，在1％水平上显著，说明邻近城市经济发展对本城市环境污染水平具有显著的正向空间溢出效应，这反映出长江经济带城市一体化发展成效显著，生产要素自由流动程度较高，邻近城市通过利用本城市生产要素促进经济发展，但却对本城市生态环境造成一定破坏。②产业结构（IS）的回归系数为－0.104 4，在5％水平上显著，表明调整产业结构能够显著降低环境污染水平，可能是由于长江经济带城市第二产业内部行业结构调整在由粗加工向精加工转变，在由污染产品向清洁产品的方向转变，环境与经济协调发展的新型工业化道路已初见成效。在地理距离空间权重矩阵 SPDM 模型中，$W \times IS$ 的回归系数为－0.032 3，未通过10％显著性水平检验，说明邻近城市调整产业结构对本城市环境污染水平的负向空间溢出效应不明显，体现出长江经济带城市产业会在空间上集聚，本城市通过将高污染产业转移至邻近城市，进而提升环境质量，但整体上这种溢出效应不明显。③交通条件（TRA）的回归系数为0.015 1，在5％水平上显著，表明交通条件能够显著提高环境污染水平，这与本书的理论预期相一致，即交通条件改善能够促进生产要素流通，进而影响产业发展方向，会对环境污染产生影响。在地理距离空间权重矩阵 SPDM 模型中，$W \times TRA$ 的回归系数为－0.168 0，在1％水平上显著，说明邻近城市交通条件对本城市环境污染水平具有显著的负向空间溢出效应。可能的原因，通常而言，随着长江经济带城市一体化程度加深，邻近城市交通条件也应当会加剧本城市环境污染水平，但一体化带来的集聚包括技术，技术溢出效应利于环保技术进步，会降低环境污染水平。④技术条件（TEC）的回归系数为0.459 2，未通过10％显著性水平检验，表明技术条件对环境污染水平的促进作用不明显。可能的原因在于，通常技术水平越高，相同产出下所需投入的资源就越少，单位产出的能耗也越低，但考虑到新技术提升能源效率后，可能将刺激生产者和消费者消耗更多能源，导致污染加剧。从整体结果来看促进作用大于抑制作用，但这种作用不明显。在地理距离空间权重矩阵 SPDM 模型中，$W \times TEC$ 的回归系数为 3.580 5，在 1% 水平上显著，说明邻近城市技术条件对本城市环境污染水平具有显著的正向空间溢出效应，这反映出邻近城市可通过本城市的知识溢出效应获得新技术，在新技术提升能源效率后，邻近城市将刺激生产者和消费者消耗更多能源，导致污染加剧。⑤人口集聚（POP）的回归系数为 0.038 7，在 5% 水平上显著，表明人口集聚能够显著加剧环境污染水平，这反映出长江经济带城市人口无序集聚仍然存在，"规模效应"增加了家用电器、家用汽车等的能耗，同时房屋集聚不利于污染物扩散。在地理距离空间权重矩阵 SPDM 模型中，$W \times POP$ 的回归系数为 $-0.141 5$，在 10% 水平上显著，说明邻近城市人口集聚对本城市环境污染水平具有显著的负向空间溢出效应。可能的原因，对本城市而言，邻近城市人口集聚往往伴随着本城市人口流动和迁移，降低了人口密度，减少了人口集聚的"规模效应"，导致本城市环境污染水平下降。

3. 分区域回归结果分析

由于长江经济带各城市的经济发展水平和地理位置存在差异，为探究不同因素对长江经济带环境污染水平影响的异质性，本书基于地理距离空间权重矩阵，进一步对 SPDM 模型进行分区域估计和检验，将 108 个城市按照上游（重庆、四川、贵州、云南），中游（湖北、江西、湖南），下游（上海、江苏、浙江、安徽）分为三大部分，下游地区即长江三角洲地区。模型估计结果如表 6-15 所示。

由表 6-15 可知，在地理距离空间权重矩阵下，各因素对长江经济带环境污染水平的影响程度存在异质性。具体来看：①上游地区 ER 的系数值显著为正，而中游地区、下游地区 ER 的系数值分别为负和正，但并未通过 10% 显著性水平检验，表明提升上游地区环境规制强度会明显加剧城市环境污染水平，可能的原因在于，上游地区由于环境规制力度不足、规制成本过高和市场机制不健全等原因，表现出"绿色

表 6-15　分区域空间面板模型回归结果

上游地区				中游地区				下游地区			
ER	0.048 2** (1.97)	W×ER	-0.301 7*** (-4.67)	ER	-0.011 3 (-0.95)	W×ER	-0.062 6* (-1.72)	ER	0.007 0 (0.46)	W×ER	0.017 4 (0.25)
PGDP	-0.038 0** (-2.09)	W×PGDP	0.191 5*** (3.99)	PGDP	0.011 5 (0.77)	W×PGDP	0.026 3 (1.24)	PGDP	0.054 8*** (3.50)	W×PGDP	0.053 7 (1.40)
IS	-0.285 2*** (-3.09)	W×IS	-0.406 5 (-1.39)	IS	-0.003 6 (-0.06)	W×IS	0.145 4 (1.26)	IS	0.221 8*** (3.29)	W×IS	0.493 8** (2.24)
TRA	0.029 7** (2.19)	W×TRA	-0.025 8 (-0.39)	TRA	-0.004 7 (-0.51)	W×TRA	-0.034 8 (-0.75)	TRA	-0.023 1** (-2.22)	W×TRA	-0.287 0*** (-4.37)
TEC	1.473 7 (1.48)	W×TEC	1.762 6 (0.73)	TEC	0.068 0 (0.33)	W×TEC	-0.484 6 (-1.07)	TEC	0.318 3 (0.48)	W×TEC	1.783 4 (1.52)
POP	0.540 6*** (9.87)	W×POP	0.106 9 (0.40)	POP	0.012 8 (0.68)	W×POP	-0.064 1 (-1.01)	POP	-0.001 0 (-0.08)	W×POP	-0.025 8 (-0.68)
C	-4.161 8*** (-2.89)	ρ	0.833 6***	C	0.369 5 (0.98)	ρ	0.899 8*** (24.02)	C	0.151 9 (0.50)	ρ	0.805 2*** (21.09)
R^2	0.455 1	σ^2	0.009 8*** (13.93)	R^2	0.830 5	σ^2	0.002 0*** (14.98)	R^2	0.729 2	σ^2	0.002 9*** (16.14)
Log-L	301.858 4			Log-L	735.504 5			Log-L	732.307 4		
N	434			N	504			N	574		

悖论"。而中游地区和下游地区的这种促进和抑制效应不够明显。从 $W \times ER$ 的系数来说，上游地区和中游地区 $W \times ER$ 的系数显著为负，说明上游地区和中游地区的环境规制强度对环境污染水平具有显著的负向溢出效应，即邻近城市提高环境规制强度会降低本城市环境污染水平，表明上游地区和中游地区城市更乐于学习邻近城市的先进环境治理经验，降低本城市环境污染水平，利于区域联防联控，表现为"逐顶竞争"。②上游地区 $PGDP$ 的系数值显著为负，下游地区 $PGDP$ 的系数值显著为正，表明经济发展能够显著降低上游地区环境污染水平，但也能够显著加剧下游地区环境污染水平，这反映出近些年上游地区城市经济发展水平不断提升，人民收入逐渐增加，人们生活条件改善，环保意识提升，逐步减少对资源损耗型产品的需求，更乐于消费服务型产品，同时经济增长带来的是地区清洁技术的应用和治污投资额的增加，进而改善生态环境。而下游地区城市作为重工业集聚地，经济增长往往伴随资源消耗，在一定程度上会对生态环境造成危害。此外，经济发展对中游地区环境污染水平的负向作用不显著。从 $W \times PGDP$ 的系数来说，三大区域经济发展对环境污染水平的空间溢出效应均为正，但只有上游地区和下游地区的系数值通过了10％显著性水平检验，这反映出上游地区和下游地区城市一体化发展成效显著，生产要素自由流动程度较高，邻近城市通过利用本城市生产要素促进经济发展，但却对本城市生态环境造成一定破坏。③上游地区 IS 的系数值显著为负，下游地区 IS 的系数值显著为正，表明调整产业结构能够显著降低上游地区环境污染水平，但也能够显著加剧下游地区环境污染水平，这反映出近些年上游地区城市第二产业内部行业结构调整在由粗加工向精加工转变，在由污染产品向清洁产品的方向转变，环境与经济协调发展的新型工业化道路已初见成效，而下游地区城市工业生产会消耗大量的化石能源，加剧污染排放，同时建筑扬尘也无疑是环境污染的主要来源。此外，产业结构对中游地区环境污染水平的负向作用不显著。从 $W \times IS$ 的系数来说，只有下游地区 $W \times IS$ 的系数值显著为正，表明下游地区邻近城市调整产业结构对本城市环境污染水平具有显著的负向空间溢出效应，反映出下游地区城市产业会在空间上集聚，本城市通过将高污染产业转移至邻近城市，进而提升环境质量。④上游地区 TRA 的系数值显著为正，下游地区 TRA 的系数值显著为负，表明交通条件能够显著提升上游地区环境污染水平，但也能够显著降低下游地区环境污染水平，反映出优化上游地区城市交通条件能够促进生产要素流通，工业生产会加剧环境污染，而下游地区城市技术水平相对较高，溢出效应更加明显，改善交通条件可促进技术进步，从而降低环境污染水平。此外，交通条件对中游地区环境污染水平的负向作用不显著。从 $W \times TRA$ 的系数来说，上游地区 $W \times TRA$ 的系数显著为正，上游地区 $W \times TRA$ 的系数显著为负，表明交通条件对上游地区环境污染具有显著的正向空间溢出效应，即邻近城市交通条件改善会提升本城市环境污染水平，而交通条件对下游地区环境污染具有负向的空间溢出效应，即邻近城市交通条件改善会降低本城市环境污染水平，这说明上游地区城市"生产要素流通效应"大于"技术溢出效应"，而下游地区城市则相反。⑤三大区域 TEC 系数均为正，未通过 10% 显著性水平检验，但上游地区 TEC 的系数值更大，表明虽然技术水平越高，相同产出下所需投入的资源就越少，单位产出的能耗也越低，但在考虑到获取新技术提升能源效率后，将刺激生产者和消费者消耗更多能源，导致污染加剧，从整体结果来说促进作用略大于抑制作用，而上游地区城市的促进作用更大。从 $W \times TEC$ 的系数来说，技术条件分别对上游地区、中游地区与下游地区环境污染水平的正向、负向和正向的空间溢出效应并不显著。⑥只有上游地区 POP 的系数值显著为正，表明人口集聚能够显著促进上游地区城市环境污染水平，反映出上游地区城市人口无序集聚现象更加严重，"规模效应"增加了家用电器、家用汽车等的能耗，同时房屋集聚不利于污染物扩散。此外，中游地区和下游地区人口集聚对环境污染水平的正向、负向作用并不显著。从 $W \times POP$ 的系数来说，人口集聚分别对上游地区、中游地区与下游地区环境污染水平的正向、负向和负向的空间溢出效应并不显著。可能的原因在于，一方面，对本城市而言，邻近城市人口集聚往往伴随着本城市人口流动和迁移，降低了人口密度，减少了人口集聚的"规模效应"，导致本城市环境污染水平下降。

另一方面，当人口集聚达到一定规模后，集聚速度下降，"规模效应"减弱，"集聚效应"强度较大，本城市污染水平下降对邻近城市有"示范效应"。综合而言，这两个方面相互作用致使空间效应不显著。

第四节　结论及政策建议

一、长江经济带城市群绿色协同发展的空间分析结果

本书采用长江经济带 11 个省市的数据，从空间视角，研究长江经济带绿色协同发展进程。理论分析研究得到：①经济持续平稳健康发展。长江经济带工业经济运行稳中有进、稳中向好，工业生产好于预期，工业投资增速回升，经济效益大幅提升，区域绿色协同发展的经济基础向好。②产业分工合作局面初步形成。长江经济带内各地区和各城市群依据其自身的地理位置和要素禀赋以及基础设施水平，已经建立起了其在该流域的分工和定位，并形成了较为完备的综合性产业基础和发展态势。③生态环境协同治理得以推进，绿色发展初见成效。长江经济带分别从水土流失、保障流域饮水安全和长江流域生态环境方面的合作方面进行协同发展。

省级层面数据实证分析研究得到：①从总体上看，长江经济带环境污染水平呈波动下降态势，从上中下游三大区域上看，上游地区环境污染水平明显低于中游、下游。②长江经济带环境污染水平的空间格局较为稳定，呈"东高西低"分布模式。③长江经济带环境污染水平总体呈一种高水平省份被高水平省份包围（H-H 型）、低水平省份被低水平省份包围（L-L 型）的空间组织模式，且各省域间环境污染水平的空间依赖愈发紧密。④从工业化进程来说，按人均 GDP 标准划分，只有上海处于后工业化阶段，其余 10 个省市均处于工业化阶段。按产业结构标准划分，上海、浙江、江苏、重庆、湖南和湖北处于后工业化阶段，其余 5 个省市均处于工业化阶段。⑤本省环境规制强度能够显著抑制本省长江经济带环境污染水平，邻近省份环境规制对本

省环境污染水平的负向空间溢出效应不明显。⑥长江经济带环境污染水平具有正向空间溢出效应，即邻近省份环境污染水平提高会增加本省环境污染水平。⑦调整产业结构能够显著促进环境污染水平；经济发展能够显著促进环境污染水平；交通条件能够显著抑制环境污染水平；绿化覆盖率能够显著降低环境污染水平。

城市层面数据实证分析研究得到：①从总体上看，长江经济带城市环境污染水平的空间格局较为稳定，呈"东高西低"分布模式，上游地区的环境污染水平低于中游地区和下游地区。②长江经济带城市环境污染水平总体呈一种高水平城市被高水平城市包围（H-H 型）、低水平城市被低水平城市包围（L-L 型）的空间组织模式，且城市环境污染水平的空间依赖越来越紧密，环境污染 2018 年相较于 2005 年分布在 H-H 型的城市有所减少，分布在 L-L 型的城市有所增加。③总体来说，本城市提升环境规制强度会加剧本城市环境污染水平，但这种促进作用不明显，邻近城市环境规制对本城市环境污染水平具有显著的负向空间溢出效应。分区域来说，提升上游地区环境规制强度会明显加剧城市环境污染水平，而中游地区和下游地区的促进、抑制效应不够明显。上游地区和中游地区的环境规制强度对环境污染水平具有显著的负向溢出效应，下游地区的这种正向空间溢出效应不明显。④总体来说，经济发展对环境污染水平的抑制作用不明显，邻近城市经济发展对本城市环境污染水平具有显著的正向空间溢出效应。分区域来说，经济发展能够显著降低上游地区环境污染水平，也能够显著加剧下游地区环境污染水平，但对中游地区环境污染水平的负向作用不显著。三大区域经济发展对环境污染水平的空间溢出效应均为正，但只有上游地区和下游地区的这一正向空间溢出效应更加明显。⑤总体来说，调整产业结构能够显著降低环境污染水平，邻近城市调整产业结构对本城市环境污染水平的负向空间溢出效应不明显。分区域来说，调整产业结构能够显著降低上游地区环境污染水平，也能够显著加剧下游地区环境污染水平，但对中游地区环境污染水平的负向作用不显著。下游地区邻近城市调整产业结构对本城市环境污染水平具有显著的负向空间溢出效应，而上游地区和中游地区的负向、正向空间溢出效应不明显。⑥总体来说，交通条件能够显著提高环境污染水平，邻近城市交通条件对本城市环境污染水平具有显著的负向空间溢出效应。分区域来说，交通条件能够显著提升上游地区环境污染水平，也能够显著降低下游地区环境污染水平，但对中游地区环境污染水平的负向作用不显著。交通条件对上游地区环境污染具有显著的正向空间溢出效应，对下游地区具有显著的负向空间溢出效应，但对中游地区环境污染的负向空间溢出效应不明显。⑦总体来说，技术条件对环境污染水平的促进作用不明显，邻近城市技术条件对本城市环境污染水平具有显著的正向空间溢出效应。分区域来说，三大区域技术条件对环境污染的正向作用均不显著，但上游地区正向作用强度更大。技术条件分别对上游地区、中游地区与下游地区环境污染水平的正向、负向和正向的空间溢出效应并不显著。⑧总体来说，人口集聚能够显著加剧环境污染水平，邻近城市人口集聚对本城市环境污染水平具有显著的负向空间溢出效应。分区域来说，人口集聚能够显著促进上游地区城市环境污染水平，中游地区和下游地区人口集聚对环境污染水平的正向、负向作用并不显著。人口集聚分别对上游地区、中游地区与下游地区环境污染水平的正向、负向和负向的空间溢出效应并不显著。

二、从空间相关性视角深入推动长江经济带绿色协同发展的建议

从产业协同视角进行分析，应进一步强调市场在资源配置中的作用，构建良好的营商环境，形成更为合理的产业分工布局。当前，长江经济带产业协同的突出问题体现在两个方面：一是中上游中心城市（如长沙、成都、南昌等）仍处于工业化中后期发展阶段，高端产业的发育程度不高，进而对周边城市的引领、示范和带动功能较弱，甚至出现"虹吸效应"，挤压了周边地区中低端产业的优化升级空间；二是区域内部产业相似度不断提升，中上游地区呈现显著竞争趋势，长江中上游城市群内部均存在产业相似度较为接近的省份，如湖南和湖北，同时长江上游城市群与中游城市群间在产业发展过程中也存在一定的竞争，特别是对优质产业和要素的竞争将更趋激烈，协调难度不断加大。出现以上问题的主要原因在于部分地方政府对经济的干预权力过

大，地方保护主义和地域性歧视政策仍然存在，整体营商环境亟待提升，企业通过市场化手段推动产业发展和集聚存在诸多壁垒，容易造成恶性竞争。因此，进一步强调市场在资源配置中的作用，加快政府职能转变、简政放权，构建良好的营商环境尤为关键。同时，在一些区域性重点城市和重点产业上，国家可以通过政策和基金上的支持引导重点城市形成基础优势，率先形成区域产业增长极，进而增强对周边城市的引领带动功能，进一步引导中心城市与周边城市的交流和互动，构建产业开放性协助共享平台，促进区域内形成更加规范合理的产业分工布局。

　　从生态环保协同视角分析，应建立由中央牵头的流域生态治理执法机构，尝试构建科学明晰的区域间生态补偿机制。长江经济带区域间环境污染治理差异明显，即下游环境治理能力显著优于中上游区域。出现这种显著差异的重要原因在于：一是长江上游资源丰富，大量水电站开发和矿藏开发对生态环境造成了严重的破坏，加之经济相对落后，实现生态友好型的后发追赶难度很大；二是资源要素的价格机制不合理，导致资源丰富省份的资源收益大多归入更高层级政府和国企的收入体系中，基层政府和人民并未从中受益或受益较少，资源价格（如电力等）的非市场机制可能变相补贴了中下游发达地区，造成上游更无资金支持保护生态。因此，生态环保协同需要中央权威进行协调，主要体现在两个方面：一是通过中央转移支付和下游生态补偿，为上游经济发展创造更有利的环境；二是建立科学的生态补偿标准，并确保其得到有效执行，这就需要有力的资金保障以及政策、法律上的倾斜与支持。

　　从规划协同和政策协同视角分析，应进一步推进次区域的规划协同和政策协同，并通过法律手段确保协同的有效性和稳定性。当前，长江经济带区域整体的规划体系已经初步确立，《关于依托黄金水道推动长江经济带发展的指导意见》进一步规定了长江经济带的范围、目标以及任务，涵盖产业布局、交通基础设施、环境保护等一揽子实施规划，对整个区域的规划协同进行了科学合理的部署。但是，长江经济带内次区域、重要城市群（如长江中游城市群、长株潭区域、成渝城市群等）的规划协同和政策协同并未做到前瞻部署，使次区域内城市的发展仍受旧有体制机制的禁锢。因此，需要在遵循现有行政区划的前提下，进一步推进次区域的规划协同和政策协同，以及次区域与次区域之间的协同，同时通过法律法治手段确保协同政策的有效实施。政策协同的关键在于法制化：一是就区域内的公共事务制定法律约束和保障机制；二是及时清理那些不利于区域协同发展的法律制度；三是建立地方政府协商平台和沟通机制，进一步明晰政府合作的法律框架。

从交通协同视角分析，应以长江黄金水道为主轴，在初步形成综合立体交通走廊的基础上，围绕绿色发展，调整运输供需中存在的结构性矛盾，完善沿江省市协同共建机制，推动建设更高质量、更高标准、更高智能的交通一体化局面。伴随《长江经济带综合立体交通走廊规划（2014—2020）》的出台，长江经济带目前综合交通网建设已达到初步目标。但交通协同发展仍存在系列问题，主要表现在：长江黄金水道潜能尚未充分发挥，集疏运体系效率有待提升；区域骨干运输通道系统规划布局的前瞻性不足；跨地区、跨部门规划建设运营统筹协调力度不够，港航等资源整合度不高。因此，需要在国土空间、产业升级、跨域联动角度加强各区域的交通衔接与适应能力。首先要分类优化区域内外多层次综合运输通道，构建区域内串联长三角城市群、长江中游城市群等地区的复合型交通融合网络，区域外对接京津冀、粤港澳等地区的跨域综合运输通道；其次要结合中心城市机场扩建契机，提高长江经济带机场、港口集疏运通道效率，增强港口群及机场群的协同分工机制，依托重点交通枢纽探索自由贸易港、内陆自由贸易港等新发展模式；最后要深度融合发展新一代交通"新基建"，对依赖能源等资源的传统基础设施进行转型升级，强化交通网络与现代技术及新能源融合，作出资源互通、信息共享的绿色交通战略性布局。

第七章　粤港澳大湾区绿色发展的协同研究

第一节　粤港澳大湾区绿色协同发展现状及主要问题

粤港澳大湾区位于珠江流域下游，包括香港、澳门两个特别行政区和广东省广州、深圳、珠海、佛山、惠州、东莞、中山、江门、肇庆九个城市，粤港澳大湾区的经济总量约为 11 万亿元，虽可媲美世界三大湾区（纽约湾区、东京湾区和旧金山湾区），但仍具较大提升空间。2019 年 2 月，《粤港澳大湾区发展规划纲要》正式印发，旨在进一步提升粤港澳大湾区在经济发展、对外开放以及生态文明建设中的支撑引领作用。其中，加强生态文明建设作为粤港澳大湾区建设世界一流湾区的重要支撑，既需厘清区域环境污染发生根源，提出针对性解决之策，也需对标世界级三大湾区，在域内所有城市的共同努力下，创造湾区绿色协同发展的美好未来。

一、粤港澳大湾区绿色协同发展现状

（一）绿色协同理念得到充分关注，空间布局不断优化完善

2019 年 2 月 18 日，国务院印发《粤港澳大湾区发展规划纲要》（以下简称《规划纲要》），点明了粤港澳大湾区战略定位、发展目标、空间布局等方面。《规划纲要》是粤港澳大湾区当前和未来发展合作的纲领性文件，描绘了大湾区的发展前景。绿色协同发展理念是《规划纲要》的核心，既是生态文明建设的总体要求，也是打造高质量发展

示范湾区需贯彻的核心理念。

粤港澳大湾区在绿色协同发展理念下通过三个方面构建具有国际竞争力的现代产业体系,一是传统制造业绿色改造升级,推动传统制造业向绿色制造业转变,研制绿色产品、打造绿色供应链和产业链;二是发展特色金融产业,打造大湾区绿色金融中心,建设国际高认可度的绿色债券认证机构;三是形成战略性新兴产业集聚,壮大培养新能源、节能环保、新能源汽车等产业。大湾区作为科技创新集聚地,在科技支持绿色发展方面具备得天独厚的优势,是大湾区实现绿色协同发展的坚实保障。

基础设施建设是打造高质量发展示范湾区的前提,建设能源安全保障体系是大湾区实现绿色协同发展的重点。重点推进能源供给侧结

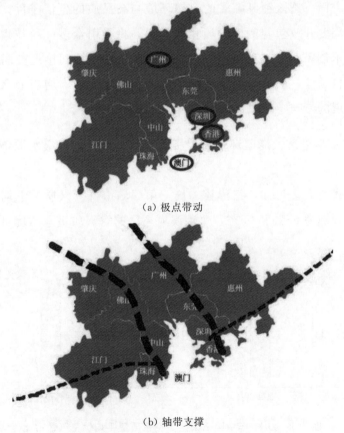

(a) 极点带动

(b) 轴带支撑

图 7-1 粤港澳大湾区现代化综合交通运输体系

构性改革，推动传统能源向绿色低碳能源转变，优化能源供应结构，提高清洁能源占总能源的比重，建立低碳、高效、清洁、安全的能源供给体系。能源是经济与社会发展的基础性要素，以低碳化为代表的能源转型是粤港澳绿色协同发展的重要路径。

在构建现代化的综合交通运输体系方面，提出要坚持极点带动、轴带支撑、辐射周边，兼顾城乡融合性与区域协调性的区域科学发展格局。众所周知，一个布局合理、功能完善、衔接顺畅、运作高效的交通网络是区域经济发展的枢纽，也能有效减少碳排放，促进经济的绿色发展，有利于推进区域的绿色协同。

在缔造宜居宜业宜游的优质生活圈方面，努力打造可持续发展的绿色智慧生态城区，建设具有森林城市、水城共融特色的国际一流城市。一方面，湾区钟灵毓秀的自然环境与高品质的生活条件，与鼓励创新、高度开放包容的软环境相得益彰，将吸引众多高科技人才，为绿色技术创新夯实基础；另一方面，高质量的生活间接地提高了人们的生态自觉性，引导居民重视绿色消费与绿色生活，增强公众对绿色协同发展的参与感。

（二）粤港澳大湾区环境质量相对较好，距离世界级水准仍存较大差距

根据图 7-2 可知，京津冀、长三角等城市群空气质量平均优良天数占比分别为 58% 和 75%，粤港澳大湾区的空气质量平均优良天数占

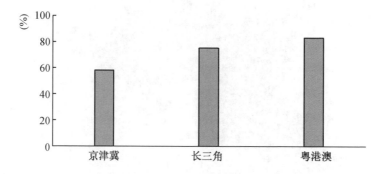

图 7-2　2017 年中国三大区域空气质量平均优良天数占比

资料来源：作者环保部公布数据整理

比高达 83%。在气候方面，粤港澳大湾区为亚热带季风气候，且位于回归线以南。温度四季皆宜，空气清新。相较京津冀城市群和长三角城市群，粤港澳大湾区环境质量明显更优，空气中有害物质浓度相对较低。发达的经济与优质的环境，将吸引更多人才流入粤港澳大湾区。

在环境质量上，粤港澳大湾区与发达国家湾区仍有一定差距。其中，2017 年粤港澳大湾区 PM 2.5 浓度约为 27.6 $\mu g/m^3$。旧金山湾区、纽约湾区和东京湾区分别约为 7.8 $\mu g/m^3$、9.13 $\mu g/m^3$ 和 10.48 $\mu g/m^3$。

在空气污染治理方面，粤港澳大湾区需借鉴其他发达湾区先进的管理经验和技术。譬如，东京湾区发展液化天然气海运、推广无污染汽油和使用减排催化器，一定程度上减少了空气污染。旧金山湾区设立研发部门，组建空气污染风险评估小组，通过研制绿色清洁技术，采用先进的减排设备，实时监控污染风险，以优化环境质量。

（三）水污染问题仍然严峻，海洋生态系统稳定状况不容乐观

珠三角近岸海域、主要河口污染问题仍较为严重，海洋生态系统稳定状况不容乐观，见图 7-3。水污染不仅是沿海城市的生态环境问题，也是湾区城市环境治理的重点。香港环境保护署（EPD）已制定并实施《港口净化规划》《水污染管制规例》《污水收集总体规划》，重

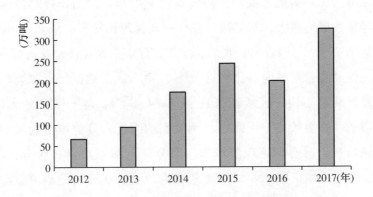

图 7-3　珠三角近岸海域排放污染物总量

资料来源：中国近岸海域生态环境质量公报、广东省环境质量状况报告、广东省水资料公报、香港环境保护署

注：污染物包括：化学需氧量、氨氮、硝酸盐氮、亚硝酸盐氮、总磷、石油类、砷、铜、铅、锌、镉和汞

点改善污染源、污水渠、污水收集和处理等问题。澳门环境保护署通过兴建截污工程，改善雅冲河沿岸的水质。初步改造后，计划通过生态修复，进一步解决重金属污染和园林绿化问题。攻克水污染问题不仅靠城市，更要靠湾区联合治理。譬如，香港环保署通过《后海湾（深圳湾）水污染管制联合实施计划》及大鹏湾水质区域管制策略，与深圳合作，保护湾区的水环境。

粤港澳大湾区的水污染治理问题不能仅凭不断投入人力、物力，应结合域内实际情况，同时借鉴国际先进湾区水污染治理的成功经验，做出最优的水污染治理决策。首先，提高水资源利用率，合理配置域内城市间的水资源，保障城市供水需求；其次，改造排水系统，增加绿色屋顶、植草沟、生物滞留池和渗水路面等基础设施，纾解城市间内涝问题，促进海绵城市建设；最后，加强城市间合作，促进社会经济转型。由于缺乏合作治理机制，粤港澳大湾区其他跨行政区水库、河流的水质目前尚未得到有效改善。

二、粤港澳大湾区绿色协同发展的困境与难点

（一）区域经济发展失衡，部分城市功能定位重叠

经济发展是实现区域绿色协同发展的前提。当前，粤港澳大湾区内部经济发展落差大、不平衡，呈现明显的阶梯特征。从 2018 年的数据（见图 7-4）可以看出，香港、广州、深圳三地经济总量远超其他 8 市，三地经济总量域内占比将近 90％。由于政治地位、资源禀赋以及历史发展轨迹不同，区域经济发展呈"广、深、港"三家独大格局，大城市的"虹吸效应"未来还将持续制约湾区内其他城市的发展。此外，域内产业同质竞争现象严重，部分珠三角城市，如珠海、江门、中山、东莞，城市间产业同构现象较为严重，城市功能定位重叠。由于制度性等壁垒客观存在，港澳地区与珠三角地区的合作大多基于政府规划层面，并未自主形成以市场为导向的深度创新合作，港澳地区与内地的多方位交流还未全面展开，产业分工格局有待进一步统筹协商。

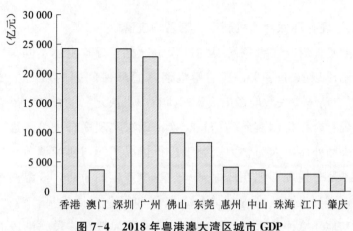

图 7-4　2018 年粤港澳大湾区城市 GDP

资料来源：《广东省统计年鉴（2019）》《中国统计年鉴（2019）》
《香港统计年刊（2019）》《澳门统计年鉴（2019）》

（二）湾区生态系统治理压力重，各地治理目标差异大

近年来，粤港澳大湾区经济发展速度逐渐加快，高速粗放的发展方式催生出一系列较为严重的环境污染问题，给湾区生态环境治理带来较大冲击。以水污染为例，《2017 年广东省海洋环境状况公报》显示，当年汕头港、珠江口、湛江港等港口近海海域的水质已经低于我国海水质量的最低标准。此外，2017 年仅珠江和深圳河向周边海域排放的污染物总量达 327.91 万吨，珠江上游排放的污染物总量高达 325.27 万吨，如此严重的水污染问题会给珠江上下游城市带来严重的污染困扰。

粤港澳大湾区涉及行政主体较多，由于各地经济发展水平不同，各地的环境治理目标也有着较大差异。对域内相对落后地区，行政主体对经济增长更侧重于追求速度而非持续性，为尽早达成地方经济发展目标，其往往会采用传统的经济增长路径，包括使用高能耗高污染的化石能源等，是否达成环境治理目标并非政府政绩考察最主要的方面；对域内相对发达地区，行政主体更为注重环境质量和人民生活水平，其对环境污染问题，更乐于投入更多的人力、财力、物力。总而言之，当前湾区生态污染问题形势严峻，环境治理目标不平衡，难以形成有效的区域协同治理机制。

（三）现有环保合作机制难决策且响应落后

粤港澳大湾区在绿色发展的过程中，由于行政主体不同等，环保合作机制难以真正落实。当前粤港澳之间环保问题的协商主要采取"某一方申请—中央政府做出决定—执行中央决定"的模式开展，于三地而言现有合作机制实质为信息交换，无法实现联合决策。这一方面需要中央额外付出人力物力资源来进行情况了解与协商调节，另一方面如果不及时处理三地在环保合作过程中产生的矛盾，资源便有可能误置，这不利于湾区推进整体生态友好和绿色协同发展。譬如，粤、港、澳三地环境评价机制存在差异，港珠澳大桥在建设香港段时因环评报告不合格而暂停施工，虽然后来完善了环评报告并重新建设，但仍造成数十亿元的经济损失①。除此之外，粤港澳三地对于环保合作仍停留在"一事一议"的阶段，对区域整体可持续发展战略尚未达成共识。如果不尽快构建起区域协同机制，提升三地对区域环境问题的应对速度和沟通能力，湾区环境治理难度将大幅增加。

（四）深港跨界污染问题严重，缺乏联合治污机制

改革开放40年以来，粤港澳大湾区凭借高速的工业化和城镇化成为世界级工业基地，但也为此付出了沉重的环境代价。粤港澳大湾区城市间经济发展联系加强，环境问题也逐渐呈一体化特征。深圳与香港人口密集，工业区连片分布，城镇的间隔相对较少。"香港垃圾深圳愁"不是特例，而是跨界污染的常态。跨界污染因为涉及不同区域呈现出负外部性，已经变成了一种"公地悲剧"。

"香港垃圾深圳愁"是深港跨界污染的典型。香港垃圾堆填区主要存在两大问题：一是垃圾的臭气，二是垃圾渗漏导致水土污染。目前香港有三个在使用的垃圾填埋场，分别是屯门填埋场、打鼓岭填埋场和将军澳填埋场，见图7-5，其中，与深圳蛇口仅一水之隔的屯门垃圾填埋区为香港正在使用的垃圾填埋场。与深港边界只有1.5公里的打鼓

---

① 中国新闻网，https：//www.chinanews.com/ga/2011/04-22/2991121.shtml。

岭垃圾填埋区为电子垃圾场，且未来垃圾处理主要靠屯门与打鼓岭这两个垃圾填埋场。香港新界打鼓岭填埋场距离深圳罗湖区不足两公里，使得深圳与之相邻地区受到空气污染的影响。同时垃圾渗漏也在一定程度上造成深圳湾水质污染。

　　深港跨界污染不单单只有跨界垃圾污染，还有空气污染、水污染等等问题。这是粤港澳大湾区必须重视的问题。缺乏联合治污机制是粤港澳大湾区解决跨界污染的首要难题。如果不能有效解决环境污染问题，将会造成严重的人才流失，最终将成为制约湾区发展的绊脚石。

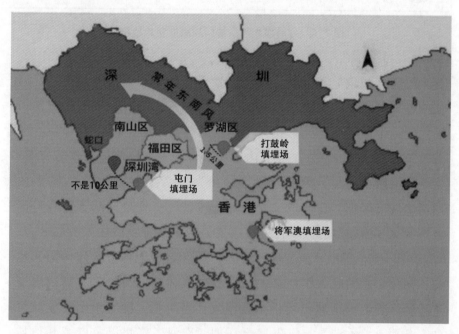

图 7-5　香港垃圾填埋区分布图

第二节　粤港澳大湾区绿色协同发展的空间演进历程

一、以香港为核心的产业协作期

1978 年以来，粤港澳大湾区的空间发展大致经历两个时期、四个阶段，见图 7-6。

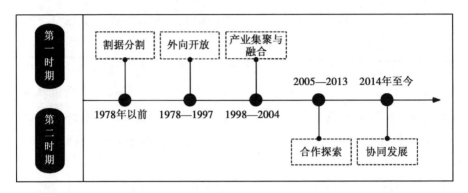

图 7-6　粤港澳大湾区协同发展的演进历程

　　1978 年以前，粤港澳大湾区的发展仍受计划经济体制束缚，湾区内各城市的发展多处于割据、分散状态，区域内几乎不存在任何形式的合作，经济发展受到经济体制的严重束缚。1978 年以后，随着改革开放的不断深入，湾区内各城市开始经济层面的合作与交流，主要包括两个阶段。第一阶段（1978—1997 年）：1980 年，湾区内的两个城市深圳、珠海被确立为经济特区，中央政府赋予经济特区经济乃至政治领域的行政自主权，这为湾区经济发展注入新的活力；1992 年，邓小平的"南方谈话"进一步肯定了经济特区的作用和地位，同年，中国确立了社会主义市场经济体制的目标，为湾区内经济特区之外的内地城市提供了经济发展新契机。随着中国开放政策的不断深入，香港、澳门先后至深圳、珠海、广州以及广东其他城市（集中于珠三角城市）投资建厂，广东采取"三来一补"方式和"前店后厂"模式，加快了工业化进程；通过国际化的垂直分工，广东的产业发展也给香港带来了机遇，使香港在这一时期逐渐发展成为国际金融、贸易和航运中心。湾区内城市群逐渐形成了以加工制造业为主的贸易链条，湾区层面的合作主要集中于产业层面的合作。这一阶段各城市 GDP 发生了显著变化，代表性城市 GDP 的变动情况见图 7-7。

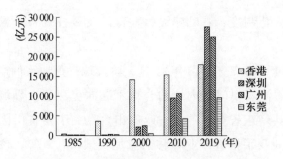

图 7-7　粤港澳大湾区代表性城市 GDP

资料来源：《广东统计年鉴（1986—2020）》《香港统计年刊（1986—2020）》

第二阶段（1998—2004 年）：1997 年、1999 年，随着香港和澳门的回归，湾区内城市的互动和交流变得更加频繁，但仍集中于经济领域的分工与合作。基于产业的不断集聚与深层次的融合，珠三角城市群开始逐步形成。以广州、深圳为代表的城市，逐步由原来的劳动密集型产业向技术密集型产业和深加工度的机电产业过渡，广东省第二、三产业增加值实现了翻倍的增长，由 1998 年的 7 447.45 亿元增加至 2004 年的 17 232.83 亿元，见图 7-8。

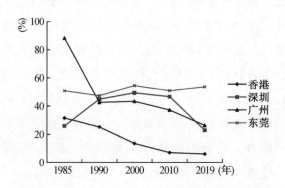

图 7-8　粤港澳大湾区代表性城市第二产业变动

资料来源：《广东统计年鉴（1986—2020）》《香港统计年刊（1986—2020）》

二、多核引擎多领域协作新时期

这一时期，粤港澳大湾区城市群的合作开始由产业经济层面的合作，逐步深入至制度、基础建设、教育以及科技等各个领域，主要包括两个阶段。

第一阶段（2005—2013 年）：这一阶段珠三角地区的产业空间布局不断优化，香港、澳门与内地的合作不断向更深层次领域延伸。2005 年 3 月，中共广东省委、广东省政府出台《关于我省山区及东西两翼与珠江三角洲联手推进产业转移的意见（试行）》等，该意见有效促进了山区和东西两翼承接珠三角产业转移；2008 年，《珠江三角洲产业布局一体化规划（2009—2020 年）》中引导统筹跨行政区域产业发展，促进资源要素优化配置。在香港、澳门与广东合作方面，在 2003 年签署的《关于建立更紧密经贸关系的安排》基础上，于 2004 年、2005 年、2006 年分别签署了《补充协议》《补充协议二》和《补充协议三》；2006 年，广东省人民政府正式设立港澳事务办公室；2009 年、2010 年，广东与香港共同签署了《粤港金融合作专责小组合作协议》《粤港合作框架协议》。这一阶段的特点表现在：香港、澳门与广东（特别是珠三角城市群）的合作由原来的制造业领域的合作逐渐向服务业（尤其是生产性服务业领域）拓展，珠三角城市群内产业空间格局不断优化升级，部分产业开始向省外及粤东、粤西转移。

第二阶段（2014 年至今）：2014 年以后，湾区城市群合作逐渐向全方位、多层次、宽领域深入，湾区内的广州、深圳已发展成为中国的一线城市，多核驱动、多领域合作成为粤港澳大湾区空间发展的鲜明特色。2014 年，粤港澳地区率先实现了区内服务贸易的自由化，进一步激发了城市群发展的活力与动力，并开启了诸多领域的合作。在制度层面，2015 年，国务院批准设立了前海、南沙、横琴粤港澳自贸区；在基础设施建设方面，港珠澳大桥工程顺利实施，并于 2019 年正式通航；在科技领域，2017 年，深圳和香港共同签署了《关于港深推进落马洲河套地区共同发展的合作备忘录》，拟在该地区合作建设"港深创新及科技园"；在教育领域，香港中文大学（深圳）于 2016 年建成开学。特别地，2019 年《粤港澳大湾区发展规划纲要》的发布，更加明晰了粤港澳大湾区的目标、方向和空间布局规划。这一阶段的特点表现在：以香港、澳门、广州、深圳四核引擎驱动，在跨境金融、航运物流、服务贸易、人工智能等领域进行更深远的布局和合作，积极打造世界一流湾区城市群。

表 7-1　粤港澳大湾区城市群深化合作重要领域

类别	重要事件	年份
制度层面	内地与香港、澳门《关于建立更紧密经贸关系的安排》	2003
	《粤港合作框架协议》	2010
	深圳前海、广州南沙、珠海横琴自贸区的建设，也推动粤港澳地区的服务业发展	2015
	中葡论坛第五届部长会议	2016
	"深港通"正式开通	2016
	《广东省沿海经济带综合发展规划（2017—2030 年）》	2017
	国家发展改革委等 21 部门关于印发《促进健康产业高质量发展行动纲要（2019—2022 年）》	2019
基础设施建设	深中通道	2016
	广深港高铁全线开通	2018
	港珠澳大桥开通	2018
	《广东省推进粤港澳大湾区建设三年行动计划（2018—2020 年）》	2019
平台建设	前海深港梦工场等创新创业平台	2014
文化合作	《广东省关于加快文化产业发展的若干政策意见》	2019
科技合作	深圳与香港签署《关于港深推进落马洲河套地区共同发展的合作备忘录》，拟在该地区合作建设"港深创新及科技园"	2017
教育合作	香港中文大学（深圳）建成开学	2016
	《广东省加强学校体育美育劳动教育行动计划》	2019
	推动粤港澳大湾区规则相互衔接研究	2019
经贸合作	《关于建立更紧密经贸关系的安排》	2003
	签署了《〈安排〉服务贸易协议》	2015
	《中国（珠海）跨境电子商务综合试验区实施方案》	2018
	《进一步深化中国（广东）自由贸易试验区改革开放方案》	2018

类别	重要事件	年份
金融合作	《粤港金融合作专责小组合作协议》	2009
	出台《关于金融支持中国（广东）自由贸易试验区建设的指导意见》	2015
	《广东省促进经济高质量发展专项资金（金融发展）管理办法》	2019

资料来源：林先扬（2017）以及本书作者调研整理

第三节　基于空间计量的绿色协同实证研究

本书以粤港澳大湾区 11 个城市为研究对象，地理范围包括香港和澳门两个特别行政区，以及珠三角的广州、深圳、珠海、佛山、惠州、东莞、中山、江门、肇庆 9 个地级市，是中国高度开放的区域，也是全国经济最重要增长极。研究考察时间窗口为 2007—2018 年，除 PM2.5浓度数据来源于加拿大达尔豪斯大学大气成分分析组提供的数据外，其余数据来源于《中国城市统计年鉴》（2008—2019）、《广东统计年鉴》（2008—2019），以及《澳门统计年鉴》（2008—2019）和《香港统计年刊》（2008—2019），个别年份缺失数据用平均增长率法补齐。

（一）绿色发展水平测度研究

绿色发展概念与"青山绿水就是金山银山"理念不谋而合，是指活动主体转变传统粗放发展模式，以节能减排、环境友好为抓手实现可持续增长的发展模式。绿色发展需要减少环境污染（刘亚雪等，2020），自改革开放以来，中国工业化进程加快，导致严重的环境污染问题，特别是 PM 2.5浓度过高是造成雾霾污染的"罪魁祸首"。PM2.5是指大气中直径小于或等于 2.5 微米的颗粒物。既有文献较少考虑对公众身体健康与生活质量危害更大的 PM 2.5年均浓度（$\mu g/m^3$），常采用如 SO_2、CO_2 和 NO_x 等常规污染物测度环境污染（霍露萍和张燕，2020），区别于现有研究，本书采用 PM 2.5 年均浓度作为环境污染水平的代理变量更具学理价值与现实意义。PM 2.5 浓度数据来源于加拿大达尔豪斯大学大气成分分析组提供的数据，这一数据经验证与地面监测点 PM 2.5 监控数据的匹配度极高（$R^2=0.81$）（Van 等，2016）。样本城市环境污染水平描述统计如表 7-2 所示。

表 7-2 样本城市环境污染水平描述统计

年份	广州	深圳	珠海	佛山	惠州	东莞	中山	江门	肇庆	香港	澳门	均值
2007	45.24	39.09	44.32	51.07	35.54	45.47	48.62	46.60	44.48	33.10	40.86	43.13
2008	46.38	39.27	46.14	52.25	36.73	46.87	50.39	48.23	43.58	32.80	42.09	44.07
2009	43.38	40.53	44.57	47.37	36.99	46.41	47.10	44.90	40.04	34.91	41.52	42.52
2010	40.84	33.52	35.55	45.55	33.55	40.41	40.00	41.40	42.56	27.38	32.29	37.55
2011	40.87	39.83	43.69	47.90	35.64	44.05	44.80	47.47	42.64	33.95	40.94	41.98
2012	36.66	31.34	36.42	43.01	29.80	36.52	38.21	40.32	41.05	26.31	34.27	35.81
2013	36.25	32.49	35.72	40.12	29.69	37.67	38.63	38.42	35.65	27.37	34.04	35.10
2014	36.34	31.04	33.44	41.33	28.91	37.36	38.16	38.16	36.22	25.47	33.51	34.43
2015	30.89	26.56	28.01	33.38	25.03	31.56	30.68	31.36	31.06	21.86	26.72	28.83
2016	29.18	23.76	24.86	31.92	23.75	28.89	26.48	28.38	29.98	19.06	23.83	26.37
2017	29.37	26.34	29.06	35.78	23.26	32.12	31.03	32.93	31.43	21.23	27.33	29.08
2018	26.79	23.81	24.98	30.29	21.35	29.43	26.09	27.37	26.46	19.83	24.50	25.54
均值	36.85	32.30	35.56	41.66	30.02	38.06	38.25	38.80	37.10	26.94	33.49	—

由表 7-2 可知，从整体来看，2007—2018 年粤港澳大湾区 11 个城市的环境污染水平均值呈波动下降态势，由 2007 年的 43.13 降至 2018 年的 25.54，降幅达 40.78%。其中，佛山（41.66）、江门（38.80）和东莞（38.06）的环境污染水平较高，而香港（26.94）、惠州（30.02）和深圳（32.30）的环境污染水平较低。环境污染水平逐年下降，表明粤港澳大湾区在发展经济的同时，非常注重环境保护，污染治理卓有成效。

本书以 2007 年、2018 年为观察年份，以粤港澳大湾区环境污染水平数据为基础，采用 Arcgis10.2 软件中的"Jenks 最佳自然断裂点分级法"描绘区域环境污染水平空间四分位图。

　　如图 7-9 所示，总体来看，粤港澳大湾区环境污染水平的空间格局较为稳定，呈"西高东低"分布模式。其中，2007 年环境污染水平处于高水平的地区为佛山和中山，处于较高水平的地区为广州、东莞、珠海、澳门、江门和肇庆，处于较低水平地区为深圳，处于低水平地区为香港和惠州。至 2018 年，东莞由较高水平地区进入高水平地区，中山由高水平地区进入较高水平地区，珠海和澳门由较高水平地区进入较低水平地区，其余城市环境污染水平的空间格局保持不变。造成地区环境污染水平"西高东低"的原因可能在于，自粤港澳大湾区"概念"提出至今，地区经济发展水平不断提高，环境治理投资力度加大，尤其作为经济发展水平相对较高的东部地带，紧抓产业提质增效契机，革新原有生产技术，促进环境规制强度提升，使经济增长与环境保护协调发展。

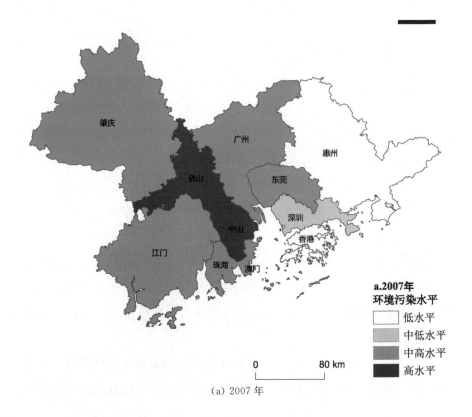

（a）2007 年

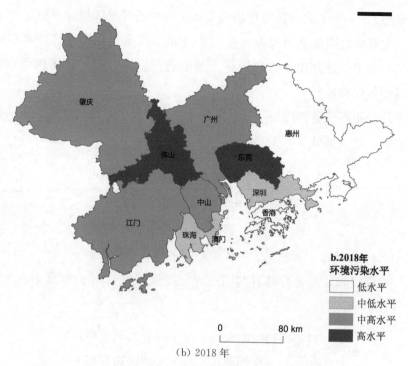

(b) 2018 年

图 7-9   2007 年、2018 年粤港澳大湾区环境污染水平的空间分布

（二）粤港澳大湾区绿色发展的空间协同性分析

1. 粤港澳大湾区绿色发展的全局空间相关性

为纠正经典计量模型估计时忽略空间溢出项所造成模型设定偏差，在使用空间计量模型前需考察观测变量间是否存在空间依赖性，其中全局 Moran's I 指数是最常用的判断方法，公式如下：

$$I = \frac{\sum_{i=1}^{n}\sum_{j=1}^{n}w_{ij}(x_i - \bar{x})}{s^2 \sum_{i=1}^{n}\sum_{j=1}^{n}w_{ij}} \tag{7.1}$$

式中，n 为城市数，i 和 j 为两个空间截面，$s^2 = \dfrac{\sum_{i=1}^{n}(x_i - \bar{x})}{n}$ 为样本方差，w_{ij} 为空间权重矩阵。I 的取值范围为 $[-1, 1]$，在本书中，$I > 0$ 表示城市环境污染水平存在空间正相关（高值与高值聚集、低值与低值聚集），$I < 0$ 表示城市环境污染水平存在空间负相关（高值与低

值聚集），$I = 0$ 表示城市环境污染水平空间差异呈随机分布模式。

文献中常用的空间权重矩阵主要有邻接权重矩阵和地理距离权重矩阵。本书以地理距离权重矩阵为基准进行后续分析，邻接权重矩阵以备稳健性检验。

地理距离权重矩阵 w_{ij} 以空间截面单元行政中心之间直线距离的倒数表征，定义如式（7.2）所示：

$$w_{ij} = \begin{cases} \dfrac{1/d_{ij}}{\sum 1/d_{ij}}, & i \neq j; \\ 0, & i = j \end{cases} \quad (7.2)$$

式中，d_{ij} 为城市 i 至城市 j 行政中心间的地理直线距离。

根据空间截面是否具有共同边界原则设定 0-1 邻接权重矩阵，如式（7.3）所示：

$$w_{ij} = \begin{cases} 1, & \text{当空间单位 } i \text{ 与 } j \text{ 拥有共同边界；} \\ 0, & \text{当空间单位 } i \text{ 与 } j \text{ 无共同边界或 } i = j \end{cases} \quad (7.3)$$

本书采用经典的全局 Moran's I 指数检验 2007—2018 年粤港澳大湾区 11 个城市之间环境污染水平的空间关联性，结果如表 7-3 所示。

表 7-3　粤港澳大湾区环境污染水平的全局 Moran's I

年份	I	E (I)	sd (I)	z	p-value
2007	0.071	−0.100	0.087	1.964	0.025
2008	0.061	−0.100	0.087	1.851	0.032
2009	−0.009	−0.100	0.088	1.027	0.152
2010	0.148	−0.100	0.088	2.816	0.002
2011	0.004	−0.100	0.087	1.197	0.116
2012	0.095	−0.100	0.087	2.243	0.012
2013	0.056	−0.100	0.086	1.815	0.035
2014	0.092	−0.100	0.085	2.249	0.012
2015	0.056	−0.100	0.086	1.815	0.035
2016	0.156	−0.100	0.086	2.961	0.002
2017	0.052	−0.100	0.087	1.749	0.040
2018	0.054	−0.100	0.086	1.778	0.038

由表 7-3 可知，环境污染水平的全局 Moran's I 指数除 2009 年、2011 年不显著外，其他年份均为正值且在 10％水平上显著，表明粤港澳大湾区环境污染水平总体呈一种高水平城市被高水平城市包围（H-H 型）、低水平城市被低水平城市包围（L-L 型）的空间组织模式，因此采用空间计量模型进行分析是合理的。从时间维度看，全局 Moran's I 指数由 0.071（2007 年）降至 0.054（2018 年），说明粤港澳大湾区环境污染水平的空间依赖程度越来越低。

2. 空间特性的内部结构

Moran 散点图用于探索粤港澳大湾区城市间环境污染水平的空间关联模式。其中，横轴代表标准化的环境污染水平，即各地区自身值，纵轴代表标准化的环境污染的空间滞后值，即邻近地区环境污染水平的加权之和，第一至四象限分别为 H-H（高-高）型、L-H（低-高）型、L-L（低-低）型、H-L（高-低）型空间集聚。图 7-10 为 2007 年、2018 年粤港澳大湾区环境污染水平的 Moran 散点图。

从图 7-10 可以看出，2007 年、2018 年粤港澳大湾区大部分城市的环境污染水平都属于 H-H 型和 L-L 两种类型，再次验证了粤港澳大湾区环境污染水平存在显著的空间正相关性。其中，2007 年、2018 年 H-H 型和 L-L 型集聚城市分别占样本总体的 63.64％、81.82％。集聚类型变化上，2007—2018 年 H-H 型城市数量由 4 个（广州、佛山、江门、肇庆）增至 5 个，中山由 H-L 型进入 H-H 型。H-H 型城市大多位于区域西北部地带，这些城市间环境污染水平呈"逐底竞争"态势，构成高污染"俱乐部"。2007—2018 年 L-L 型城市数量由 3 个（深圳、惠州、香港）增至 4 个，珠海由 H-L 型进入 L-L 型。L-L 型城市大多位于区域东南部沿珠江口地带，经济条件相对较高，各城市之间环境污染水平溢出效应较小。

3. 其他空间特征分析：环境库兹涅茨曲线视角

本书以粤港澳大湾区 11 个城市为研究对象，通过分析各自工业化进程，进一步剖析地区环境污染与经济发展之间的关系。由表 7-4 可知，无论按人均 GDP 标准，还是产业结构标准进行划分，澳门、香港、深圳、珠海已处于后工业经济阶段，根据环境库兹涅茨曲线，以

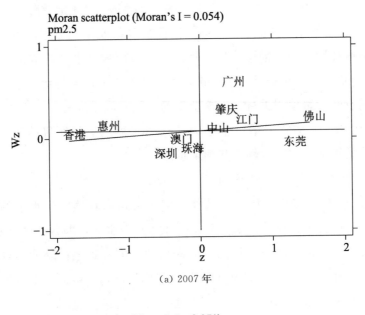

(a) 2007 年

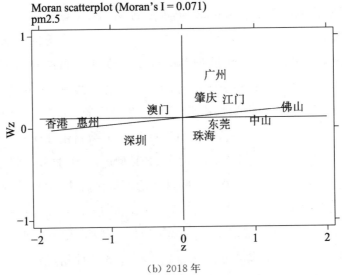

(b) 2018 年

图 7-10　粤港澳大湾区环境污染水平的 Moran 散点图

深圳为例，深圳的环境质量应出现好转趋势，或已达到较优化水平。事实上，深圳早已进入后工业化阶段，本应降低对工业生产中所需要的资源投入需求，由此伴随工业活动产生的环境污染也应降低。然而，近年来深圳的环境污染问题日益突出，特别是大气污染问题形势较为严峻。深圳的这一事实案例是否意味着，环境库兹涅茨曲线不再成立，或是其对环境与经济发展关系的解释不适用于粤港澳大湾区这一特殊地区？本书认为，环境库兹涅茨曲线仍然适用，这里忽视了将空间因素纳入环境与经济发展的关系中。此外，无论按人均 GDP 标准，还是产业结构标准进行划分，中山均处于工业化阶段后期，环境质量并未出现得以改善的基础。由于污染溢出效应的存在，深圳的环境质量，特别是具有空间特性的空气污染、水污染等，均会受到来自邻近地区的影响，当本地自身的产业结构优化效应带来的环境质量改善效应小于由于空间效应带来的溢出时，本地的努力难以得到"全部收益"，环境质量难以得到改善。因此，在进行粤港澳大湾区环境与经济发展关系研究时，空间因素是非常重要的一个影响因素。

表 7-4   2018 年粤港澳大湾区各城市工业化进程

阶段	基于人均 GDP 的划分（汇率法）		基于产业结构的划分
后工业化阶段（五）	澳门、香港、深圳、珠海、广州、佛山		澳门、香港、深圳、珠海、东莞、惠州
工业化后期（四）	后半阶段	中山、东莞	广州、佛山、中山、江门
	前半阶段	惠州	
工业化中期（三）	后半阶段	江门	肇庆
	前半阶段	肇庆	
工业化初期（二）	后半阶段		
	前半阶段		
前工业化阶段（一）			

注：评价方法参照陈佳贵等（2012）。①按人均 GDP 的划分标准：以 2010 年美元计算，人均 GDP 位于 827—1 654 美元，为前工业化阶段；人均 GDP 位于 1 654—3 308 美元，为工业化阶段初期；人均 GDP 位于 3 308—6 615 美元，为工业化阶段中期；人均 GDP 位于 6 615—12 398 美元，为工业化阶段后期；人均 GDP 位于 12 398 美元以上，为后工业化阶段。前半段、后半段的划分以各阶段的中点为界。②按产业结构的划分标准：$A > I$，为前工业化阶段；$A > 20\%$、$A < I$，为工业化阶段初期；$A < 20\%$、$I > S$，为工业化阶段中期；$A < 10\%$、$I > S$，为工业化阶段后期；$A < 10\%$、$I < S$，为后工业化阶段。其中，A、I、S 分别表示第一产业、第二产业、第三产业在国民经济中的占比

4. 基于空间计量模型的驱动因素分析

前文分析发现，粤港澳大湾区城市间环境污染水平存在空间相关性。环境规制作为政府一种重要的排污治理措施，是以环境保护为目的的一种约束性力量，是改善地区环境污染，保障地区绿色发展的重要手段（Hettige，2000），可通过"结构红利"（推动生产要素由污染转向清洁部门）和"技术红利"（倒逼技术创新，改变非能源类生产要素对能源类生产要素的替代率）影响地区环境污染水平（何兴邦，2018）。为探讨核心解释变量环境规制（ER）对环境污染（PM）的空间效应，本书考虑采用空间计量模型（将反映空间结构的矩阵引入到传统计量模型中）研究环境规制对粤港澳大湾区环境污染水平的影响。

鉴于环境规制措施的直接数据较难获取，既有研究大多采用人均GDP（Antweiler 等，2001；陆旸，2009）、不同污染物的排放强度（Domazlicky & Weber，2004；王贤彬和许婷君，2020；肖晓军等，2020）、环境治理成本（张成等，2011；王许亮和王恕立，2021；韩超等，2021）和污染治理设施运行费（张成等，2010）等替代指标表征。考虑到上述替代指标不能全面反映环境规制的整体效力，本书尝试在环境规制指标测度方法上进行一定改进，将采用环境污染成本法进行测度。环境污染成本法是将污染物排放量货币化来测度环境污染成本，这样做既可提升环境污染程度测度质量，又易于实现城市间横向对比。具体步骤如下：第一，以废水、二氧化硫、烟尘和粉尘排放量数据为基础，根据各单位治理成本算出相应损失值；第二，将各污染物的损失值加总，得出城市总污染成本。为消除规模经济的影响，本书采用单位GDP环境污染成本（城市污染成本/城市GDP）衡量环境规制强度，其值越高，表明单位产值的污染排放越多，城市环境规制强度越低。为了研究便利，以及保证后续回归分析中与其他变量在方向上保持一致，借鉴卢斌等（2014）的做法，本书对环境污染成本取倒数反映环境规制强度，并做对数化处理，即环境污染成本倒数值越高，环境规制强度越高。需要说明的是，本书并未将固体污染物纳入测定范围的原因在于，这里侧重于考察绿色发展水平的空间特性，以及固体污染物跨区域污染问题不明显，且固体污染物数据较难获取，因此本书主要分析水体污染（化学需氧量）和气体污染（二氧化硫、烟尘）。此外，为保证变量间系数值可比性，本书将环境规制强度变量数值均除以1 000。有关污染治理成本，较为权威的研究成果是环境保护部环境规划院课题组的《中国环境经济核算报告：2007—2008》。该报告指出，2007年中国废水单位治理成本为3元/t，二氧化硫为1 112元/t，烟尘为185元/t。由于官方尚未公布历年治污成本，本书以报告中2007年的治污成本为基准，按照3%的技术进步率递进估算，最终得到历年治污成本。各城市GDP以2007年不变价为基础计算。

控制变量选取如下：①经济发展水平（PGDP）。经济增长需要大量自然资源，产生更多污染物，加剧环境污染（李小胜等，2013）。本书选择人均实际GDP表征城市经济发展水平，这实际上也是EKC曲线经验研究中的惯用做法（Grossman & Krueger，1991），并做对数化处理。同时，为验证EKC曲线假设，本书在模型中还引入人均实际GDP的平方项。②产业结构（IS）。产业结构的合理性会对环境造成一定冲击，工业生产会消耗大量的化石能源，加剧污染排放，同时建筑扬尘也无疑是环境污染的主要来源（邵帅等，2019）。本书采用第二产业增加值与地区GDP比重衡量产业结构变动情况。③交通条件（TRA）。交通条件影响产品和生产要素流通，进而影响产业发展方向，会对环境污染产生影响（姜雨萌和孙鹏，2020），本书采用人均道路面积衡量交通条件，并做对数化处理，需要说明的是由于澳门人均道路面积不足1平方米/人，为方便横向对比，故原变量单位平方米/人乘以100换算为平方分米/人之后再取对数。④技术水平（TEC）。一般来说，技术水平越高，相同产出下所需投入的资源就越少，单位产出的能耗也越低（李锴和齐绍州，2011），但考虑到新技术提升能源效率后，可能将刺激生产者和消费者消耗更多能源，导致污染加剧（邵帅等，2013）。本书采用科学技术支出额占GDP的比重来衡量技术水平。⑤人口集聚（POP）。人口集聚可通过"集聚效应"和"规模效应"影响环境污染。"集聚效应"能够降低环境污染水平，具体表现为增加公共交通使用率，减少私家车使用率；资源要素集聚，提高资源利用效率；提高人们环保意识，倒逼政府出台严厉环境监督措施；人口集聚带来技术进步。"规模效应"能够增加环境污染水平，具体表现为无序集聚会使如家用电器、家用汽车等耗能提升；住房增加不利于污染物扩散。本书采用人口密度，即常住人口与建成区面积比值表征人口集聚，并做对数化处理。变量含义及描述性统计如表 7-5 所示。

表 7-5　变量含义及描述性统计

变量类型	变量名称	变量编码	变量含义及说明	平均值	标准差	最小值	最大值
被解释变量	环境污染水平	*PM*	PM 2.5 浓度取对数	3.814 3	0.393 6	2.127 7	4.617 0
核心解释变量	环境规制强度	*ER*	环境污染成本法测度（先取倒数，再取对数）	7.565 0	4.366 2	0.010 0	15.120 0
控制变量	经济发展水平	*PGDP*	人均 GDP 取对数	10.191 0	0.798 7	4.595 1	12.201 2
	产业结构	*IS*	第二产业增加值/城市 GDP	0.491 0	0.097 1	0.177 2	1.124 7
	交通条件	*TRA*	人均道路面积×100，再取对数	2.213 2	0.617 0	0.198 0	3.754 9
	技术水平	*TEC*	科学技术支出额/GDP	0.010 6	0.009 5	0.000 1	0.166 4
	人口集聚	*POP*	常住人口/建成区面积，再取对数	5.997 6	0.642 4	3.981 7	7.733 6

常用的空间面板计量模型主要包括两类：空间面板滞后模型（SPLM）和空间面板误差模型（SPEM）。其中，SPLM 模型强调被解释变量通过空间相互作用对其他地区产生影响，SPEM 模型的基本假设是空间溢出效应主要通过空间误差项传导。随着空间经济学研究领域的拓展，与上述两类空间计量模型相比，空间面板杜宾模型（SPDM）同时考虑了解释变量和被解释变量的空间相关性。在设定空间计量模型前需先设定基准模型。本书将基准面板模型设定为：

$$PM_{it} = c + X_{it}\varphi + \varepsilon_{it} \tag{7.4}$$

式中，i 和 t 表示第 i 个省份第 t 年的数据；X_{it} 为 $n \times k$ 外生解释变量矩阵；φ 为相应解释变量的回归系数；ε 为随机扰动项，下同。

空间面板滞后模型（SPLM）设定为：

$$PM_{it} = c + \rho \sum_{j=1}^{n} w_{ij} PM_{it} + X_{it}\varphi + \varepsilon_{it} + u_i + v_t \qquad (7.5)$$

式中，w_{ij} 为 $n \times n$ 维空间权重矩阵；ρ 为空间自回归系数，反映邻近省份环境污染对本省环境污染的影响程度和效果；u_i、v_t 分别表示控制时间与空间效应，下同。

空间面板误差模型（SPEM）设定为：

$$PM_{it} = c + X_{it}\varphi + \xi_{it} + u_i + v_t$$

$$\xi_{it} = \lambda \sum_{j=1}^{n} w_{it}\xi_{jt} + \varepsilon_{it} \qquad (7.6)$$

式中，λ 为误差项的空间自相关系数，表示回归方程残差间的空间依赖关系，反映邻近省份不可观测因素对本省环境污染的影响程度和效果。

空间面板杜宾模型（SPDM）设定为：

$$PM_{it} = c + \rho \sum_{j=1}^{n} w_{ij} PM_{it} + X_{it}\varphi + \theta \sum_{j=1}^{n} w_{ij} X_{ijt} + \varepsilon_{it} + u_i + v_t$$

$$(7.7)$$

式中，θ 为空间滞后解释变量的系数，反映邻近省份解释变量对本省环境污染的影响程度和效果。

在采用空间面板计量模型估计参数前，需要检验模型的适用性：先对不包含空间交互作用的基准模型进行 OLS 估计，再通过检验 LR 和 LM 统计量，以选择与样本数据拟合程度较好的模型。检验结果如表 7-6 所示。

表 7-6　基准模型检验结果

统计量	统计值	P 值
LM_{lag}	28.755	0.000
Robust LM_{lag}	16.295	0.000
LM_{error}	96.433	0.000
Robust LM_{error}	83.972	0.000

（续表）

统计量	统计值	P 值
时间固定效应 LR 检验	290.34	0.000
空间固定效应 LR 检验	356.63	0.000
Hausman	63.05	0.000

Hausman 检验（63.05，$P=0.000$）表明，宜采用固定效应下的空间面板模型进行分析。LR 检验结果显示，时间和空间固定效应的 LR 统计量均在 1% 水平下显著，说明宜选择控制时间效应与空间效应的模型。LM 和 Robust LM 检验结果显示，Robust LM_{Lag}（16.295，$P=0.000$）与 Robust LM_{error}（83.972，$P=0.000$）均在 1% 水平下显著，表明基于非空间模型的 LM 检验同时接受 SPLM、SPEM 模型，一般考虑 SPDM 模型。特别地，考虑到观测数据空间相关性存在，违背了传统计量模型的经典假设条件，如果仍采用 OLS 进行参数估计，将会产生无效或有偏的估计值。因此，本书参考 Elhorst（2010）的建议，采用极大似然法（MLE）对模型进行估计，既能够有效缓解传统 OLS 估计中变量的内生性问题，又能科学反映观测变量之间的空间依赖程度。为验证 SPDM 模型估计的稳健性，本书还给出了基于地理距离空间权重矩阵时间和空间固定效应下的 SPLM 模型和 SPEM 模型，以及基于邻接权重矩阵时间和空间 SPLM 模型、SPEM 模型和 SPDM 模型的估计结果作为参照。空间面板模型估计结果见表 7-7 所示。

表 7-7　空间面板模型回归结果

变量	地理距离空间权重矩阵			邻接空间权重矩阵		
	SPLM	SPEM	SPDM	SPLM	SPEM	SPDM
ER	0.0097***	0.0088***	0.0135***	0.0079***	0.0047**	0.0098***
	(3.57)	(3.36)	(4.24)	(3.34)	(2.20)	(4.12)
PGDP	−0.0010	0.0011	−0.0108	0.0032	0.0075	0.0037
	(−0.10)	(0.12)	(−0.95)	(0.38)	(0.98)	(0.40)
IS	0.2040**	0.1997**	0.2590**	0.1489*	0.1504*	0.1712**
	(2.10)	(2.12)	(2.21)	(1.78)	(1.78)	(2.04)

（续表）

变量	地理距离空间权重矩阵			邻接空间权重矩阵		
	SPLM	SPEM	SPDM	SPLM	SPEM	SPDM
TRA	0.015 1 **	0.013 8 **	0.012 4	0.014 4 ***	0.011 7 **	0.016 0 ***
	(2.40)	(2.29)	(1.38)	(2.68)	(2.36)	(2.87)
TEC	−0.165 0	−0.127 3	−0.251 9	−0.090 3	−0.072 1	−0.059 9
	(−0.82)	(−0.67)	(−1.09)	(−0.52)	(−0.43)	(−0.33)
POP	0.009 0	0.010 4	0.005 5	0.013 6	0.017 5 *	0.014 2
	(0.75)	(0.91)	(0.42)	(1.31)	(1.72)	(1.37)
$W \times ER$			0.029 0 **			0.011 7 ***
			(2.10)			(3.07)
$W \times PGDP$			−0.103 6 *			−0.025 3
			(−1.96)			(−1.29)
$W \times IS$			0.417 3			0.021 8
			(0.50)			(0.08)
$W \times TRA$			−0.022 1			−0.000 6
			(−0.40)			(−0.05)
$W \times TEC$			−1.126 9			−0.246 2
			(−1.23)			(−0.48)
$W \times POP$			−0.058 2			−0.049 5 *
			(−1.16)			(−1.72)
ρ	0.407 3 ***		0.342 5 **	0.542 8 ***		0.472 1 ***
	(2.75)		(2.16)	(6.94)		(5.59)
λ		0.377 7 **			0.539 3 ***	
		(2.37)			(6.46)	
σ^2	0.001 0 ***	0.001 0 ***	0.000 8 ***	0.000 7 ***	0.000 8 ***	0.000 7 ***
	(7.91)	(7.98)	(7.99)	(7.64)	(7.63)	(7.76)
R^2	0.269 5	0.077 0	0.863 3	0.132 6	0.000 2	0.525 5
Log-L	268.894 0	268.123 2	279.054 9	282.461 6	279.144 4	291.109 0
N	132	132	132	132	132	132

注：***、**、*分别表示在1%、5%和10%的水平下显著（双尾检验），括号内为z值，下同

5. 粤港澳大湾区环境规制的空间治理效力

由表7-7结果所示：①在地理距离空间权重矩阵 SPDM 模型中，

核心解释变量环境规制（ER）的回归系数为 0.013 5，在 1% 水平上显著，表明环境规制强度增加能够显著提升粤港澳大湾区环境污染水平。可能的原因在于，严厉的环境规制并不一定能够减少污染物排放，可能由于规制力度不足、规制成本高和市场机制不健全等原因，本城市环境规制强度未能降低环境污染水平，甚至可能加剧环境污染，即"绿色悖论"（Sinn，2008）。②在地理距离空间权重矩阵 SPDM 模型中，$W \times ER$ 的回归系数为 0.029 0，在 5% 水平上显著，说明邻近城市环境规制对本城市环境污染水平具有显著的正向空间溢出效应。可能的原因在于，对粤港澳大湾区地理距离接近的不同城市来说，由于各城市环境规制程度存在差异，邻近城市在学习本城市环境治理经验时，盲目学习严厉的环境规制标准，加之邻近城市规制成本高、市场机制不健全等因素的影响，邻近城市环境规制程度增加加剧了本城市环境污染水平。③在地理距离空间权重矩阵 SPDM 模型中，空间自回归系数（ρ）为 0.342 5，在 1% 水平上显著，表明粤港澳大湾区城市环境污染水平具有正向空间溢出效应，即邻近城市环境污染水平提高会增加本城市环境污染水平。粤港澳大湾区城市环境污染水平省域间正向空间溢出效应应当受到地方政府关注，其作用机制可从自然和社会经济两方面解释：第一，在大气环流等自然条件作用下，空气污染物往往跨区域输送；第二，随着社会经济不断发展，区域产业转移会推动形成污染物集聚地，导致经济往来密切区域间的空气污染益发明显。④通过对比时空双固定的 SPLM 模型、SPEM 模型和 SPDM 模型发现，各模型中粤港澳大湾区城市污染水平影响因素的回归结果基本较为稳健。与此同时，SPEM 模型的空间误差系数（λ）显著为正，表明邻近城市不可观测因素会提升本城市环境污染水平。

6. 影响环境的其他因素分析

从各控制变量来看：①经济发展水平（$PGDP$）的回归系数为 $-0.010\,8$，未通过 10% 显著性水平检验，表明经济发展对环境污染水平的抑制作用不明显。可能的原因，一般来说，经济增长往往伴随资源消耗，在一定程度上会对生态环境造成危害，但随着近年来社会经济发展水平不断提升，人民收入逐渐增加，尤其粤港澳大湾区作为中国经济发展最具活力的区域之一，人们生活条件改善，环保意识提升，逐步减少对资源损耗型产品的需求，更乐于消费服务型产品，同时经济增长带来的是地区清洁技术的应用和治污投资额的增加，进而改善生态环境。总体结果说明抑制作用大于促进作用，但作用效果不明显。在地理距离空间权重矩阵 SPDM 模型中，$W \times PGDP$ 的回归系数为 -0.1036，在 10% 水平上显著，说明邻近城市经济发展对本城市环境污染水平具有显著的负向空间溢出效应，这反映出粤港澳大湾区一体化发展成效显著，地区社会经济发展水平不断提升，人民收入逐渐增加，环保意识提升，更乐于消费服务型产品，邻近城市经济增长会降低本城市环境污染水平。②产业结构（IS）的回归系数为 0.2590，在 5% 水平上显著，表明产业结构能够显著增加环境污染水平，这与本书理论预期一致。在地理距离空间权重矩阵 SPDM 模型中，$W \times IS$ 的回归系数为 0.4173，未通过 10% 显著性水平检验，说明邻近城市产业结构对本城市环境污染水平的正向空间溢出效应不明显，反映出产业集聚会推动形成污染物集聚地，加剧城市间的空气污染，但这一效应并不明显。③交通条件（TRA）的回归系数为 0.0124，未通过 10% 显著性水平检验，表明交通条件对环境污染水平的正向作用不明显。可能的原因，交通条件改善能够促进生产要素流通，进而影响产业发展方向，会对环境污染产生影响，但这一效应并不明显。在地理距离空间权重矩阵 SPDM 模型中，$W \times TRA$ 的回归系数为 -0.0211，未通过 10% 显著性水平检验，说明邻近城市交通条件对本城市环境污染水平的负向空间溢出效应不明显。可能的原因，通常而言，随着粤港澳大湾区城市一体化程度加深，邻近城市交通条件也应当对加剧本城市环境污染水平产生影响，但一体化带来的集聚包括技术，技术溢出效应利于环保技术进步，会降低环境污染水平，而这一效应并不明显。④技术条件（TEC）的回归系数为 -0.2519，未通过 10% 显著性水平检验，表明技术条件对环境污染水平的抑制作用不明显。可能的原因在于，技术水平越高，相同产出下所需投入的资源就越少，单位产出的能耗也越低，但考虑到新技术提升能源效率后，可能将刺激生产者和消费者消耗更多能源，导致污染加剧。从整体结果来看抑制作用大于促进作用，但这种作用不明显。在地理距离空间权重矩阵 SPDM 模型中，$W \times TEC$ 的回归系数为-1.1269，未通过 10% 显著性水平检验，说明邻近城市技术条件对本城市环境污染水平的负向空间溢出效应不明显，这反映出邻近城市可通过本城市的知识溢出效应获得新技术，降低了环境污染水平，但这一溢出效应并不明显。⑤人口集聚（POP）的回归系数为 0.0055，未通过 10% 显著性水平检验，表明人口集聚对环境污染水平的促进作用不明显，这反映出粤港澳大湾区城市间"集聚效应"占主导，"集聚效应"强度略大于"规模效应"，从而导致这一正向空间溢出效应不显著。在地理距离空间权重矩阵 SPDM 模型中，$W \times POP$ 的回归系数为-0.0582，未通过 10% 显著性水平检验，说明邻近城市人口集聚对本城市环境污染水平的负向空间溢出效应不明显。可能的原因，对本城市而言，邻近城市人口集聚往往伴随着本城市人口流动和迁移，降低了人口密度，减少了人口集聚的"规模效应"，导致本城市环境污染水平下降，但这一效应并不明显。

第四节　结论及政策建议

一、粤港澳大湾区城市群绿色协同发展的空间分析结果

城市层面数据实证分析研究得到：①从总体上看，粤港澳大湾区环境污染水平呈波动下降态势，其空间格局较为稳定，呈"西高东低"分布模式。②粤港澳大湾区环境污染水平总体呈一种高水平城市被高水平城市包围（H-H 型）、低水平城市被低水平城市包围（L-L 型）的空间组织模式，且城市环境污染水平的空间依赖越来越紧密。③环境规制强度增加能够显著提升粤港澳大湾区环境污染水平，邻近城市环境规制对本城市环境污染水平具有显著的正向空间溢出效应。④经济发展对环境污染水平的抑制作用不明显，邻近城市经济发展对本城市环境污染水平具有显著的负向空间溢出效应。⑤产业结构能够显著

增加环境污染水平，邻近城市产业结构对本城市环境污染水平的正向空间溢出效应不明显。⑥交通条件对环境污染水平的正向作用不明显，邻近城市交通条件对本城市环境污染水平的负向空间溢出效应不明显。⑦技术条件对环境污染水平的抑制作用不明显，邻近城市技术条件对本城市环境污染水平的负向空间溢出效应不明显。⑧人口集聚对环境污染水平的促进作用不明显，邻近城市人口集聚对本城市环境污染水平的负向空间溢出效应不明显。

二、推动粤港澳大湾区绿色协同发展的政策建议

从产业协同视角进行分析，增进香港、澳门与内地城市的深度合作与交流，统筹协调珠三角城市群内部的产业分工布局，避免因产业重构造成的资源浪费与重复建设。当前，粤港澳大湾区已经形成了相对较好的产业分工布局。香港以金融、贸易、物流、旅游和专业服务为主要产业；澳门以博彩旅游、商贸服务为主要产业；而珠三角9市形成了特色较为鲜明的以制造业为主导的产业体系。但是，珠三角内部的一些城市，如珠海、江门、中山、东莞，城市之间产业同构关系较为严重，同时由于制度性等壁垒，港澳地区与珠三角地区的合作大多基于政府规划层面，并未自主形成以市场为导向的深度创新合作。因此，应进一步增进港澳地区与内地的多方位交流，统筹协调形成错落有致、多元化的产业分工格局，主要措施体现在三个方面：一是成立粤港澳大湾区发展协调机构，进一步明晰"9＋2"各市的产业分工与发展定位，同时积极探索建立细分行业的协商机制，推动细分行业产业联盟的成立，加强合作，避免恶性竞争，营造良性竞争、互利共赢的商业氛围；二是弱化行政边界，方便生产要素在区域内更加自由地流动，长期以来粤港澳合作的最大痛点问题在于"要素流动不畅"，应进一步加强三地在货币、关税以及法律法规制度上的合作与交流，力争实现区域内的贸易自由、金融自由、投资自由和物流自由；三是进一步加强基础设施建设，特别是交通的互联互通，在湾区内逐渐形成优势互补、互惠互赢的港口、航运和物流体系，也将进一步增强湾区的产业协同水平，提升国际竞争能力。

从生态环保协同视角分析，建立统一的生态环保协作法制基础和质量标准，构建以市场为导向的区域生态环保协同合作机制。粤港澳大湾区有其不同于中国其他区域的特殊性：一国两制、三种货币、三个关税区并存。这意味着在有关环境治理的法律法规、环境污染物排放的约束标准等方面，粤、港、澳三地需进行有效协商与衔接，努力实现环保信息充分共享，重大决议共同决策。由于域内缺乏有效的沟通机制，导致单一城市进行环境评估时可能仅考虑自身城市，忽略了自身城市环境污染给邻近城市带来的影响，因此，城市交界地区，特别是港深交界处，存在明显的跨区域环境问题。如深港交界的垃圾污染问题，香港的三大垃圾场（以堆填为主）均位于深港边界，香港新界打鼓岭垃圾场距离深圳罗湖区莲塘不足 2 公里，边界垃圾场对深圳的影响（垃圾的臭气对深圳空气产生影响，填埋后垃圾渗漏造成水质污染）已经有数十年的历史。因此，需要建立生态环保协作的法律约束和基础，并着重关注跨境环境污染问题，主要措施体现在三个方面：一是建立国家级的跨境试点生态环保协调机构，如深港生态环保协调机构，由于粤港澳大湾区的制度特殊性，建议由中央权威机构牵头，深港两地政府参加，吸收企业、非政府组织、公众等共同参与，负责协调处理跨境生态环境领域的合作和突发性环境事件的处理与协商；二是完善区域环境监测合作机制，建立生态环境信息公开共享制度，区域内应建立专门的环境信息公开查询服务网站，公开区域大气、水土污染情况，以及相应的环境处罚标准及执行情况；三是统筹区域生态环境保护规划和主体功能区规划，特别是在跨境水流域和海洋区域划分生态管辖区的等级与范围，加强粤港大鹏湾和深圳湾以及珠江口岸海洋带生态系统的修复与保护。

从规划协同和政策协同视角分析，虽然《粤港澳大湾区协同发展规划》的出台进一步明晰了粤港澳大湾区的目标、方向和空间布局规划，但由于湾区内存在三种制度，在诸多领域存在明显的差异，因此要真正实现规划与政策上的协同还需要很长的时间，克服很多困难。在逐步推进规划协同和政策协同的过程中，本书提出三点建议：一是探索建立财税改革先行示范区，探索对接港澳的个人所得税制和企业所得税改革，逐步实现香港、澳门和广东在税率上的统一；二是加强知识产权制度的对接，创新科研用品与数据流动的体制机制，推动粤港澳大湾区在科技领域的创新协同；三是推动粤港澳大湾区教育的协同创新，不仅要深化内地与香港、澳门高校的互补合作，同时在中小学教育层面也应该展开深入的互动和交流。

从交通协同视角分析，粤港澳大湾区的制度协同是阻碍交通协同的关键壁垒，设施共建、数据共享、责任共担是破壁关键。国家发改委《深化粤港澳合作推进大湾区建设框架协议》中指出，要推进基础设施互联互通，构建高效便捷的现代综合交通运输体系，发挥香港作为国际航运中心优势，推动各种运输方式综合衔接、一体高效。当前，粤港澳大湾区初步形成对外高铁主通道和城际铁路网格局，但交通协同发展仍存在系列问题。粤港澳大湾区"一国两制"二大关口的特殊背景是阻碍交通协同发展的重要壁垒。因此，需要寻求相对统一的制度管理机制，创设具有湾区特色的制度体系，适当弱化制度融合壁垒。首先，强化粤港澳功能互补对接，进一步加强市场的自由流通与开放、现代基础设施的同建共享。其次，强化粤港澳边界模糊与深化协同效应，优化完善高效的交通协同一体化。最后，实施设施共建数据共享责任共担机制，强化城市内外交通建设，便捷城际交通，打造便捷区域内交通圈。

第八章 再论"空间视角下的 区域绿色协同"

第一节 中国三大区域的绿色协同特征

京津冀协同发展、长江经济带发展、粤港澳大湾区建设、长三角一体化发展、黄河流域生态保护和高质量发展作为我国五大重大国家战略,纵横南北、连贯东西与四大区域板块(西部、东北、中部、东部四大板块)交错互融,构建起了优势互补高质量发展的区域发展新格局,同时,五大重大国家战略为国家级区域发展战略空间布局提供了更加清晰的路径,也代表着我国区域发展已经从过去的单个区域发展,逐渐转向推进多区域跨区域的协调发展,跨区域协调成为国家区域战略最明显的特征。本节重点对京津冀、长江经济带以及粤港澳大湾区三大区域战略的协同特征进行分析。

一、政策规划协同特征

1949—2004 年,京津冀的发展处于行政分割与竞争博弈阶段,虽然在 1982 年首次提出了"首都经济圈"的概念,但实质性的合作与协商并未落实。1949—1978 年,在高度计划经济管理体制下,京津冀区域的经济发展与合作呈现出了行政分割的态势,在北京、天津经济功能不断集聚的过程中,河北处于一种被动的状态,对北京、天津的发展给予了很大的支持;1978—2004 年,借力于改革开放,京津冀三地增长迅速,北京、天津与河北在一些大项目上仍存在激烈竞争,河北与两者的经济发展差距进一步拉大。2005年起，系列重要规划与政策不断发布，国家正式启动了京津冀地区的区域规划编制，京津冀城市群逐步迈向协同发展。2015年6月，《京津冀协同发展规划纲要》正式印发，明确了京津冀地区的整体定位和三省市功能定位。其中，整体定位是"以首都为核心的世界级城市群、区域整体协同发展改革引领区、全国创新驱动经济增长新引擎和生态修复环境改善示范区"。北京被定位为"全国政治中心、文化中心、国际交往中心、科技创新中心"，与以往规划定位相比，淡化了对北京"经济中心"的表述，同时，北京也是京津冀地区唯一以"中心"命名定位的城市；区别于以往关于天津北方中心的提法，天津被定位为"全国先进制造研发基地、北方国际航运核心区、金融创新运营示范区、改革开放先行区"；区别于以往关于河北定位模糊、缺乏针对性，河北被定位为"全国现代商贸物流重要基地、产业转型升级试验区、新型城镇化与城乡统筹示范区、京津冀生态环境支撑区"。与以往首都经济圈规划定位相比，京津冀协同发展更加强调各方的平等参与，突出首都中心特点，也充分体现了天津和河北的利益诉求。

1949—2005年，长江经济带处于各自为政与经济分化时期。1949—1991年，长三角区域的一体化发展逐步进入实质性合作阶段，长江经济带的其他区域表现欠佳，各区域间经济联系逐渐分化；1992—2005年，党的十四大确立了以建立社会主义市场经济为社会主义经济体制的目标模式，中国的经济体制改革进入新阶段，这一阶段以长三角区域一体化趋势明显，长江上中游中心城市（武汉、成都、重庆和长沙）迅速崛起为特征。2005年11月，长江沿线7省2市（上海、江苏、浙江、安徽、湖北、湖南、重庆、四川和贵州）在交通部牵头下于北京签订《长江经济带合作协议》，至此之后，逐步开启了长江经济带的合作与共同发展。2014年9月，《国务院关于依托黄金水道推动长江经济带发展的指导意见》正式印发，确立了长江经济带的范围、目标和任务。长江经济带的整体定位为"具有全球影响力的内河经济带、东中西互动合作的协调发展带、沿海沿江沿边全面推进的对内对外开放带和生态文明建设的先行示范带"。与京津冀区域相比，长江经济带覆盖上海、江苏、浙江、安徽、江西、湖北、湖南、重庆、四川、云南、贵州 11 省市，但并未对具体的省份和城市功能进行具体的定位，更加强调"市场""开放"以及次区域城市群在区域协同发展中的作用和地位。同时，长江经济带区域包含 11 个省市，约 205 万平方公里，是当前中国境内最大规模的区域发展战略，将生态文明建设、修复长江生态环境摆在了压倒性的位置。

　　粤港澳大湾区在珠三角区域基础上，增加了两个特别行政区：香港和澳门，同时被赋予了截然不同的使命，即"开放"与"国际合作"。自 2014 年 1 月深圳市两会政府工作报告提出发展湾区经济以来，大湾区政策规划发展不断加速；2017 年 3 月，李克强总理在政府工作报告中鲜明指出要制定粤港澳大湾区城市群发展规划；2019 年 2 月，国务院出台《粤港澳大湾区发展规划纲要》，更加明晰了粤港澳大湾区的目标、方向和空间布局规划。粤港澳大湾区的整体战略定位是"充满活力的世界级城市群、具有全球影响力的国际科技创新中心、一带一路建设的重要支撑、内地与港澳深度合作示范区和宜居宜业宜游的优质生活圈"。区别于京津冀的单核驱动模式，《粤港澳大湾区发展规划纲要》确定了多核引擎的规划路线，以香港、澳门、广州、深圳为核心引擎，明晰了各核心城市的功能定位。建设香港为国际金融、航运、贸易中心；建设澳门为世界旅游休闲中心；增强广州的国际商贸中心、综合交通枢纽功能，培育提升科技教育文化中心功能；建设深圳为具有世界影响力的创新创意之都。粤港澳大湾区将通过整合产业链网络、基础设施网络、创新网络等空间支持系统，构建国际一流湾区和世界级城市群，参与全球更高层次的合作与发展。

二、产业协同特征

　　当前，京津冀已逐渐形成了各具特色的区域产业分工格局，北京的优势产业主要集中在第三产业，天津的优势产业主要在第二产业，河北的优势产业主要分布在资源密集型的第二产业和第一产业。具体考察产业布局情况，京津冀地区重化工业正在向滨海集聚并逐步形成滨海临港重化工产业带，高新技术产业正在向北京、天津集聚，并逐步形成京津塘高新技术产业带,现代制造业正在向北京、保定、石家庄集聚并逐步形成现代制造产业带。此外,首都经济贸易大学京津冀大数据研究中心的戚晓旭等(2017)以支撑力、驱动力、创新力、凝聚力和辐射力等为测度重点,对京津冀三地的发展水平、趋势与结构变化进行了测度与分析,发现北京传统驱动力在减弱,创新驱动特征明显;而津冀近年来仍以传统驱动力为主,且无论是驱动力还是创新力,津冀都呈上升态势。这一方面说明了北京经济转型发展已然具备了一定程度的新动力,另一方面反映了天津和河北经济增长正处于新旧驱动力转换阶段,转型升级仍任重道远。

长江经济带内各地区和各城市群依据其自身的地理位置和要素禀赋以及基础设施水平,已经建立起了其在该流域的分工和定位,并形成了较为完备的综合性产业基础和发展态势,产业分工合作局面初步形成。长江经济上中下游的产业差异较为明显,下游地区第三产业占比最高,主要集聚了电子、通信设备、汽车等高新技术领域的产业以及部分重化工业和装备制造业;上游和中游第二和第三产业比重相当,但内部产业各具特色,上游主要集聚了矿物采选和加工、农产品加工等领域的产业以及化工、汽车等装备制造业,中游的产业介于上游和下游之间。但值得注意的是,次区域间以及次区域内部省份的竞争将更为激烈。在长三角地区,上海、江苏、浙江三省的第二、三产业梯度系数均相对较高,特别是江苏与浙江,产业梯度系数较为接近,难以避免区域内部的竞争问题;对于长江中游城市群,湖北、湖南的产业梯度系数较为接近,同样存在产业竞争问题;此外,长江上游城市群与中游城市群间在产业转移过程中也存在一定的竞争,特别是对优质产业和要素的竞争将更趋激烈,协调难度不断加大。

粤港澳大湾区既存在较强的产业分工互补,又存在较为严重的产业趋同现象。具体来说,香港产业以金融服务、旅游、贸易、物流和专业服务为主,澳门产业以博彩旅游、建筑地产和金融服务为主,珠三角9市产业以富有鲜明特色的制造业为主。产业互补程度高意味着粤港澳大湾区拥有较高的产业合作潜力,倘若产业合作关系迈上新台阶,将推动经济快速增长。产业趋同程度高指珠海、江门、中山和东莞等城市间产业同构现象严重，产业布局调整任务较重，各地需根据自身禀赋协商定位，避免造成重复建设与资源浪费。

三、交通协同特征

在交通一体化方面，京津冀将构建以轨道交通为骨干的多节点、网格状、全覆盖的交通网络。当前，京津冀已初步形成了"四纵、四横、一环"的骨干路网格局，正积极打造高质量的综合立体交通网。"四纵"是指沿海通道、京九通道、京沪通道和京承—京广通道；"四横"是指秦承张通道、京秦—京张通道、津保通道和石沧通道；"一环"是指首都地区环线通道，有效连同环绕北京的承德、廊坊、固安、涿州、张家口、崇礼和丰宁等节点城市，见图8-1。虽然交通领域的协同发展取得了较好的成绩，但交通协同发展仍面临系列问题，表现突出的问题体现在各地管理体制机制和法规、标准等差异明显以及交通基础设施建设的资金缺口大，容易造成建设浪费及交界"断头路"等问题。此外，交通仍然是影响京津冀区域环境污染的重要因素，交通

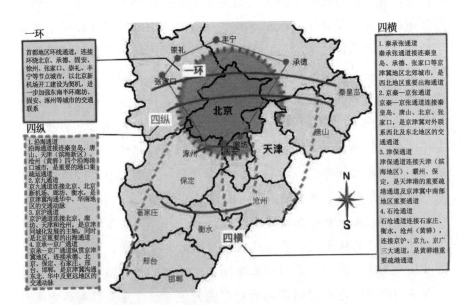

图8-1　京津冀交通的"四纵、四横、一环"

资料来源：作者根据《京津冀协同发展交通一体化规划》附图绘制

领域的用能效率并未得到显著提升,推动交通领域的能源革命对京津冀的绿色协同发展也同样至关重要。

长江经济带目前依托长江黄金水道,已初步建成横贯东西、纵贯南北的综合交通网络,但距实现综合立体交通走廊的目标还有一段路要走。2016年3月25日,《长江经济带发展规划纲要》提出"一轴、两翼、三极、多点"的空间布局。"一轴"是指以长江黄金水道为依托,发挥上海、武汉、重庆的核心作用,以沿江主要城镇为节点;"两翼"是指发挥长江主轴线的辐射带动作用,向南北两侧腹地延伸拓展;"三极"是指以长江三角洲城市群、长江中游城市群、成渝城市群为主体,见图8-2。但交通协同发展仍然存在不平衡、不协调、发展质量不高等问题,突出表现在:长江黄金水道干支联动功能未充分发挥,现代港空物流运输服务功能不强,存在一定同质化竞争现象;交通运输土地、能源、岸线等资源日益紧缺,运输结构调整速度缓慢,生态环境压力较大;沿江省市各种运输方式衔接度不够,运输方式信息交流受限制。此外,由于长江经济带覆盖省域面相比其他两个区域更多,交

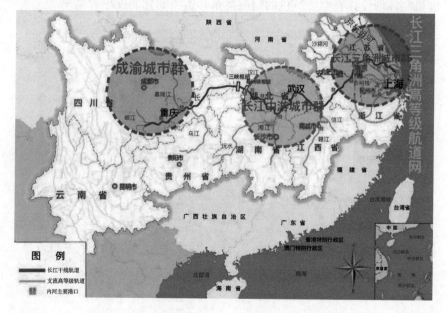

图8-2 长江经济带的"一轴、两翼、三极、多点"

资料来源:作者根据《长江经济带综合立体交通走廊规划(2014—2020年)》附图改编绘制

通联动难度更大，因此除提升长江综合交通运输发展质量、改善生态环境外，跨域联动对于长江经济带交通协同同等重要。

粤港澳大湾区拥有香港国际航运中心和吞吐量位居世界前列的广州、深圳等重要港口，以及香港、广州、深圳等具有国际影响力的航空枢纽，有着便捷高效的现代综合交通运输体系。粤港澳大湾区以连通内地与港澳以及珠江口东西两岸为重点，构建以高速铁路、城际铁路和高等级公路为主体的城际快速交通网络，21 条城轨 6 座大桥 3 辅 3 核空港群，在港口、空港和公路铁路等交通基础设施上加强互联互通，打造大湾区主要城市间"1 小时生活圈"。大湾区共拥有广州港、深圳港、香港港、虎门港、珠海港 5 个亿吨大港，广州、深圳、珠海、香港、澳门 5 个大型机场。粤港澳大湾区内已形成以口岸为节点，由轨道、公路、水运、航空等多种运输方式组成的跨界交通基础设施体系，四通八达的交通网络极大地促进了人流、物流、资金流、信息流的畅通。但交通协同发展仍存在系列问题。粤港澳大湾区"一国两制"二大关口的特殊背景是阻碍交通协同发展的重要壁垒。因此，需要寻求相对统一的制度管理机制，创设具有湾区特色的制度体系，适当弱化制度融合壁垒。

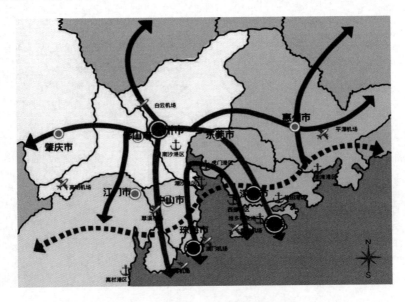

图 8-3　粤港澳大湾区交通协同规划

资料来源：作者根据《粤港澳大湾区发展规划纲要》内容绘制

四、生态环保协同特征

北京作为我国首都、全国政治中心,行政力量聚集,使得京津冀地区的协同发展行政过于强势而市场较为弱势。区域的发展目前仍依托国家重大项目的实施,许多政策试点或政策实施大多从基础较好、优势明显的地区开始,现有给予河北的政策倾向力度仍与北京、天津存在较大差距。这将使得一体化发展的区域协调机制难以健全,比如三地就共同关注的重大项目和重大议题进行平等协商和谈判的机制尚未形成,进而使得区域利益共享机制、成本分摊机制以及生态补偿机制的建立与真正有效落实仍存在较大阻力。

相比于其他两个地区,长江经济带横跨我国东中西三大区域,连接11个省市,涉及区域范围最广,生态协同中最核心的问题在于上下游水污染排放权的问题,区域间环境污染治理差异明显,即下游环境治理能力明显优于中上游区域。出现显著差异可能的原因在于:一是长江上游资源丰富,大量水电站开发和矿藏开发对生态环境造成了严重的破坏,加之经济相对落后,实现生态友好型的后发追赶难度很大;二是资源要素的价格机制不合理,导致资源丰富省份的资源收益大多归入更高层级政府和国企的收入体系中,基层政府和人民并未从中受益或受益较少,资源价格(电力等)的非市场机制可能变相补贴了中下游发达地区,造成上游更无资金支持保护生态。因此,跨区域的生态补偿机制以及来自中央的行政协调至关重要。

粤港澳大湾区有其不同于另外两个区域的特殊性:一国两制、三种货币、三个关税区并存。这也意味着粤、港、澳三地环境法律法规、环境标准等的异质性亟须进行衔接,以提高大湾区生态环境信息共享和共同决策的顺畅度。以三地建设项目环境影响评价为例,由于粤港澳建设项目环境影响评价仅针对本地区的影响,从而导致部分"邻避"型产业和设施集中分布在交界地区引致跨区域环境社会风险。此外,还需注意粤、港、澳间部分生态环境跨境合作受国际公约约束,不同于国内省、区、市间的跨界合作。

表 8-1　　中国三大区域的绿色协同特征

	政策规划协同特征	产业协同特征	交通协同特征	生态环保协同特征
京津冀区域	一核、双城、三轴、四区、多节点：①以首都为核心的世界级城市群；②区域整体协同发展改革引领区；③全国创新驱动经济增长新引擎；④生态修复环境改善示范区	北京创新驱动特征明显，津冀转型艰巨	"四横、四纵、一环"路网格局初步形成，但交通一体化仍受三地管理体制机制和法规差异束缚	核心问题在于突破行政壁垒障碍，建立跨域性生态补偿机制
长江经济带	一轴、两翼、三极、多点：①具有全球影响力的内河经济带；②东中西互动合作的协调发展带；③沿海沿江沿边全面推进的对内对外开放带；④生态文明建设的先行示范带	产业分工合作局面初步形成，次区域间以及次区域内部省份的竞争趋于激烈	将长江黄金水道作为建设主轴，已初步建成综合交通网络，但跨域协同联动性不足	核心问题为上下游水污染排放权问题
粤港澳大湾区	极点带动、轴带支撑：①充满活力的世界级城市群；②具有全球影响力的国际科技创新中心；③一带一路建设的重要支撑；④内地与港澳深度合作示范区；⑤宜居宜业宜游的优质生活圈	既存在较强的产业分工互补，又存在较为严重的产业同构	对外高铁和城际铁路网格局初步形成，湾区"一国两制"二大关口的特殊背景是持续深化交通协同发展的关键	跨境污染问题严峻

第二节　区域绿色协同发展的国际经验借鉴

国外大都市圈的发展历程尽管各有特色，但基本均历经"内核形成""强核壮大""单核心都市圈建成""多核心都市圈域合作发展""大都市圈优化协调""经济带形成"六个阶段。从"单核"到"多核"的嬗变过程中，国际著名都市圈在解决环境问题，实现绿色协同发展上有很多成功的经验值得借鉴。

一、首都区域绿色协同发展的国际经验借鉴

20 世纪 70 年代以来，伴随着人均可支配收入的不断提高，人们开始将视线聚焦于环境保护和绿色发展上，这使得国外主要都市圈的战略任务发生转变，可持续、与周边区域的和谐共处成为区域发展的重要关注点，这需要重新对区域的产业、资源以及功能进行进一步的整合。

国际大都市圈内的城市一般包括四种类型：中心城市、次中心城市、中等城市、小城市。针对这些类型的城市，构建功能各异、产业层次分工明确的层级网络结构是都市圈绿色协同发展的必经之路。充分整合资源，协调各方利益，实现均衡发展才能满足都市圈的整体效益和长足进步。在整合职能的过程中，政府必须总领全局，从整体布局出发，一是要优化各层级城市的功能，二是要协调圈内中心城市、次中心城市以及中小城市的优势互补，进而实现协调均衡的发展状态。此外，除了城市与城市，城市与自然空间、城市与人的协调发展关系也要处理好，这样才能更好地实现整个区域的绿色长期可持续发展。

例如东京都市圈，交通便利为东京都市圈协调发展夯实基础，伴随产业转移，东京都市圈逐渐形成层级分明、功能互补的产业格局，即外围四县以农业为主，内圈三县以制造业为主，东京都以服务业为主。其中，东京发挥着中心城市的作用，琦玉地区成为副中心，主要承接了政府的职能转移。多摩地区和茨城南部地区成为教育产业、大学和研究机构的集聚地，同时，多摩地区也是高新技术产业、商业的集聚地。千叶地区和神奈川地区发挥着工业集聚地和国际港湾的职能，它们优势互补、各具特色，为国际交流、商业发展做出了突出贡献。随着城市职能的转移，产业得到合理的分工，逐步实现了协作发展，为环境治理、绿色发展打下了坚实的基础。

（一）巴黎都市圈与东京都市圈的区域规划

均衡发展理念贯穿于巴黎都市圈和东京都市圈的中后期建设规划中，巴黎都市圈自 20 世纪 30 年代以来，历经了六次大的规划，东京都市圈约经历了五次大的规划，在各自的规划中，各都市圈逐步实现

"建设、农业和自然"空间三者相互协调的可持续发展格局。表8-2形象地展示了巴黎都市圈历次规划的背景及思路。

表8-2 巴黎大都市圈的六次规划

	年份	规划背景	指导思想	规划思路
第一次	1934	巴黎郊区扩散现象日臻严重	人为限制城市向郊区扩散	限制城市用地范畴，保护空地和历史景观等非建设用地
第二次	1956	第二次世界大战造成第一次规划部分实施，并改动		划定城市建设用地范围，限制其空间发展，降低中心区密度，提高郊区密度，促进区域均衡发展
第三次	1960	郊区建设大型住宅，建成区蔓延趋势未得减缓		调整现有建成区，利用企业扩大或转产机会建设新城市
第四次	1965	1964年巴黎地区政府成立，辖区面积扩大至1.2万平方公里	积极拓展城市空间实现区域协调发展	摒弃中心放射性布局，建设副中心，发展多中心大都市圈格局，沿塞纳河平行城市发展的轴线，规划建设新城
第五次	1976	20世纪60年代后人口增长缓慢，全球经济衰退，关注环境问题		强调城市拓展和空间重组的同时，主张保护自然开放空间，建设综合性多样化城市，形成沿两轴布局的多中心空间格局
第六次	1994	全球经济结构调整，法国经济低迷；欧盟成立		深化区域概念，倡导人文因素，关注巴黎大区与其他大区协调发展，保护环境

资料来源：阎庆民，张晓朴等著：《京津冀区域协同发展研究》[M]. 中国金融出版社，2017

对于巴黎都市圈来说，其发展的指导思想可以划分为两个阶段，一是人为限制城市向郊区扩散；二是积极拓展城市空间实现区域协调发展。在1965年以后的推进协调发展阶段，巴黎都市圈主要采取的政策包括建立副中心、保护自然开放空间、深化区域人文建设等，将区域的概念从城市建设不断拓展到人与自然、人与人之间的和谐共处发展。

对于东京都市圈来说，其前期发展的指导思想借鉴了伦敦早期的发展经验,将重工业化建设放在了城市建设的首位,自 1975 年以后,都市圈内各城市之间才逐渐形成协同发展的理念,政府采取的重要措施历经构建商业功能向郊区扩散的社区模式、发展副中心、建立多中心的商业模式。通过这些措施,中心区域职能被有效分散,逐步形成合理有序的多层城市网络结构,进而实现了区域的绿色协同发展。

(二)首都区域发展的国际经验

1. 搭建便捷的交通网络

根据发达国家大都市圈可以看出,完善的交通是城市群协同发展的重要基础。交通网络的构建,能够有效减少都市圈内的通勤时间,降低商品的物流成本。譬如,交通经济是推动东京都市圈形成的重要动能。东京都市圈拥有约 2 000 公里的城际铁路,加之东京市区拥有 500 公里的地铁,构成东京都市圈的核心框架。在东京都市圈的五次大规划中,每次均遵循轨道交通带动城市发展理念。如今,城市电气列车、新干线、轻轨、高架电车等构成了四通八达的交通网络,有效分散了东京过于集中的人口、经济、行政等职能。东京都市圈发达的交通运输网络不仅为各个城市之间职责分工创造了条件,而且也让东京成为了日本国内市场和国际市场的接轨点。

2. 力争实现多角度多层次的协调发展

在都市圈协调发展过程中,需协调不同城市、同一城市不同产业、人与经济、环境与社会间的关系。若使圈内核心城市、次核心城市和非核心城市间协调发展,不能仅单独追求一个城市的快速发展,而是应该顾及整个城市圈城市的协同发展。不仅要关注经济效应的发展,更要关注生态环境的可持续发展。只有这样,才能使得都市圈未来的前景广阔。

3. 制定明确系统的首都圈发展规划

自从日本首都圈建立以来,已经先后制定修改了五次基本规划。除了基本规划以外,日本首都经济圈还拥有整备规划和项目规划。基本规划是整备规划的依据,整备规划对建成区、近郊整备地带、城市开发地区的开发事项执行详细规划。项目规划的意思为年度建设项目的施工内容和施工进度等。在伦敦都市圈形成发展过程中,积极有效的城市规划也起到了举足轻重的作用,如 20 世纪 40 年代开展"四个同心圈"规划；50年代末开展"8个卫星城"规划；60年代中期开展"反磁力吸引中心"城市规划；70年代注重保护和建设旧城区。因此，首都圈发展规划是首都圈发展建设的根据，该规划可以确定首都区的发展方向、规模和布局，并可以对整体环境进行科学的预判和评价，协调各方矛盾，统筹各项建设，对首都圈建设与发展能够起到引导性作用。

二、世界级湾区绿色协同发展的比较与经验借鉴

粤港澳大湾区发展需明晰与世界级湾区的"距离"，不断汲取世界级湾区的先进经验，从发展质量、产业协调等方面着手，靶向规划粤港澳大湾区的发展路线。日本的东京湾区、美国的纽约湾区和旧金山湾区在全球湾区经济带发展中走在了时代最前列。

（一）粤港澳大湾区与世界级湾区的绿色协同特征比较

1. 协同特征比较

四大湾区（粤港澳大湾区、东京湾区、纽约湾区和旧金山湾区）发展既存在共通的影响因素，又因地理环境、资源禀赋、社会条件等不同而情况各异。就三大先行湾区发展过程而言，其形成均首先以港口码头相关行业为契机，后逐渐分化成三条道路：一是以科技创新产业为主要竞争力的旧金山湾区；二是以金融业与现代服务业闻名的纽约湾区；三是以先进制造业著称的东京湾区。而我国粤港澳大湾区发展规划则计划将该湾区建成高新技术、先进制造和现代金融中心，实质上类似于上述国外三大湾区区域发展规划的综合体。纵观国际样板湾区，构成其经济发展的基本要素包括高度开放的经济结构、集聚与外溢的高端要素、四通八达的交通基础设施、高度整合的协同发展等，种种有益因素层叠，成为湾区经济腾飞的内在动力与保障。

（1）区域协同效应对标

政策制定注重区域协同效应，区域分工协同理论起源于劳动分工理论。其依据在于不同劳动者通过分工细化，提高了劳动专注度，进而有益于提升整体劳动效率；同理，通过规划湾区内部各城市的分工定位和发展路径，有助于整合资源、形成合力，避免重复建设，以快

速实现规模经济和范围经济。发展路径从劳动分工视角来看有两类模式:一类是以东京湾区为代表的社会分工模式,即区域内部城市基本依照政府事先规划的框架发展并承担不同定位;另一类则是以旧金山湾区与纽约湾区为典型的自然分工模式,即更多根据其自身资源、地理位置等内在优势,吸引特定产业集群,在政府适当的引导下最终形成不同的功能区。相较来说,粤港澳大湾区的发展路径与东京湾区更为趋近,以自上而下的整体规划为主,因此将东京湾区作为大湾区区域协同效应的主要对标对象。通过梳理相关资料发现,在东京湾区发展早期,日本政府已然提前明确首都圈各县的功能定位,并不断根据时代发展形势的变化进行调整。东京湾区拥有东京、琦玉、千叶和神奈川等竞争力较强的四个核心城市;粤港澳大湾区虽拥"四核"(香港、广州、深圳、澳门),但仅有香港一个国际竞争力较强的 A+城市(按世界城市网络关联度 2016 年最新分级),广州(A—)和深圳(B)的国际竞争力较弱,更不用说土地面积与人口基数过小的澳门;此外《粤港澳大湾区发展规划纲要》重点明确了极点带动、轴带支撑、辐射周边的布局原则,强调推动大中小城市合理分工、功能互补,以求构建结构科学、集约高效的发展格局。可以看出,大湾区布局原则、发展格局等方面规划均借鉴了东京湾区的发展经验。

(2)产业协同效应对标

产业协同效应体现在产业布局、产业结构、地区产业转移、产业融合发展等多个方面,并且在区域产业链以及产业创新等领域皆有所涉及。当前世界四大湾区历经长期发展已形成不同模式的产业集群。从产业布局来看,粤港澳大湾区现已初步形成包含战略性新兴产业、先进制造业和现代服务业在内的产业发展模式,基本实现地市间的资源共享和协作发展,区域发展不平衡是目前粤港澳大湾区面临的突出问题;东京湾区经历了港口群发展、现代工业发展以及制造业创新发展等阶段,目前已实现工业镇及港口群的差异化发展,具有成熟的产业布局;旧金山湾区具有多样化的产业集群,金融业、服务业、旅游业、海运业等产业已在湾区内不同区域实现了兼具联合与协调的良性发展;纽约湾区则形成以金融业为中心,服务业为主导产业，搭配高端制造业的后工业化产业格局，湾区各州产业协同效应与整体外溢效应均十分明显。从产业结构的差异角度衡量，刘毅等（2020）引入地区的产业结构差异度指数来衡量各个湾区的产业合作水平，并将产业关系定义为"产业同构"与"产业互补"，该团队通过计算粤港澳大湾区相对于其他三个湾区既存在比较强的产业分工，也存在比较严重的产业同构现象。从地区产业转移与产业融合发展来看，东京湾区、旧金山湾区、纽约湾区均已实现区域间的产业转移和融合发展，粤港澳大湾区对标三大湾区还是具有一定的差距。对比四大湾区产业协同现状可以得出，目前粤港澳大湾区仍存在产业链不完善、区域产业发展不平衡、产业协同创新力度不够等问题，产业分工需要较高层面的整合协调，产业协同效应仍有较大的提升空间和潜力。

2. 绿色发展特征比较

对绿色发展特征的对比共分为绿色治理、绿色科技以及绿色指标与配套三个方面。

（1）绿色治理比较

所谓绿色治理，这里关注湾区政府与民间团体有关生态环境整治的构想与措施，注重实现经济与环境和谐发展的"双重红利"。

粤港澳大湾区重布局与生态修复。《粤港澳大湾区发展规划纲要》在 2019 年初面世，象征着大湾区建设正式从书面进程进入到实际建设阶段，同时绿色发展理念贯穿布局始终。比如制订了大气污染联防联控、多污染物协同减排等治理方案，同时计划开展大湾区土壤治理修复技术沟通与协作，以保障农产品安全与提升居住环境质量。遗憾的是当前湾区环境治理的推动力量主要为政府部门，民间环保力量参与力度欠缺。

东京湾区重约束与生态补偿。20 世纪 60 年代之后，东京湾区人口聚集带来的一系列城市病促使了日本政府实施了"工业疏散"战略，旨在转移该湾区高耗能产业，通过贷款优惠和其他财政政策来扶持新兴产业和低能耗产业；20 世纪 70 年代，日本政府提出"技术立国"战略，大力推动高新制造业和现代服务业发展，并延续至今。而知识密集型产业多为绿色产业,故有效遏制了湾区的生产污染,使湾区的环境质量得到进一步提升。此外,东京湾建立湾区环保合作机制,鼓励不同群体协力参与湾区环境保护工作。智库组织、非政府组织与环保自治体等各类民间团体积极推广低碳绿色经验、宣传环保知识、监督环保措施,比较著名的有"首都圈港湾合作推进协议会"。

旧金山湾区重改善与生态监控。湾区传承发扬既往优点的同时制定策略应对新的挑战。一方面,订立了交通支持、步行友好的"优先发展区规划"(PADs)与重点突出的"优先保护区规划"(PCDs),形成规划落地的实施架构;另一方面,通过政策引导推进可再生能源与其他可持续发展项目落地,出台针对机动车温室气体排放的《可持续社区与气候保护方案》(加州375号法案),将可持续性与区域交通要素相结合。为生态实现一体化管理,湾区建立了区域规划委员会,分类专门管理对应资源环境,比如水质量管理委员会就处理水污染问题、空气质量管理委员会就负责空气污染问题,因而打破了行政壁垒,有助于实现全面生态监控的功能。

纽约湾区重保障与生态预警。20世纪90年代,纽约湾区在第三次规划中,聚焦"重建经济、公平与环境"(3E)的重点作用,而规划中的"绿地方略"成为湾区可持续发展的内核;2017年,纽约湾区启动第四次规划,提出"提升区域可持续发展能力、应对全球气候变化"等议题,关注"可持续性、宜居性与经济包容性"。湾区推动政府、企业、社会合作参与湾区环境治理,主要由纽约区域规划协会统筹协调跨区环境保护,同时针对高度国际化与人口迁徙可能引发的环境问题制定预警方案。

(2)绿色科技比较

粤港澳大湾区主要依靠外部输入。湾区虽然拥有香港大学、香港中文大学、中山大学、深圳大学等本土名校,但尖端人才资源储备主要集中在香港、广州、深圳,且由于这三个发达都市本身的集聚效应,湾区内其他地区的人才净流入比例显著小于广深港的人才净流入比例,形成了一定的结构性人才短缺。近年来,珠三角地区推动合作办校模式,吸引海内外60余所名校进驻,比如深圳就引入了剑桥、北大等世界名校设立分校区，并鼓励高新技术企业结合自身需求整合大湾区优质教育资源，促进企业研究能力提升与发展，造就了一批以华为、腾讯等为行业领路者的本地著名企业。

东京湾区内部输入可支撑研究需求。当前，湾区建设有263所高等教育机构，包括东京大学、筑波大学、庆应大学等大批国际知名高校；除此之外，湾区内部拥有大量全球著名企业，比如佳能、丰田、东芝、索尼、三菱，它们与高校之间联合办学更是促进了地区产学研的融合发展。

旧金山湾区科技力量在一定程度上可对外输出。湾区是世界科教高地之一，拥有斯坦福大学、加州大学伯克利分校、加州大学旧金山分校等全球顶尖名校，以高科技闻名世界；此外，湾区拥有鳞次栉比的高科技公司，全美第二多的世界500强企业总部，"硅谷"之名在全球科技界的重要性可类比深圳之于中国。

纽约湾区科技实力虽逊于旧金山湾区，但也可进行科研输出。湾区据有58所大学，其中包含了纽约大学、普林斯顿大学、康奈尔大学等享誉全球的研究型高校；同时作为世界经济中心与国际化程度最高的区域之一，众多国内国际精英汇聚于此，为湾区带来了强劲的智力资源和技术优势。

（3）绿色配套与指标比较

所谓绿色配套与指标，主要关注基础设施与交通网络以及土壤污染情况（森林覆盖率）、空气质量指标（PM2.5）、水质处理情况等环境指标。

粤港澳大湾区。王世豪等（2020年）指出森林与农田是大湾区的主体生态系统，面积占大湾区国土面积的54.1%和22.8%，地表水、黑臭水体占比8%；2018年，随着港珠澳大桥正式开通，三地陆上通行时间被大量缩短，加上广深港高铁香港段的竣工，极大地提升了粤港澳大湾区内部的交通物流运输便利，未来有望实现"一小时生活圈"目标。整体来看，粤港澳大湾区城市间立体交通网络已基本形成，即实现以轨道交通为主的全网覆盖。需要注意的是，由于历史、行政、文化等原因，香港和澳门与其他城市间在要素互通上仍受一定约束。

东京湾区。居民垃圾分类的全球标杆;最近 5 年,PM 2.5<15 $\mu g/m^3$ [1];据全球森林预警(GFW)公布的数据显示,东京湾区整体森林覆盖率约为 45%,地表水、黑臭水体基本清除;东京湾交通网络十分完善,城市间"一小时生活圈"完全实现的背后是地铁、公交、轻轨以及海路航路的强大支撑。因此相对来说居住区域与就业区域可进行分割,在卫星城生活居住也比较便利。

旧金山湾区。居民垃圾回收率世界最高;最近 5 年,PM 2.5<15 $\mu g/m^3$;根据 GFW 公布的数据,旧金山湾区森林覆盖率约为 35%,地表水、黑臭水体同样清零;为适应湾区独特的城市结构、加强城市间要素流通,快速交通系统(BART)应运而生,它通过与多种运输方式无缝衔接,形成了一个综合完整的交通物流网,根据不同需求乘客均可找到相对应的出行方式。

纽约湾区。最近 5 年,PM 2.5<10 $\mu g/m^3$,空气质量相对最佳;查询 GFW 发布的纽约湾区森林覆盖率数据:大致为 40%,地表水、黑臭水体亦被消除;湾区地理位置优越,构建了顺畅的水运交通网,运输成本优势显著,是欧美之间的关键纽带之一,也是美国乃至全球重要的水路交通枢纽。

(二) 湾区经济发展的经验借鉴

粤港澳大湾区作为国家区域发展战略的重要一环和新格局下全面对外开放的风向标,要充分参考国际知名湾区的治理经验,根据实际发展需要与形势变化持续调整目标规划。历史轨迹表明,当今世界五大都市圈均根据都市圈发展不同阶段的特点,适时地在发展定位和政策方面做出积极且及时的调整。通过对比粤港澳大湾区与其他湾区的一般和绿色发展特征,得到如下启示。

区域层面需要不断完善契合自身实际情况的湾区协调治理机制,统筹各地产业分工合作体系。日本政府不仅对东京湾区各县职能进行

---

① PM 2.5数值使用湾区核心城市 PM 2.5年均浓度,数据来源于美国哥伦比亚大学国际地球科学信息中心(CIESIN)。

了划分，对湾内各大港口也进行了明确有效的分工，比如东京港以内贸为主，横滨港承担国际贸易功能，横须贺港为军事港口，进而将竞争转换成了合力，以港口群巨大的整体效应与世界其他港口角逐。粤港澳大湾区需根据实际情况，将广州港、深圳港、香港港、虎门港、珠海港等湾区内港口进行协同分工，同时将湾区内不同地市进行细致的职能定位划分，从区域规划顶层设计层面实现粤港澳大湾区综合发展。

　　产业层面需要调整自身产业结构，加快产业转型升级、产业聚集以及产业转移。纽约湾区、旧金山湾区和东京湾区通过产业转移和产业结构升级，度过以制造业为主要发力点的工业发展阶段，产业结构日臻成熟。当前，粤港澳大湾区主要产业依旧为工业和进出口贸易，先进制造业与现代生产性服务业是其产业发展趋势所在。此外在产业聚集发展这一过程中，纽约湾区、旧金山湾区和东京湾区均历经产业、人口过度集中致使地价上涨、交通拥挤、环境破坏等负面现象。因此我们应借鉴其经验和教训，驾驭并处理好城市病所带来的经济、社会、环境等各方面压力。

　　生态层面需要兼顾绿色经济与绿色环境，从绿色科技、绿色指标等方面对标三大湾区，充分发挥国家生态文明示范区的榜样作用。世界三大湾区均具备强劲且外溢性强的科技实力以及多层次多类型的权威生态协调组织。在绿色科技方面，粤港澳大湾区应考虑湾区教育资源的结构性不足，大力推动创新提升科技实力。一方面，可大力推动各类科研机构在内地挂牌与建设，譬如以人才引进等方式，吸引尖端人才流入；另一方面，应重视本土人才的教育与培养，加强与国际著名高校的互动，为湾区向高新技术产业与现代服务业转型升级储备人力资源。在绿色配套与指标方面，需创新湾区生态文明共建机制，构建有效的协调机构，整合行政主体、政府以及民间团体三方力量，促进湾区生态持续向好绿色发展。

三、大流域地区的综合开发与绿色协同治理经验

　　大流域地区具备天然充沛的水资源禀赋、便捷的航运条件以及庞

大的动能储备,在区域经济开发乃至国家综合发展中具有十分重要的战略地位。纵观全球,大多数大流域地区均扮演着兼顾经济走廊及产业聚集带的双重角色,城市及产业的沿江分布已经成为当前全球大流域地区的普遍现象。目前世界各国在河流流域建设中构建有几种不同类型的区域经济发展模式,其中,莱茵河流域、密西西比河流域当属成功典范。莱茵河作为西欧的"黄金水道",流经西欧最重要的工商业地区,全流域创造了约 5 200 亿美元的经济价值,占据流经国经济价值总量高达 65%左右,自《莱茵河航运修正公约》签订以来,莱茵河始终执行不收费以及不收税的船舶航行政策,是世界上最繁忙的航运通道之一。密西西比河是北美洲流程最长、面积最大且流水量最多的河流,它为成就美国农业帝国贡献出巨大的力量,与此同时它也是美国最大的内河航运系统河流,以货运为主,经过密西西比河的货运量约占全国内河货运总量的 60%以上,全流域创造的生产总值约占美国的32%。与二者相比,长江流域在我国的经济发展中同样发挥着不可替代的作用,长江经济带聚集的人口和创造的地区生产总值均占全国40%以上,进出口总额约占全国 40%,是我国经济中心所在、活力所在①。打造长江"黄金经济带"、推进长江流域绿色协同发展对于推进我国经济建设以及可持续发展兼具客观必要性和现实紧迫感。因此,对大流域地区成功治理开发的经验总结对于我国长江经济带的发展能够起到充分的启示作用和实践意义。

(一) 莱茵河流域及密西西比河流域自然水文特征

自然水文环境是江河流域开发治理的基础,不同江河流域的自然水文环境并不完全相同,了解江河流域自然水文环境便成为对大流域地区开发治理的必要准备工作。下文主要将莱茵河、密西西比河的自然水文特征进行简要介绍,以此作为归纳前两者综合开发及协同治理经验的基础前提储备。

莱茵河是跨越西欧多国的一条国际性河流,自瑞士东南部阿尔卑

---

① 求是网,《习近平:在深入推动长江经济带发展座谈会上的讲话》,http://www.qstheory.cn/dukan/qs/2019-08/31/c_1124940551.htm。

斯山的冰川积雪融化而来，全流域流经 9 个国家（见图 8-4），并在港
口城市鹿特丹附近注入大西洋东部的北海，是欧洲第三长的河流，被
称为"欧洲的父亲河"。全河流域面积 22.4 万平方公里，全长 1 320 公
里，流域内水量充足，汇聚着干流以及许多支流。干流主要分三段，
上莱茵河、中莱茵河以及下莱茵河；支流包括有阿勒河、内卡河、美
因河等 9 条主要支流。莱茵河河流常年水量充足，年平均降雨量可达
1 100 毫米，年平均流量约为 2 500 立方米每秒，为沿河近 2 000 万人
提供饮用水水源，与此同时也为河流沿线的水电开发建设提供了强大
的活力；其干流通航里程 860 公里，占全流域的 65％，途径多国的流
域特性，为沿途各国的航运贸易往来提供了便利的交通条件。整体概
括，莱茵河具有水资源丰富、流域长足的自然水文特征。

图 8-4　莱茵河流域概况

资料来源：根据《不列颠百科全书（*Encyclopedia Britannica*）》提供地图译制

密西西比河除同样具有水资源丰富、流域长足等特征外，洪灾频发的自然特性为密西西比河增添了综合开发的难度系数。密西西比河是一条跨越美国 31 个州和加拿大 2 个州的河流，它大部分发源于美国明尼苏达州西北部的艾塔斯卡湖，并向南汇入墨西哥湾（见图 8-5）。以艾塔斯卡湖为源头来算，密西西比河全长 3 767 公里；如果从最大支流密苏里河的源头雷德罗克湖计算，其全长长达 6 262 公里，长度仅次罗尼河、亚马逊河、长江，它不仅仅是北美洲的第一长河，与此同时也是世界上第四大河流。全流域干流流经明尼苏达州、威斯康星州、

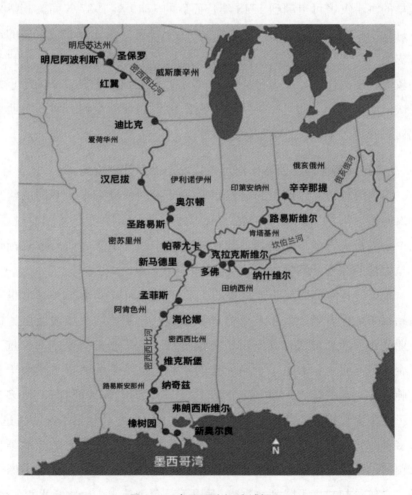

图 8-5　密西西比河流域概况

资料来源：根据《不列颠百科全书（*Encyclopedia Britannica*）》提供地图译制

伊利诺伊州、肯塔基州等 10 个州，除主要干流之外汇聚着 250 多条支流，由于西岸支流比东岸支流多且长，整个流域呈现出如树木枝干一般不规则的复杂水系分布。全流域长度较长，流域内气候条件不同，差异也较为显著。

密西西比河近河口地区年平均流量约为 1.88 万立方米每秒，从既定历史来看，如此之大的水流量在为当地农业灌溉、航运交通、水力发电注入巨大活力的同时，也使沿岸地区更易受到大规模洪水的影响，给当地造成了剧烈的经济财产损失。密西西比河历史上洪灾频繁发生，最早的洪涝灾害可追溯到 1543 年，而后的 1849 至 1927 年间又相继发生过数次较大规模的洪灾。后来在 1997 年，密西西比河非常重要的通航支流——俄亥俄河曾发生过一次大规模的早春汛，导致了 5 个州受到较大程度的伤害，成为自从 1936 年密西西比河有记录以来最严重的一次洪涝灾害。由此可见，从洪灾频发再到如今的全面开发，密西西比河势必经历了漫长且艰难的治理过程。

（二）莱茵河与密西西比河污染状况及治理开发措施

莱茵河与密西西比河的自然水文特征不同，也带来了不同的治理开发阶段。莱茵河经历了"先污染，后治理，而后再开发"的过程；而由于洪涝灾害频发，密西西比河则先集中治理洪灾，而后才逐渐进入全面性的综合开发阶段。

莱茵河是欧洲西部非常重要的工业经济带和城市聚集区。20 世纪后期以来，伴着第二次工业革命进程的推进，莱茵河流域途经国家的工业化进程渐渐增快，其沿河城市也进入飞速扩张的阶段。不少重工业企业依河而建，取走了干净便捷的水源，也给莱茵河留下了成千上万吨工业废水的排放。据不完全统计，工业化时代每天都有 5 000 多万吨工业废水直接排入莱茵河中，导致河内有害化学品积累不断，高达 6 万多种，包含锌、铜、铬、镍等大量重金属元素。巨量的工业污染使莱茵河已不再是适宜动植物生存的生态水域环境，河水含毒量不断上升，含氧量却一度下降到 3 毫克/升以下，鱼类等水中生物几乎灭绝。

随着河内生态环境的不断恶化以及沿岸国家先后进入后工业化时

代，20 世纪后期至 21 世纪初，莱茵河流域生态环境保护被提升到与经济发展同等重要的地位上来。荷兰、瑞士、法国、卢森堡、德国成立"保护莱茵河国际委员会（ICPR）"，共同制定了莱茵河保护系列国际公约，建立跨国协作机制，对莱茵河采取多目标管理战略，法律法规、政府干预以及工程措施多管齐下。截至目前，国际上已经成立了不少关于保护莱茵河流域的相关组织（见表 8-3），莱茵河的污水排放已大幅降低，水质状况不断改善，生态环境也逐步恢复，原生鱼种成功重返。在产业布局方面，莱茵河流域各国逐渐推动完善，现已形成整体合理的规划体系，上游以保护自然原生态环境为主，不设计过多的产业布局；中游形成以德国为主要中心的现代工业制造业体系，通过产业结构的升级和转移来辐射周边国家；下游则形成以荷兰为主的航运业和服务业体系。经过沿岸各国的跨国协同合作以及跨越近两个世纪的综合开发，莱茵河流域目前已形成兼具政策协同、规划协同、产业协同以及生态环保协同的区域联动发展格局。

表 8-3   保护莱茵河国际组织概况

名称	成员国	主要任务	主要活动
保护莱茵河国际委员会（ICPR）	德国、法国、卢森堡、荷兰、瑞士等 9 国	全面处理莱茵河流域保护问题	分析莱茵河的污染，并建议采取水保护措施，协调监测和分析方法并进行交流
莱茵河流域国际水文委员会（CHR）	瑞士、奥地利、德国、法国、卢森堡、荷兰	通过多种渠道向公众宣传并扩展莱茵河流域的水文知识	制定用于水文时间的地理信息系统，建立水管理模型以及莱茵警报模型
莱茵河流域国际水务协会（IAWR）	瑞士、列支敦士堡、奥地利、德国、法国、荷兰	可持续保护饮用水水质，有效实施预防原则	水质监测、饮用水源分析标准化、水处理技术比较、改善水质
莱茵河中央航运管理委员会（CCNR）	荷兰、比利时、德国、法国、瑞士	保障莱茵河及其支流的航运自由与平等，促进沿岸国家的航运合作	起草并制定莱茵河流域国际航道航运建议书

资料来源：保护莱茵河国际委员会（ICPR）官网（https://www. iksr. org/de/）、欧洲气候适应平台（Climate-ADAPT）官网（https://climate-adapt. eea. europa. eu/sitemap）、莱茵河流域国际水务协会（IAWR）官网（https://en. iawr. org/）、莱茵河中央航运管理委员会（CCNR）官网（https://ccr-zkr. org/）

密西西比河流域的早期防治则以局部为主，主要依靠私人修建提防，对密西西比河干流下游及支流俄亥俄河采取小规模航道疏通的方式防汛；而后随着洪灾愈加严重，美国政府不得不介入，对整个流域进行全面综合治理，20世纪60—80年代，相继颁布《全国环境资源保护法》《全面洪水保险法》《洪水灾害防御法》《灾害救济法》《美国的洪水及减灾研究规划》等全国性法规，开展多方位、多渠道、多层次的防洪、治洪举措，而后政府更加注重流域生态环境整体性、相关性以及对其可持续发展的认知，成立密西西比河下游自然保护委员会（LMRCC）以促进密西西比河下游自然资源环境的保护与可持续发展。取得理想效果后，美国政府开始对其进行综合开发，兼顾航运、发电、灌溉等，建设梯级闸坝与水库，采取护岸工程、丁坝工程、疏浚工程、地方工程、分洪工程以及河口导流堤、河床垫层等工程措施，同步推进了一些非工程措施，比如设置统一的开发管理机构、制定流域开发的法律法规、实施防汛保险等。总而言之，密西西比河流域在开发的过程中更重视对水资源的综合使用，与此同时也比较重视是否带来了综合效益和长远利益，美国政府及民众对密西西比河流域生态环境较强的保护意识可以说从中起到了根本的核心驱动作用。

（三）大流域地区发展经验总结

综合两大流域来看，尽管二者自然水文环境特征与我国长江流域并非完全相同，但从水力资源开发、江河航运、产业布局等角度进行横向对比，依然能发现我国长江流域在建设过程中存在一些短板。以此对我国长江流域地区总结如下经验：

1. 整治环境，修复补偿生态系统

生态环境治理与保护是一部关于人类与自然从对立到统一的历史，无论是莱茵河流域"先污染，后治理"的道路，还是密西西比河流域历经两个世纪的治洪历程，流域的生态环境治理对于大流域地区的综合开发都具有基础性作用。针对长江流域所面临的生态环境挑战，要想获得未来的可持续发展，整治环境，修复补偿生态系统必然是第一步。

维护水生态系统的生物多样性。为修复莱茵河生态系统，莱茵河沿岸国家采取拆除支流区域的大坝或设置鱼道、强制上游支流区域恢复产卵场地、增加适合鱼类生存的栖息地、进行鱼类监测监控等措施，尽可能为鱼类提供适宜生存的环境。中国长江流域鱼类生物约有400余种，其鱼类产量约占我国淡水鱼类产量的70%，目前也面临物种濒危系数上升、标志性物种种群规模逐渐下降、渔获物小型化趋势明显等问题，因此，修复长江流域生态系统的生物多样性是必然要求。

加强自然保护区的环境建设。2001年发布的《莱茵河2020年行动计划》中明确要求沿岸各国向原有的莱茵河古道重新放水以恢复莱茵河的原始生态。加强湿地保护等保护自然环境的具体规定也在莱茵河各项行动计划中屡屡出现。而中国长江流域的自然保护区存在较多种类的保护对象，其侧重属性自然也应有所区分。对于自身本来就较为完整的森林生态系统，就应该以保护自然生态为主；而对于野生动物、稀有植被较为丰富的自然保护区，应以保护其特有的野生动物及稀有植被为主；对于自然风景、特殊地形地貌的自然保护区，则应以保护特色风景地貌为主。最终落实加强自然环境建设，不断努力维护好长江流域的"绿色"。

制定合理的防洪治洪计划。大流域地区发生洪水是一个较为常规的自然灾害，密西西比河、莱茵河数百年的经验沉淀，都具有丰富的治洪防洪历史。国务院于2008年出台《长江流域防洪规划》政策文件，遵循"蓄泄兼筹、以泄为主"的方针，坚持"江湖两利"和"左右岸兼顾、上中下游协调"的原则[①]。可以见得，合理的防洪治洪计划对于整治环境是必不可少的。

2. 建全制度，高能稳定运行机制

高效执行的制度规划是确保各项工作稳步推进的扎实保障。莱茵河流域以及密西西比河流域在综合开发过程中均离不开高标准的制度约束，我国长江流域在这一方面，仍然有较大的学习空间。

---

① 中华人民共和国中央人民政府网，《国务院关于长江流域防洪规划的批复》，http：//www. gov. cn/gongbao/content/2008/content _ 1065 469. htm。

设置法律地位明确的流域专门管理机构。密西西比河流域成立有密西西比河委员会，专门研究密西西比河的综合治理开发等问题。与之相比，我国目前成立有长江水利委员会，在长江流域内行使水行政管理职责。应尽快明确其性质和法律地位，确保其自主管理权，并给予充分的经济自由，保证其职责有效落实。

开发多区域多部门协同合作模式。莱茵河流域途径的各国经济发展水平各不相同，但对于莱茵河流域可持续发展的保护目标却非常一致，各个国家组织起保护莱茵河干流及支流的一系列国际专业组织，为莱茵河的开发建立了多区域多部门的协同合作模式。我国长江经济带跨越 9 省 2 市，尽管经济发展存在较大落差，但沿江省市应树立起"长江命运共同体"的协同理念，切忌将长江上中下游割裂开来，要完善区域政策，加强流域整体综合航道运输系统以及基础设施的建设，尽快建立起上游地区侧重水土整治、水电开发，中游地区侧重航道建设、制造业运营，下游地区侧重港口管理、商贸往来的分工格局。

制定明确统一的航运、水质等相关流域标准。借鉴莱茵河流域航运制度规划经验，要对航道建设、船型设计、导航标志、港口服务、物流管理等航运设备及服务标准化，以提高长江流域航道运输能力。此外，莱茵河的水质标准采用 7 个等级划分，严于我国的 5 类水质标准，水质标准控制项目的选定也更具科学性。我国在制定水环境质量标准方面，也应参考莱茵河水质标准，如用总有机碳（TOC）代替化学需氧量（COD）、用 5 日生化需氧量（BOD5）判断水质有机污染的程度等，引导长江流域水质更加健康发展。在明确污染物总量排放的前提条件下，借鉴"碳交易制度"，尽快建立排放权许可证交易制度，激发本土企业主体保护长江流域水质的积极性。

3. 平衡发展，增强核心城市辐射

大流域地区受自然流域的影响，流域发展不平衡不协调问题时常出现。莱茵河与密西西比河已分别形成具有"点—轴—面""点—轴"特点的开发模式，城市带动作用显著，长江流域目前拥有 4 个经济中心城市，分别为上游——重庆，中游——武汉、南京，下游——上海，如何平衡中心城市与周边城市发展，增强节点城市的辐射效应，依然是重要的经验考察点。

建立综合交通运输网络。密西西比河与莱茵河沿岸的一些港口城市，承担着重要的交通枢纽职责，许多铁路以及高速公路依河而建，久而久之流域便形成四通八达、水陆两用的交通网络。建立综合交通运输网络，有利于周边城市向中心城市聚集经济要素，有利于中心城市向周边城市辐射产业元素。目前长江流域的许多城市交通方式仍较为单一，难以做到真正的水陆两用，且城市与城市间的交通往来仍然不够便捷，未来要加强中小城市之间的交通联系，尽快建成长江综合立体交通走廊。

增强港城产联动发展。德国莱茵河流域沿岸布局有欧洲最大内河港——杜伊斯堡港以及一批重要港口，形成了杜伊斯堡、路德维西、埃森、杜塞尔多夫等一大批世界著名城市，如今德国境内的莱茵河沿岸布局有莱茵—鲁尔重化工业区、莱茵—内卡新兴工业区等工业园区，涵盖煤、生铁、钢等产业。长江流域港口城市在发展过程中，也要遵循港城产互动发展的规律，要依托港口优势，加快推动城市建设，发展壮大特色产业，形成港城产联动发展，拓展腹地纵深梯度发展，增强核心港口城市的辐射作用。

培育沿江潜力城市经济生长。结合莱茵河流域和密西西比河流域开发经验，长江流域也应注重沿江一些普通地级市的发展。目前，长江流域已经涌现出一批新兴现代化城市，无锡、南通、常州、宜昌、镇江、芜湖，这些地级市各凭优势，具有不同的产业着力点，此外大多数城市聚焦在核心城市上海、南京、武汉周围。未来核心城市仍需继续辐射带动周边城市新型城镇化建设，加强与周边城市的交通干线建设，构建合理的产业布局。

第三节 结 语

随着经济社会发展阶段的转变、能源革命的来临以及跨区域环境污染事件的频繁发生，绿色可持续、跨区域的合作与共赢已然成为区域发展中关注的焦点；另一方面，近 30 年来技术、制度和国际政治的变革，全球价值链分工体系日益深化，需要增强国内不同地区发展的协同性，构建世界级城市群，参与全球经济角力。以往"政策洼地""以 GDP 为导向的地方竞争激励机制"以及"不合理的资源要素价格机制"等使区域间的差距不断扩大、环境污染问题日益突出，原有的区域经济增长方式已不再适应新的国际与国内环境，需要注重系统性、整体性的发展思路，更强调区域内城市发展路径的差异化、多元化，绿色协同发展是转变传统区域经济发展模式、实现环境有效治理的必然选择。

　　我国的环境污染，特别是大气污染，追根溯源实际上是区域经济发展问题，分析环境问题，首先必须对区域经济发展有明确的认识。而另一方面，中国的经济，无论是产业的发展还是相关政策的制定均呈现出明显的空间特性，污染是区域发展问题，同样也具有空间地域特征，污染的地理维度与经济活动的空间模式相互作用、紧密联系。那么，从空间的视角探讨中国的环境经济问题是必要的、也是十分重要的，同时将空间维度纳入到问题分析中也是当前经济学研究的主流趋势。因此，本书以空间视角探讨区域经济与环境的互动关联，将空间计量方法融入到区域经济分析中，进而在数量实证方面进一步拓展新经济地理学对区域经济问题的探讨，以此为基础分析各省域之间、城市群之间的交互影响关系，并得到一些政策启示。

　　对于京津冀而言，从政策规划协同视角进行分析，关键在于突破条块分割的行政壁垒，将顶层设计充分落实，不断拓展协同发展的广度与深度；从产业协同视角进行分析，要着力加快产业对接协作，在优化产业布局的同时兼顾产业政策公平；从交通协同视角进行分析，将交通领域作为绿色协同发展的先行选择，加快推动交通一体化发展，同时不断提高交通运输的能源效率及智能化水平；从生态环保协同视角分析，要突破单一的地区治理模式，积极构建区域生态环境共建共享机制。

　　对于长江经济带而言，从政策规划协同视角分析，应进一步推进次区域的规划协同和政策协同，并通过法律手段确保协同的有效性和稳定性；从产业协同视角进行分析，应进一步强调市场在资源配置中的作用，构建良好的营商环境，形成更为合理的产业分工布局；从交通协同视角分析，应依托长江黄金水道主轴，在初步形成综合立体交通走廊的基础上，围绕绿色发展，调整运输供需中存在的结构性矛盾，完善沿江省市协同共建机制，推动建设更高质量、更高标准、更高智能的交通一体化局面；从生态环保协同视角分析，应建立由中央牵头的流域生态治理执法机构，尝试构建科学明晰的区域间生态补偿机制。

对于粤港澳大湾区而言，从政策规划协同视角分析，虽然《粤港澳大湾区协同发展规划》的出台进一步明晰了粤港澳大湾区的目标、方向和空间布局规划，但由于湾区内存在三种制度，在诸多领域存在明显的差异，因此要真正实现规划与政策上的协同还需要很长的时间，克服很多困难；从产业协同视角进行分析，应进一步增进香港、澳门与内地城市的深度合作与交流，统筹协调珠三角城市群内部的产业分工布局，避免因产业重构造成的资源浪费与重复建设；从交通协同视角分析，粤港澳大湾区的制度协同是阻碍交通协同的关键壁垒，设施共建、数据共享、责任共担是破壁关键；从生态环保协同视角分析，应建立统一的生态环保协作法制基础和质量标准，构建以市场为导向的区域生态环保协同合作机制。

当前，我国国家级区域发展战略空间布局路径逐渐清晰，区域由过去"单打独斗式"转向"多区域、跨区域"协调发展。其中，京津冀区域、长江经济带和粤港澳大湾区是引领区域协调发展新格局的重要战略。弱化区域经济增长中的"循环累积效应"和"虹吸效应"，增强区域核心城市的辐射引领带动作用，在政策、规划、产业以及生态环保四个层面实现深度协同，将极大地推动区域经济的绿色协同发展，助力"2035美丽中国"和谐愿景的实现。

参 考 文 献

[1] Acemoglu D, Aghion P, Bursztyn L, et al. The Environment and Directed Technical Change[J]. American Economic Review, 2012, 102(1):131-166.

[2] Amemiya T. Regression Analysis when the Dependent Variable is Truncated Normal[J]. Econometrica: Journal of the Econometric Society, 1973, 41(6): 997-1016.

[3] Anselin L. *Spatial Econometrics: Methods and Models* [M]. Boston: Kluwer Academic Publisher, 1988.

[4] Anselin L. *The Moran Scatter Plot as an ESDA Tool to Assess Local Instability in Spatial Association*[M]. London, UK: Taylor and Francis, 1996.

[5] Anselin L. Spatial Effects in Econometric Practice in Environmental and Resource Economics[J]. American Journal of Agricultural Economics, 2001, 83(3): 705-710.

[6] Anselin L. Exploring Spatial Data with GeoDa: A Workbook(2005)[EB/OL]. http://geodacenter. asu. edu/system /files/geodaworkbook. pdf.

[7] Ansoff H. I. *Corporate Strategy An Analytic Approach to Business Policy for Growth and Expansion*[M]. New York: McGraw-Hill, 1965.

[8] Antweiler W, Copeland B. R. , Taylor M. S. Is Free Trade Good for the Environment[J]. American Economic Review, 2001, 91(04):877-908.

[9] Baltagi B H, Bresson G, Pirotte A. Fixed Effects, Random Effects or Hausman-Taylor?: A Pretest Estimator[J]. Economics Letters, 2003, 79(3): 361-369.

[10] Barbera A. J, McConnell V. D. The Impact of Environmental Regulation on Industry Productivity: Direct and Indirect Effects[J]. Journal of Environmental Economics and Management, 1990, 18(01):50-65.

[11] Barry R. P, Pace R. K. A Monte Carlo Estimates of the Log Determinant of Large

Sparse Matrices[J]. Linear Algebr and its Applications, 1999, (289): 41-54.

[12] Battelle Memorial Institute, Center for International Earth Science Information Network-CIESIN-Columbia University. 2013. Global Annual Average PM 2.5 Grids from MODIS and MISR Aerosol Optical Depth (AOD), 2001—2010. [EB/OL]. http://sedac. ciesin. columbia. edu/data/set/sdei-global-annual-avg-pm2-5-2001-2010.

[13] Becker R. A. Local Environmental Regulation and Plant-level Productivity[J]. Ecological Economics, 2011, 70(12):2516-2522.

[14] Beenstock M, Felsenstein D. Spatial Vector Autoregressions[J]. Spatial Economic Analysis, 2007, 2(2):167-196.

[15] Behrens K, Thisse J. F. Regional Economics: A New Economic Geography Perspective[J]. Regional Science and Urban Economics, 2007, 37(4):457-465.

[16] Bivand R S, Pebesma E J, Gomez-Rubio V, et al. *Applied Spatial Data Analysis with R*[M]. New York: Springer, 2013.

[17] Bockstael N. E. Modeling Economics and Ecology: The Importance of a Spatial Perspective[J]. American Journal of Agricultural Economics, 1996, 78 (5): 1168-1180.

[18] Breslaw J. A. Multinomial Probit Estimation without Nuisance Parameters[J]. Econometrics Journal, 2002(2): 417-434.

[19] Breton A. *Competitive Governments: An Economic Theory of Politics and Public Finance*[M]. London: Cambridge University Press, 1998.

[20] Burridge P. On the Cliff-Ord Test for Spatial Autocorrelation[J]. Journal of the Royal Statistical Society, 1980(42):107-108.

[21] Bivand R. et al. *Applied Spatial Data Analysis with R* [M]. Norwegian: Springer, 2013.

[22] Chapman K. The Incorporation of Environmental Considerations into the Analysis of Industrial Agglomeration: Examples from the Petrochemical Industry in Texas and Louisiana[J]. Geoforum, 1983, 14(1):37-44.

[23] Cole M. A, Elliott R. J. Determining the Trade-Environment Composition Effect: The Role of Capital, Labor and Environmental Regulations [J]. Journal of Environmental Economics and Management, 2003, 3(46):363-383.

[24] Chiu T. Y. M, Tsui L. K. W. The Matrix-Logarithmic Covariance Model[J].

Publications of the American Statistical Association，1996，91(433)：198-210.

[25] Chuai Xiaowei et al. Spatial Econometric Analysis of Carbon Emissions from Energy Consumption In China[J]. Journal of Geographical Sciences，2012，22(4)：630-642.

[26] Cole M. A，Rayner A. J，Bates J. M. The Environmental Kuznets Curve：An Empirical Analysis[J]. Environment and Development Economics，1997，2(4)：401-416.

[27] Dam L，Scholtens B. The Curse of the Haven：The Impact of Multinational Enterprise on Environmental Regulation[J]. Ecological Economics，2012，(78)：148-156.

[28] Debarsy N，Ertur C，LeSage J. P. Interpreting Dynamic Space-Time panel Data Models[J]. Stat Methodol，2012，(1-2)：158-171.

[29] Debarsy N，Ertur C. Testing for Spatial Autocorrelation in a Fixed Effects Panel Data Model[J]. Reg Sci Urban Econ 2010，(40)：453-470.

[30] Dean J. M，Lovely M. E，Wang H. Are Foreign Investors Attracted to Weak Environmental Regulations? Evaluating the Evidence from China[J]. Journal of Development Economics，2009，(12)：121-146.

[31] Dinda S. Environmental Kuznets Curve Hypothesis：A Survey[J]. Ecological Economics，2004(04)：431-455.

[32] Domazlicky B. R，Weber W. L. Does Environmental Protection Lead to Slower Productivity Growth in the Chemical Industry[J]. Environmental and Resource Economics，2004，28(03)：301-324.

[33] Eastin J，Zeng K. Are Foreign Investors Attracted to"Pollution Havens"in China? [J]. Environmental & Resource Economics，2009，20(03)：241-254.

[34] Elbers C，Withagen C. Environmental Policy，Population Dynamics and Agglomeration[J]. Contributions in Economic Analysis & Policy，2003，3(2)：1-23.

[35] Elhorst J. P. Freret S. Evidence of Political Yardstick Competition in France Using a Two-Regime Spatial Durbin Model with Fixed Effects[J]. Journal of Regional Science，2009，49(5)：931-951.

[36] Elhorst J. P. Applied Spatial Econometrics：Raising the Bar[J]. Spatial Economic Analysis，2010，5(1)：9-28.

［37］ Elhorst J. P. Matlab Software for Spatial Panels［J］. International Regional Science Review, 2012, 37(3):389-405.

［38］ Elhorst J. P. *Spatial Econometrics From Cross-sectional Data to Spatial Panels* ［M］. Dordrecht, Finland: Springer, 2014.

［39］ Eskeland G. S, HarrisonA. E. Moving to Greener Pastures? Multinationals and the Pollution Haven Hypothesis［J］. Journal of Development Economics, 2003, 70 (01):1-23.

［40］ Figueiredo C, Da Silva A. R. A Matrix Exponential Spatial Specification approach to Panel Data Models［J］. Empirical Economics, 2015, 49(1): 115-129.

［41］ Fredriksson P. G, Millimet D. L. Strategic Interaction and the Determinants of Environmental Policy across U. S. States［J］. Journal of Urban Economics, 2002, 51(1):101-122.

［42］ Glaeser E. L. , Kahn M. E. , The greenness of cities: Carbon dioxide emissions and urban development［J］. Journal of Urban Economics, 2010, 67 (3):404-418.

［43］ Gollop F. M, Roberts M. J. Environmental Regulations and Productivity Growth: The Caseof Fossil-fueled Electric Power Generation［J］. Journal of Political Economy, 1983, 91(04):654-674.

［44］ Goodchild M. F, Anselin L, Appelbaum R. P. Toward Spatially Integrated Social Science［J］. International Regional Science Review, 2000, 23(2):139-159.

［45］ Grand J. L. Equity and Choice: An Essay in Economics and Applied Philosophy ［J］. Harper Collins Academic, 1993, 102(415):13-34.

［46］ Gray K. R. Foreign Direct Investment and Environmental Impacts-is the Debate Over? ［J］. Review of European Community & International Environmental Law, 2002, 11(03):306-313.

［47］ Grossman G. M, Helpman E. Technology and Trade. Grossman G. M. , Rogoff K. *Handbook of Internationnal Economics*［M］. Amsterdam: North Holland, 1995.

［48］ Grossman G. M, Krueger A. B. , Economic Growth and the Environment［R］. NBER Working Paper, 1994.

［49］ Grossman G. M, Krueger A. B. , Environmental Impacts of a North American Free Trade Agreement［R］. NBER Working Paper, 1991.

［50］ Haken H. Synergetics and Computers［J］. Journal of Computational and Applied

Mathematics，1988，22(2-3)：197-202.

[51] Hamamoto M. Environmental Regulation and the Productivity of Japanese Manufacturing Industries[J]. Resource and Energy Economics，2006，28(04)：299-312.

[52] Hancevic P. I. Environmental Regulation and Productivity：the Case of Electricity Generation under the CAAA-1990[J]. Energy economics，2016，(60)：131-143.

[53] Han X，Lee L. Bayesian Estimation and Model Selection for Spatial Durbin Error Model with Finite Distributed Lags[J]. Regional Science and Urban Economics，2013a，43(5)：816-837.

[54] Han X，Lee L. Model Selection Using J-Test for the Spatial Autoregressive Model vs. the Matrix Exponential Spatial Model [J]. Regional Science and Urban Economics，2013b，43(2)：250-271.

[55] Harris M. N，Konya L，Matyas L. Modelling the Impact of Environmental Regulations on Bilateral Trade Flows：OECD，1990—1996 [J]. The World Economy，2002，25(03)：387-405.

[56] Hettige H，Dasgupta S，Wheeler D. What Improves Environmental Compliance? Evidence from Mexican industry[J]. Journal of Environmental Economics and Management，2000，39 (1)：39-66.

[57] Heyes A. Is Environmental Regulation Bad for Competition? A Survey[J]. Journal of Regulatory Economics，2009，36(01)：1-28.

[58] Huynh M，Woodruff T. J，Parker J. D，et al. Relationships Between Air Pollution and Preterm Birth in California[J]. Paediatr Perinat Epidemiol，2006，20(6)：454-461.

[59] Jenish N，Prucha I. R. On Spatial Processes and Asymptotic Inference under Near-epoch Dependence[J]. Journal of Econometrics，2012，170(1)：178-190.

[60] Jin F，Lee L. Irregular N2SLS and LASSO Estimation of the Matrix Exponential Spatial Specification Model[J]. Journal of Econometrics，2018，206(2)：336-358.

[61] Jong R，Herrera A. M. Dynamic Censored Regression and the Open Market Desk Reaction Function[J]. Journal of Business & Economic Statistics，2011，29(2)：228-237.

[62] Kelejian H. H，Prucha I. R. A Generalized Moments Estimator for the Autoregressive Parameter in a Spatial Model[J]. International Economic Review，

1999, 40(2):509-533.

[63] Kelejian H. H, Prucha I. R. Estimation of Simultaneous Systems of Spatially Interrelated cross Sectional Equations[J]. Journal of Econometrics, 2004, 118(1-2):27-50.

[64] Kelejian H. H. , Prucha I. R. On the Asymptotic Distributionof the Moran I Test Statistic with Applications[J]. Journal of Econometrics, 2001, 104(2): 219-257.

[65] Kheder S. B, Zugravu N. Environmental Regulation and French Firms Location Aboard: An Economic Geography Model in an International Comparative Study[J]. Ecological Economics, 2012, 77(03):48-61.

[66] Klier T, Mcmillen D. P. Clustering of Auto Supplier Plants in the United States [J]. Journal of Business & Economic Statistics, 2008, 26(4):460-471.

[67] Kneller R, Manderson E. Environmental Regulations and Innovation Activity in UK Manufacturing Industries[J]. Resource and Energy Economics, 2012, 34 (02):211-235.

[68] Konisky D. M. Regulatory Competition and Environmental Enforcement: Is There a Race to the Bottom? [J]. American Journal of Political Science, 2007, 51(4): 853-872 .

[69] Krugman, P. Increasing Returns, Industrialization and Indeterminacy of Equilibrium[J]. The Quarterly Journal of Economics, 1991(5):617-650.

[70] Lange A, Quaas M. F. Economic Geography and the Effect of Environmental Pollution on Agglomeration[J]. The BE Journal of Economic Analysis & Policy, 2007, 7(1):1-33.

[71] Lanoie P, Patry M, Lajeunesse R. Environmental Regulation and Productivity Testing the Porter Hypothe[J]. Journal of Productivity Analysis, 2008, (30): 121-128.

[72] Lee L, Liu X, Xu L. Specification and Estimation of Social Interaction Models with Network Structures[J]. The Econometrics Journal, 2010, 13(2):145-176.

[73] Lee L, Yu J. Estimation of Spatial Autoregressive Panel Data Models with Fixed Effects[J]. Journal of Econometrics, 2010, 154(2):165-185.

[74] Lee L, Yu J. Spatial Panels: Random Components Versus Fixed Effects: Spatial Panels[J]. International Economic Review, 2012, 53(4): 1369-1412.

[75] Lee M. Environmental Regulation and Production Structure for the Korea Iron and

Steel Industry[J]. Resource and Energy Economics，2008，30(01)：1-11.

[76] LeSage J. P，Fischer M. M. Spatial Growth Regressions：Model Specification，Estimation and Interpretation[J]. Spatial Economic Analysis，2008，3(3)：275-305.

[77] Lesage，J. P，Pace R. K. *Introduction to Spatial Econometrics*[M]. Boca Raton，USA：CRC Press，2009.

[78] Lesage J. P，Pace R. K. Pitfalls in Higher Order Model Extensions of Basic Spatial Regression Methodology[J]. Review of Regional Studies，2011，41(1)：13-26.

[79] Lesage J. P，Ha C. L. The Impact of Migration on Social Capital：Do Migrants Take Their Bowling Balls with Them？[J]. Growth & Change，2012，43(1)：1-26.

[80] Liang F. H. Does Foreign Direct Investment Harm the Host Country's Environment？Evidence from China[J]. Social Science Electronic Publishing，2006.

[81] Li G. D，Fang C. L，Wang S. J，et al. The Effect of Economic Growth，Urbanization and Industrialization on Fine Particulate Matter (PM2.5) Concentrations in China[J]. Environmental Science & Technology，2016，50(21)：11452-11459.

[82] List J. A，Co C. Y. The Effects of Environmental Regulations on Foreign Direct Investment[J]. Journal of Envi- ronmental Economics and Management，2000，40(1)：1-20.

[83] Maddison D. Modelling Sulphur Emissions in Europe：A Spatial Econometric Approach[J]. Oxford Economic Papers，2007，59(4)：726-743.

[84] Maradan D，Vassiliev，A. Marginal Costs of Carbon Dioxide Abatement：Empirical Evidence from Cross-country Analysis[J]. Swiss Journal of Economics and Statistics，2005，141(3)：377-410.

[85] Markusen J. R. The Boundaries of Multinational Enterprises and the Theory of International Trade[J]. Journal of Economic Perspectives，1995，9(2)：169-189.

[86] Martinez-Alier J. The Environment as a Luxury good or "Too Poor To Be Green"[J]. Ecological Economics，1995，13(1)：1-10.

[87] Mazzanti M，Zoboli R. Environmental Efficiency and Labor Productivity：Trade-off or Joint Dynamics？A Theoretical Investigation and Empirical Evidence from Italy using NAMEA[J]. Ecological Economics，2009，68(04)：1182-1194.

［88］Mcmillen D. P. Selection Bias in Spatial Econometric Models［J］. Journal of Regional Science, 2006, 35(3):417-436.

［89］McPherson M. A, Nieswiadomy M. L. Environmental Kuznets Curve:Threatened Species and Spatial Effects［J］. Ecological Economics, 2005, 55(3): 395-407.

［90］Meadows H, et al. *The Limits to Growth*［M］. New York:University Books, 1972.

［91］Michael, McGuire. Collaborative Public Management: Assessing What We Know and How We Know It［J］. Public Administration Review, 2006, 66(1):3-43.

［92］Michelle L. B, Devra L. D. Reassessment of the Lethal London Fog of 1952: Novel Indicators of Acute and Chronic Consequences of Acute Exposure to Air Pollution［J］. Environmental Health Perspectives, 2001(109):389-389.

［93］Mielnik O, Goldemberg J. Foreign Direct Investment and Decoupling between Energy and Gross Domestic Product in Developing Countries［J］. Energy Policy, 2002, 30(02):87-89.

［94］Bockstael N. E. Modeling Economics and Ecology:The Importance of a Spatial Perspective［J］. American Journal of Agricultural Economics, 1996, 78(5):1168-1180.

［95］Newell R. G, Jaffe A. B, Stavins R. N. The Induced Innovation Hypothesis and Energy-saving Technological Change［J］. The Quarterly Journal of Economics, 1999, 114(3):941-975.

［96］Oates W. E, Portney P. R. The Political Economy of Environmental Policy［J］. Handbook of Environmental Economics, 2003(2):325-354.

［97］Panayotou T. Empirical Tests and Policy Analysis of Environmental Degradation at Different Stages of Economic Development［R］. International Labor Office(Geneva) Working Paper, 1993.

［98］Pinkse J, Slade M. E. Contracting in Space: An Application of Spatial Statistics to Discrete-choice Models［J］. Journal of Econometrics, 1998, 85(1):125-154.

［99］Poon Jessie P. H. et al. The Impact of Energy, Transport, and Trade on Air Pollution in China［J］. Eurasian Geography and Economics, 2006, 47(5):568-584.

［100］Qu X, Lee L. F. LM Tests for Spatial Correlation in Spatial Models with Limited Dependent Variables［J］. Regional Science and Urban Economics, 2012, 42(3):

430-445.

[101] Qu X, Lee L. F. Locally Most Powerful Tests for Spatial Interactions in the Simultaneous SAR Tobit Model[J]. Regional Science and Urban Economics, 2013, 43(2):307-321.

[102] Rauscher M. Economic Growth and Tax-Competition Leviathans[J]. International Tax and Public Finance, 2005(12):457-474.

[103] Revelli F. On Spatial Public Finance Empirics[J]. International Tax and Public Finance, 2005, 12(4):475-492.

[104] Rezza A. A. FDI and Pollution Havens: Evidence from the Norwegian Manufacturing Sector[J]. Ecological Economics, 2013, 90(03):140-149.

[105] Rosenthal S. S, StrangeW. C. Geography, Industrial Organization and Agglomeration[J]. Review of Economics and Statistics, 2003, 85(2):377-393.

[106] Rupasingha A. et al. The Environmental Kuznets Curve for US Counties: A Spatial Econometric Analysis with Extensions[J]. Papers in Regional Science, 2004, 83:407-424.

[107] Seldadyo H, Elhorst J. P, Haan D. J. Geography and Governance: Does Space Matter?: Geography and Governance[J]. Papers in Regional Science, 2010, 89 (3):625-640.

[108] Shafik N, Bandyopadhyay S. Economic Growth and Environmental Quality:Time Series and Cross-country Evidence [R]. Background Paper for the World Development Report, 1992.

[109] Sinha A. Trilateral Association between SO_2/NO_2 Emissions, Inequality in Energy Intensity, and Economic Growth: a Case of Indian Cities[J]. Atmospheric Pollution Research, 2016, (07):647-658.

[110] Sinn H. W. Public Policies against Global Warming: A Supply Side Approach[J]. Cesifo Working Paper, 2008, 15(04):360-394.

[111] Stakhovych S. , Bijmolt T. H. A. Specification of Spatial Models: A Simulation Study On Weights Matrices[J]. Paper Regional Science, 2009, (88):389-408.

[112] Stern D. I. The Rise and Fall of the Environmental Kuznets Curve[J]. World Develop-ment , 2004, 32(8):1419-1439.

[113] Stokey N. L. Are There Limits to Growth? [J]. International Economic Review, 1998, 39(1):1-31.

［114］Suri V, Chapman D. Economic Growth, Trade and Energy: Implications for the Environmental Kuznets Curve［J］. Ecological Economics, 1998, 25（02）: 195 - 208.

［115］Tang L, Wu J, Yu L, Bao Q. Carbon Emissions Trading Scheme Exploration in China: A Multi-Agent-Based Model［J］. Energy Policy, 2015, （81）:152-169.

［116］Tobey J. A. The Effects of Domestic Environmental Policies on Patterns of World Trade: An Empirical Test［J］. Kyklos, 1990, 43（02）:191-209.

［117］Van Beers C, Van den Bergh. An Overview of Methodological Approaches in the Analysis of Trade and Environment［J］. Journal of World Trade, 1996, 30（1）: 143-167.

［118］Van Marrewijk C. Geographical Economics and the Role of Pollution on Location ［J］. Tinbergen Institute Discussion Papers, 2005, 3:28-48.

［119］Van D. A, Martin R. V, Brauer M, et al. Global Estimates of Fine Particulate Matter Using a Combined Geophysical-statistical Method with Information from Satellites, Models, and Monitors［J］. Environment science&technology, 2016, 50（07）:3762-3772.

［120］Vega, H. S. , Elhorst J. P. On Spatial Econometric Models, Spillover Efects, and W［R］. The 53rd ERSA conference, Palermo, Italy, 2013.

［121］Walter I, Ugelow J. L. Environmental Policies in Developing Countries［J］. Ambio, 1979, 8（02）:102-109.

［122］Wang H, Iglesias E. M, Wooldridge J. M. Partial Maximum Likelihood Estimation of Spatial Probit Models［J］. Journal of Econometrics, 2013, 172（1）: 77-89.

［123］Wang S. , Feng S. Energy Consumption with Sustainable Development in Developing Country: A Case in Jiangsu, China［J］. Energy Policy, 2003, （31）.

［124］Williamson O. E. Why Institutions Matter［J］. Journal of Institutional & Theoretical Economics, 1990, 146（1）:61-71.

［125］Wilson J. D. Theories of Tax Competition［J］. National Tax Journal, 1999, 52 （02）:269-304.

［126］Woods N. D. Interstate Competition and Environmental Regulation: A Test of the Race to the Bottom Thesis［J］. Social Science Quarterly, 2006, 87（1）:174-189.

［127］Zarsky L. Havens. Halos and Spaghetti: Untangling the Evidence about Foreign

Direct Investment and the Environment[J]. Foreign Direct Investment&the Environment Oecd Proceedings, 1999, (01):47-74.

[128] Zhao X. L, Zhao Y, Zeng S. X, Zhang S. F. Corporate Behavior and Competitiveness: Impact of Environmental Regulation on Chinese Firms[J]. Journal of Cleaner Production, 2015, 86(01):311-322.

[129] Zheng S. Q, Kahn M. E. Understanding China's Urban Pollution Dynamics[J]. Journal of Economic Literature, 2013, 51(3):731-772.

[130] Zheng S. Q, Rui W, Glaeser E. L, Kahn M. E. The Greenness of China: Household Carbon Dioxide Emissions and Urban Development[J]. Journal of Economic Geography, 2011, 11(5):761-792.

[131] 安虎森等:新经济地理学原理[M].北京:经济科学出版社,2009。

[132] 白重恩,杜颖娟,陶志刚,全月婷:地方保护主义及产业地区集中度的决定因素和变动趋势[J].经济研究,2004(04):29-40。

[133] 白俊红,吕晓红:FDI质量与中国环境污染的改善[J].国际贸易问题,2015,(08):72-83。

[134] 白列湖:协同论与管理协同理论[J].甘肃社会科学,2007(05):228-230。

[135] 包群,邵敏:外资进入与所有制约束下的劳动力价格差异[J].国际贸易问题,2009,(07):97-105。

[136] 蔡昉,都阳,王美艳:经济发展方式转变与节能减排内在动力[J].经济研究,2008(06):4-11+36。

[137] 蔡昉,王德文,曲玥:中国产业升级的大国雁阵模型分析[J].经济研究,2009,44(09):4-14。

[138] 陈春,肖光恩,陈林,赵月:基于DEA的中国技术效率地区差异估算[J].武汉科技大学学报(社会科学版),2013,15(01):87-90。

[139] 陈佳贵,黄群慧,吕铁,李晓华等:中国工业化进程报告(1995—2010)[M].北京:社会科学文献出版社,2012。

[140] 陈强:高级计量经济学及Stata应用[M].北京:高等教育出版社,2014。

[141] 陈添,华蕾,金蕾,徐子优,王洪光,白俊松,刘卫红,胡月琪,林安国:北京市大气PM_(10)源解析研究[J].中国环境监测,2006(06):59-63。

[142] 陈耀,陈钰:我国工业布局调整与产业转移分析[J].当代经济管理,2011,33(10):38-47。

[143] 程皓,阳国亮:区域一体化与区域协同发展的互动关系研究——基于粤港澳大

湾区及其腹地的 PVAR 模型和中介效应分析[J].经济问题探索,2019,(10):65-81。

[144] 崔亚飞,刘小川:中国地方政府间环境污染治理策略的博弈分析——基于政府社会福利目标的视角[J].理论与改革,2009(06):62-65。

[145] 邸晓星,徐中:京津冀区域人才协同发展机制研究[J].天津师范大学学报(社会科学版),2016,(01):37-40+45。

[146] 底志欣:京津冀协同发展中流域生态共治研究[D].中国社会科学院研究生院,2017。

[147] 丁继红,年艳:经济增长与环境污染关系剖析——以江苏省为例[J].南开经济研究,2010(02):64-79。

[148] 东童童,李欣,刘乃全:空间视角下工业集聚对雾霾污染的影响——理论与经验研究[J].经济管理,2015,37(09):29-41。

[149] 董直庆,蔡啸,王林辉:技术进步方向、城市用地规模和环境质量[J].经济研究,2014,49(10):111-124。

[150] 范子英,李欣:部长的政治关联效应与财政转移支付分配[J].经济研究,2014,49(06):129-141。

[151] 范子英,田彬彬:政企合谋与企业逃税:来自国税局长异地交流的证据[J].经济学(季刊),2016,15(04):1303-1328。

[152] 范子英,彭飞:“营改增”的减税效应和分工效应:基于产业互联的视角[J].经济研究,2017,52(02):82-95。

[153] 冯根福,刘志勇,蒋文定:我国东中西部地区间工业产业转移的趋势、特征及形成原因分析[J].当代经济科学,2010,32(02):1-10+124。

[154] 冯怡康,王雅洁:基于 DEA 的京津冀区域协同发展动态效度评价[J].河北大学学报(哲学社会科学版),2016,41(02):70-74。

[155] 冯永锋:空气治理的明喻与暗寓[J].绿叶,2013(11):37-44。

[156] 高素英,张烨,许龙,王羽婵:协同发展视野下京津冀产业协同路径研究——以轨道交通产业为例[J].天津大学学报(社会科学版),2016,18(06):529-534。

[157] 顾朝林:城市群研究进展与展望[J].地理研究,2011,30(05):771-784。

[158] 国务院发展研究中心发展战略和区域经济研究部:协同:促进区域经济增长的新路径[M].北京:中国发展出版社,2017。

[159] 郭志仪,郑周胜:财政分权、晋升激励与环境污染:基于 1997—2010 年省级面板数据分析[J].西南民族大学学报(人文社会科学版),2013,34(03):

103-107。

[160] 韩超,孙晓琳,李静:环境规制垂直管理改革的减排效应——来自地级市环保系统改革的证据[J].经济学(季刊),2021,21(01):335-360。

[161] 韩峰,谢锐:生产性服务业集聚降低碳排放了吗?——对我国地级及以上城市面板数据的空间计量分析[J].数量经济技术经济研究,2017,34(03):40-58。

[162] 韩国高,高铁梅,王立国,齐鹰飞,王晓姝:中国制造业产能过剩的测度、波动及成因研究[J].经济研究,2011,46(12):18-31。

[163] 郝宇,廖华,魏一鸣:中国能源消费和电力消费的环境库兹涅茨曲线:基于面板数据空间计量模型的分析[J].中国软科学,2014(01):134-147。

[164] 何兴邦:环境规制与中国经济增长质量——基于省际面板数据的实证分析[J].当代经济科学,2018,40(02):1-10+124。

[165] 贺玉德,马祖军:基于CRITIC-DEA的区域物流与区域经济协同发展模型及评价——以四川省为例[J].软科学,2015,29(03):102-106。

[166] 洪银兴,高波:可持续发展经济学[M].北京:商务印书馆,2000。

[167] 侯永志,张永生,刘培林等:区域协同发展:机制与政策[M].北京:中国发展出版社,2016。

[168] 胡鞍钢,刘生龙:交通运输、经济增长及溢出效应——基于中国省际数据空间经济计量的结果[J].中国工业经济,2009(05):5-14。

[169] 胡艺,张晓卫,李静:出口贸易、地理特征与空气污染[J].中国工业经济,2019,(09):98-116。

[170] 湖南省社会科学院绿色发展研究团队:长江经济带绿色发展报告(2017)[M].北京:社会科学文献出版社,2018。

[171] 黄静波,李纯:湘粤赣边界区域红色旅游协同发展模式[J].经济地理,2015,35(12):203-208。

[172] 黄磊,吴传清:长江经济带工业绿色创新发展效率及其协同效应[J].重庆大学学报(社会科学版),2019,25(03):1-13。

[173] 黄清煌,高明:环境规制对经济增长的数量和质量效应——基于联立方程的检验[J].经济学家,2016,(04):53-62。

[174] 黄群慧:论中国工业的供给侧结构性改革[J].中国工业经济,2016(09):5-23。

[175] 黄祖辉,刘慧波,邵峰:城乡区域协同发展的理论与实践[J].社会科学战线,2008,(08):71-78。

[176] 霍露萍,张燕:环境污染与城市发展质量——基于面板联立方程模型的实证分

析[J].软科学,2020,34(11):27-32+45。

[177] 姬兆亮:区域政府协同治理研究[D].上海交通大学,2012。

[178] 景维民,张璐:环境管制、对外开放与中国工业的绿色技术进步[J].经济研究,2014,49(09):34-47。

[179] 金煜,陈钊,陆铭:中国的地区工业集聚:经济地理、新经济地理与经济政策[J].经济研究,2006(04):79-89。

[180] 孔凡斌,李华旭:长江经济带产业梯度转移及其环境效应分析——基于沿江地区11个省(市)2006—2015年统计数据[J].贵州社会科学,2017(09):87-93。

[181] 李国超:基于协同学的模块化物流系统演化过程与协同度测定研究[D].大连海事大学,2013。

[182] 李国平,陈晓玲:我国外商直接投资地区分布影响因素研究——基于空间面板数据模型[J].当代经济科学,2007(03):43-48+124-125。

[183] 李虹,亚琨:我国产业碳排放与经济发展的关系研究——基于工业、建筑业、交通运输业面板数据的实证研究[J].宏观经济研究,2012(11):46-52+66。

[184] 李敬,陈澍,万广华等:中国区域经济增长的空间关联及其解释——基于网络分析方法[J].经济研究,2014,49(11):4-16。

[185] 李锴,齐绍州:贸易开放、经济增长与中国二氧化碳排放[J].经济研究,2011(11):60-72。

[186] 李胜兰,初善冰,申晨:地方政府竞争、环境规制与区域生态效率[J].世界经济,2014,37(04):88-110。

[187] 李雪慧:区域产业转移对我国能源消费的影响[J].当代财经,2016(11):3-13。

[188] 李小胜,宋马林,安庆贤:中国经济增长对环境污染影响的异质性研究[J].南开经济研究,2013(05):96-114。

[189] 李周,包晓斌:中国环境库兹涅茨曲线的估计[J].科技导报,2002(04):57-58+25。

[190] 梁琦:空间经济学:过去、现在与未来——兼评《空间经济学:城市、区域与国际贸易》[J].经济学(季刊),2005(03):1067-1086。

[191] 梁琦等:环境管制下南北区位投资份额、消费份额与污染总量控制[A]//梁琦.空间经济研究[M].北京:中国经济出版社,2013。

[192] 林伯强,姚昕,刘希颖:节能和碳排放约束下的中国能源结构战略调整[J].中国社会科学,2010(01):58-71+222。

[193] 林先扬等:粤港澳大湾区城市群经济整合研究[M].广州:广东人民出版社,

2017。

[194] 林勇军,陈星宇:环境规制、经济增长与可持续发展[J].湖南社会科学,2015,
(04):151-155。

[195] 刘秉镰,孙哲:京津冀区域协同的路径与雄安新区改革[J].南开学报(哲学社
会科学版),2017,(04):12-21。

[196] 刘畅,林绅辉,焦学尧,沈小雪,李瑞利:粤港澳大湾区水环境状况分析及治理
对策初探[J].北京大学学报(自然科学版),2019,55(06):1085-1096。

[197] 刘传江,胡威:外商直接投资提升了中国的碳生产率吗?——基于空间面板
Durbin模型的经验分析[J].世界经济研究,2016,(01):99-109+137。

[198] 刘华军,杨骞:环境污染、时空依赖与经济增长[J].产业经济研究,2014,(01):
81-91。

[199] 刘洁,李文:中国环境污染与地方政府税收竞争——基于空间面板数据模型的
分析[J].中国人口·资源与环境,2013,23(04):81-88。

[200] 刘盟:京津冀协同发展背景下区域人才集聚效应评价研究[D].天津大学,
2017。

[201] 刘舜佳:外商直接投资环境效应的空间差异性研究——基于非物化型知识溢
出角度[J].世界经济研究,2016,(01):121-134+137。

[202] 刘亚雪,田成诗,程立燕:世界经济高质量发展水平的测度及比较[J].经济学
家,2020(05):69-78。

[203] 刘毅,王云,李宏:世界级湾区产业发展对粤港澳大湾区建设的启示[J].中国
科学院院刊,2020,35(03):312-321。

[204] 卢斌,曹启龙,刘燕:融资约束、市场竞争与资本结构动态调整——基于产业异
质性的研究[J].产业经济研究,2014(03):91-100。

[205] 卢亚娟,刘骅:基于引力熵模型的科技金融区域协同发展研究——以长三角地
区为例[J].上海经济研究,2019,(01):81-88+128。

[206] 陆铭:空间的力量:地理、政治与城市发展[M].上海:格致出版社:上海人民出
版社,2017。

[207] 陆铭,陈钊:城市化、城市倾向的经济政策与城乡收入差距[J].经济研究,2004
(06):50-58。

[208] 陆旸:环境规制影响了污染密集型商品的贸易比较优势吗?[J].经济研究,
2009,44(04):28-40。

[209] 陆旸:从开放宏观的视角看环境污染问题:一个综述[J].经济研究,2012,47

(02):146-158。

[210] 吕勇斌,袁子寒,付宇:村镇银行设立的攀比效应和竞争效应——基于空间 probit 模型的经验研究[J].国际金融研究,2020(10):55-65。

[211] 马国霞,田玉军,石勇:京津冀都市圈经济增长的空间极化及其模拟研究[J].经济地理,2010,30(02):177-182。

[212] 马佳羽、韩兆洲、蔡火娣:空气质量对生活满意度的效应研究——基于序数分层空间自回归 Probit 模型[J]. 统计研究, 2020, 350(11):32-45。

[213] 马丽梅,刘生龙,张晓:能源结构、交通模式与雾霾污染——基于空间计量模型的研究[J].财贸经济,2016,37(01):147-160。

[214] 马丽梅,史丹:京津冀绿色协同发展进程研究:基于空间环境库兹涅茨曲线的再检验[J].中国软科学, 2017(10): 82-93 。

[215] 马丽梅,史丹,裴庆冰:中国能源低碳转型(2015—2050):可再生能源发展与可行路径[J].中国人口·资源与环境,2018,28(02):8-18。

[216] 马丽梅,张晓:区域大气污染空间效应及产业结构影响[J].中国人口·资源与环境,2014,24(07):157-164。

[217] 马丽梅,张晓:中国雾霾污染的空间效应及经济、能源结构影响[J].中国工业经济,2014(04):19-31。

[218] 毛艳华,荣健欣:粤港澳大湾区的战略定位与协同发展[J].华南师范大学学报(社会科学版),2018(04):104-109＋191 。

[219] 欧阳艳艳,黄新飞,钟林明:企业对外直接投资对母国环境污染的影响:本地效应与空间溢出[J].中国工业经济,2020,(02):98-121。

[220] 潘慧峰,王鑫,张书宇:雾霾污染的持续性及空间溢出效应分析——来自京津冀地区的证据[J].中国软科学,2015(12):134-143。

[221] 潘文卿:中国的区域关联与经济增长的空间溢出效应[J].经济研究,2012,47(01):54-65。

[222] 潘文卿:中国区域经济发展:基于空间溢出效应的分析[J].世界经济,2015,38(07):120-142。

[223] 潘文卿,李子奈,刘强:中国产业间的技术溢出效应:基于 35 个工业部门的经验研究[J].经济研究,2011,46(07):18-29。

[224] 彭芳梅:《粤港澳大湾区发展规划纲要》解读与启示[J].特区实践与理论,2019(02):78-82。

[225] 戚晓旭,叶堂林,何畠彦:京津冀协同发展应关注的五个趋势性特征[J].前线,

2017(02):69-70。

[226] 邱瑾,戚振江:基于 MESS 模型的服务业影响因素及空间溢出效应分析——以浙江省 69 个市县为例[J].财经研究,2012,38(01):38-48+83。

[227] 邵帅,李欣,曹建华:中国的城市化推进与雾霾治理[J].经济研究,2019a,54(02):148-165。

[228] 邵帅,杨莉莉,黄涛:能源回弹效应的理论模型与中国经验[J].经济研究,2013(02):96-109。

[229] 邵帅,张可,豆建民:经济集聚的节能减排效应:理论与中国经验[J].管理世界,2019b,35(01):36-60+226。

[230] 沈国兵,张鑫:开放程度和经济增长对中国省级工业污染排放的影响[J].世界经济,2015,38(04):99-125。

[231] 盛斌,吕越:外国直接投资对中国环境的影响——来自工业行业面板数据的实证研究[J].中国社会科学,2012,(05):54-75+205-206。

[232] 史丹:打造工业绿色发展新动能[N].经济日报,2017-01-24(016)。

[233] 史丹:以能源转型促进低碳工业化发展[J].中国国情国力,2016(10):6-8+5。

[234] 史娜娜,肖能文,王琦等:长江经济带生态系统格局特征及其驱动力分析[J].环境科学研究,2019.07.14,1001-6929。

[235] 宋洒洒:工业集聚对中国环境污染的影响研究[D].安徽财经大学,2018。

[236] 孙兵:京津冀协同发展区域管理创新研究[J].管理世界,2016,(07):172-173。

[237] 孙久文,卢怡贤,易淑昶:高质量发展理念下的京津冀产业协同研究[J].北京行政学院学报,2020,(06):20-29。

[238] 覃成林,梁夏瑜:广东产业转移与区域协调发展——实践经验与思考[J].国际经贸探索,2010,26(07):44-49。

[239] 汤梦玲,李仙:世界区域经济协同发展经验及其对中国的启示[J].中国软科学,2016,(10):90-97。

[240] 滕堂伟,瞿丛艺,曾刚:长江经济带城市生态环境协同发展能力评价[J].中国环境管理,2017,9(02):51-56+85。

[241] 藤田昌久,保罗·克鲁格曼,安东尼·J·维纳布尔斯:空间经济学—城市、区域与国际贸易[M].梁琦主译.北京:中国人民大学出版社,2011。

[242] 田培杰:协同治理:理论研究框架与分析模型[D].上海交通大学,2013。

[243] 田银华,贺胜兵,胡石其:环境约束下地区全要素生产率增长的再估算:1998—2008[J].中国工业经济,2011(01):47-57。

[244] 王兵,吴延瑞,颜鹏飞:环境管制与全要素生产率增长:APEC 的实证研究[J].
经济研究,2008(05):19-32。

[245] 王锋,吴丽华,杨超:中国经济发展中碳排放增长的驱动因素研究[J].经济研
究,2010,45(02):123-136。

[246] 王洪庆:人力资本视角下环境规制对经济增长的门槛效应研究[J].中国软科
学,2016,(06):52-61。

[247] 王火根,滕玉华:经济发展与环境污染空间面板数据分析[J].技术经济与管理
研究,2013(02):85-89。

[248] 王圣军:大都市圈发展的经济整合机制研究[D].西南财经大学,2008。

[249] 王圣云,向云波,万科等:长江经济带区域协同发展:产业竞合与城市网络
[M].北京:经济科学出版社,2017。

[250] 王世豪,黄麟,徐新良,徐淑琬:粤港澳大湾区生态系统服务时空演化及其权
衡与协同特征[J].生态学报,2020,40(23):8403-8416。

[251] 王文普:环境规制、空间溢出与地区产业竞争力[J].中国人口·资源与环境,
2013,23(08):123-130。

[252] 王贤彬,许婷君:外商直接投资与僵尸企业——来自中国工业企业的微观证据
[J].国际经贸探索,2020,36(09):72-87。

[253] 王许亮,王恕立:中国服务业集聚的绿色生产率效应[J].山西财经大学学报,
2021,43(03):43-55。

[254] 王昱:区域生态补偿的基础理论与实践问题研究[D].东北师范大学,2009。

[255] 王玉海等:京津冀都市圈协同发展与合作共治研究[M].北京:经济科学出版
社,2020。

[256] 王振:长江经济带蓝皮书:长江经济带发展报告(2017—2018)[M].北京:社会
科学文献出版社,2019。

[257] 王振,周海旺,周冯琦,薛艳杰,王晓娟:长江经济带经济社会的发展(2011—
2015)[J].上海经济,2016(06):5-25。

[258] 文魁,祝文娟:京津冀蓝皮书:京津冀发展报告(2016)[M].北京:社会科学文
献出版社.2016。

[259] 文魁,祝尔娟:首席专家论京津冀协同发展的战略重点[M].首都经济贸易大
学出版社,2016。

[260] 温馨:空间财政问题研究[D].东北财经大学,2015。

[261] 吴玉鸣,田斌:省域环境库兹涅茨曲线的扩展及其决定因素——空间计量经济

学模型实证[J].地理研究,2012,31(04):627-640。

[262] 乌兰察夫,张显未,方浩文:粤港澳大湾区生态环境协同发展——深港合作的实践与探索[M].北京:社会科学文献出版社,2019。

[263] 肖光恩等:空间计量经济学:基于 MATLAB 的应用分析[M].北京:北京大学出版社,2018。

[264] 肖晓军,杨志强,曾荷:环境规制视角下贸易出口对中国绿色全要素生产率的影响——基于省际面板数据的非线性实证检验[J].软科学,2020,34(10):18-24。

[265] 解垩:环境规制与中国工业生产率增长[J].产业经济研究,2008,(01):19-25+69。

[266] 谢伟:粤港澳大湾区环境行政执法协调研究[J].广东社会科学,2018(03):246-253。

[267] 熊伟:长江经济带产业转移问题研究[M].北京:中国水利水电出版社,2019。

[268] 许和连,邓玉萍:外商直接投资导致了中国的环境污染吗?——基于中国省际面板数据的空间计量研究[J].管理世界,2012(02):30-43。

[269] 许士春,何正霞:中国经济增长与环境污染关系的实证分析——来自 1990—2005 年省级面板数据[J].经济体制改革,2007(04):22-26。

[270] 计志英,毛杰,赖小锋:FDI 规模对我国环境污染的影响效应研究——基于 30 个省级面板数据模型的实证检验[J].世界经济研究,2015(03):56-64+128。

[271] 杨志军:当代中国环境抗争背景下的政策变迁研究[D].上海交通大学,2014。

[272] 姚蓉:我国跨区域生态协同发展问题及对策探讨[J].理论导刊,2017(09):88-90。

[273] 姚圣,张国营:政治关联、利益交换与地方政府环境业绩评价[J].经济与管理,2013,27(09):11-17。

[274] 姚愉芳,陈杰,张晓梅:京津冀地区间经济影响及溢出和反馈效应分析[J].城市与环境研究,2016(01):3-14。

[275] 杨海生,陈少凌,周永章:地方政府竞争与环境政策——来自中国省份数据的证据[J].南方经济,2008(06):15-30。

[276] 杨海生,贾佳,周永章,王树功:贸易、外商直接投资、经济增长与环境污染[J].中国人口·资源与环境,2005,(03):99-103。

[277] 杨晓明,田澎,高园:FDI 区位选择因素研究——对我国三大经济圈及中西部地区的实证研究[J].财经研究,2005(11):100-109。

［278］叶堂林,王雪莹:基于 CitySpace 方法的京津冀协同发展知识图谱分析［J］.产业创新研究,2019(10):1-4。

［279］叶堂林,祝尔娟,王雪莹等:京津冀协同发展研究的历史、现状与趋势［M］.北京:社会科学文献出版社,2020。

［280］于峰,齐建国:我国外商直接投资环境效应的经验研究［J］.国际贸易问题,2007,(08):104-112。

［281］余敏江,刘超:生态治理中地方与中央政府的"智猪博弈"及其破解［J］.江苏社会科学,2011(02):147-152。

［282］宛群超,袁凌.空间集聚:企业家精神与区域创新效率［J］.软科学,2019,36(08):36-42。

［283］原毅军,刘柳:环境规制与经济增长:基于经济型规制分类的研究［J］.经济评论,2013,(01):27-33。

［284］曾刚等:长江经济带协同发展的基础与谋略［M］.北京:经济科学出版社,2014。

［285］曾刚,王丰龙等:长江经济带城市协同发展能力指数(2019)研究报告［M］.北京:中国社会科学出版社,2020。

［286］曾刚,杨舒婷,王丰龙:长江经济带城市协同发展能力研究［J］.长江流域资源与环境,2018,27(12):2641-2650。

［287］詹姆斯·勒沙杰,R.凯利·佩斯:空间计量经济学导论［M］.肖光恩,杨勇,熊灵等译.北京:北京大学出版社,2014。

［288］张成,陆旸,郭路,于同申:环境规制强度和生产技术进步［J］.经济研究,2011,46(02):113-124。

［289］张成,于同申,郭路:环境规制影响了中国工业的生产率吗——基于 DEA 与协整分析的实证检验［J］.经济理论与经济管理,2010(03):11-17。

［290］张公嵬,梁琦:产业转移与资源的空间配置效应研究［J］.产业经济评论,2010,9(03):1-21。

［291］张华:地区间环境规制的策略互动研究——对环境规制非完全执行普遍性的解释［J］.中国工业经济,2016(07):74-90。

［292］张景秋,孟醒,齐英茜:世界首都区域发展经验对京津冀协同发展的启示［J］.北京联合大学学报(人文社会科学版),2015,13(04):33-40。

［293］张可:经济集聚的减排效应:基于空间经济学视角的解释［J］.产业经济研究,2018(03):64-76。

[294] 张可,汪东芳:经济集聚与环境污染的交互影响及空间溢出[J].中国工业经济,2014,(06):70-82。

[295] 张三峰,曹杰,杨德才:环境规制对企业生产率有好处吗?——来自企业层面数据的证据[J].产业经济研究,2011,(05):18-25。

[296] 张同斌:提高环境规制强度能否"利当前"并"惠长远"[J].财贸经济,2017,38(03):116-130。

[297] 张伟,蒋洪强,王金南:京津冀协同发展的生态环境保护战略研究[J].中国环境管理,2017,9(03):41-45。

[298] 张文彬,张理芃,张可云:中国环境规制强度省际竞争形态及其演变——基于两区制空间 Durbin 固定效应模型的分析[J].管理世界,2010(12):34-44。

[299] 张晓:中国环境政策的总体评价[J].中国社会科学,1999(03):88-99。

[300] 张优:京津冀地区节能减排政策协同效应研究[D].华北电力大学(北京),2018。

[301] 张友国:中国贸易增长的能源环境代价[J].数量经济技术经济研究,2009,26(01):16-30。

[302] 张友国:京津冀市场一体化进程及其碳排放影响[J].中国地质大学学报(社会科学版),2017,17(01):65-75。

[303] 郑长德,刘帅:基于空间计量经济学的碳排放与经济增长分析[J].中国人口·资源与环境,2011,21(05):80-86。

[304] 郑思齐,霍燚:低碳城市空间结构:从私家车出行角度的研究[J].世界经济文汇,2010(06):50-65。

[305] 赵会会:我国环境治理制度改革研究[D].天津师范大学,2012。

[306] 赵琳琳,张贵祥:京津冀生态协同发展评测与福利效应[J].中国人口·资源与环境,2020,30(10):36-44。

[307] 赵伟,藤田昌久:空间经济学:聚焦中国[M].杭州:浙江大学出版社,2013。

[308] 赵伟,向永辉:区位优势、集聚经济和中国地区间 FDI 竞争[J].浙江大学学报(人文社会科学版),2012,42(06):111-125。

[309] 赵祥:地方政府竞争与 FDI 区位分布——基于我国省级面板数据的实证研究[J].经济学家,2009(08):53-61。

[310] 赵霄伟:环境规制、环境规制竞争与地区工业经济增长——基于空间 Durbin 面板模型的实证研究[J].国际贸易问题,2014,(07):82-92。

[311] 钟畅:长江经济带物流效率及其影响因素研究[D].重庆大学,2017。

［312］周黎安:晋升博弈中政府官员的激励与合作——兼论我国地方保护主义和重复建设问题长期存在的原因[J].经济研究,2004(06):33-40。

［313］周丽旋,罗赵慧,朱璐平,于锡军,房巧丽,张晓君:粤港澳大湾区生态文明共建机制研究[J].中国环境管理,2019,11(06):28-31。

［314］周灵:环境规制对企业技术创新的影响机制研究——基于经济增长视角[J].财经理论与实践,2014,35(03):125-129。

［315］周伟:黄河流域生态保护地方政府协同治理的内涵意蕴、应然逻辑及实现机制[J].宁夏社会科学,2021(01):128-136。

［316］祝尔娟:推进京津冀区域协同发展的思路与重点[J].经济与管理,2014,28(03):10-12。

［317］祝尔娟,鲁继通:以协同创新促京津冀协同发展——在交通、产业、生态三大领域率先突破[J].河北学刊,2016,36(02):155-159。

［318］祝尔娟,吴常春,李妍君:世界城市建设与区域发展——对北京建设世界城市的战略思考[J].现代城市研究,2011,26(11):76-80+85。

［319］祝合良,叶堂林,张贵祥等:京津冀蓝皮书:京津冀发展报告(2017)[M].北京:社会科学文献出版社,2012。

［320］朱平芳,张征宇,姜国麟:FDI与环境规制:基于地方分权视角的实证研究[J].经济研究,2011,46(06):133-145。

［321］朱英明,杨连盛,吕慧君,沈星:资源短缺、环境损害及其产业集聚效果研究——基于21世纪我国省级工业集聚的实证分析[J].管理世界,2012(11):28-44。

［322］朱允未:东部地区产业向中西部转移的理论与实证研究[D].浙江大学博士论文,2013。

后 记

2012 年 9 月，我进入中国社会科学院数量经济与技术经济研究所攻读博士学位，开始从事环境经济相关问题研究。从一个学术"小白"慢慢成长为有了自己的第一个代表作，再到完成博士论文，本书也是以博士论文为基础的研究著作。博士毕业后我在中国社会科学院工业研究所从事博士后研究工作，参与了十几项相关的调研和课题研究工作，几乎走遍了大半个中国，对区域绿色协同发展有了更加深入的认识。书稿的第五章"京津冀绿色发展的协同研究"也是在此期间完成的。2017 年 10 月，我进入深圳大学中国经济特区研究中心工作。依托于"中心"，调研了粤港澳大湾区的每一个城市并参与了诸多关于经济特区、湾区的国际交流工作，也曾受国家发展改革委邀请，到古巴的马列尔特区调研和提供政策咨询，对特区经济和湾区经济产生了浓厚的兴趣。书稿的第七章"粤港澳大湾区绿色发展的协同研究"在此期间完成。基于以上三段经历，才有了今天的书稿。

本书能够出版离不开师长、同行和课题组成员的大力支持和努力。首先，要感谢我的两位导师：张晓老师和史丹老师，她们给予了我太多的帮助、鼓励和支持，本书的出版得益于两位老师的指导；其次，要感谢课题组成员孟霏、司璐和黄崇乐优秀的助研工作，我们在一起并肩作战直至书稿完成，至今我仍然非常怀念那段艰辛而又快乐的时光，同时参与本书助研工作的学生还包括王瑞临、胡银洪和刘相辰，也非常感谢他们的支持和参与；最后，感谢我的母亲徐淑芹女士，感谢她给予我的理解、包容和鼓励，也是母亲教会了我忍耐和坚持，唯有持续不断的努力和坚持才能够有本书的完稿和正式出版。

　　本书的学术价值在于以空间计量模型为工具，运用卫星数据多维度探讨了区域经济与环境污染的空间互动关联性特征，为协同问题研究提供了实证支撑，从空间视角提出了绿色发展的区域协同新理论。在应用价值上，将绿色协同发展的主要内容总结为四大领域：政策规划协同、产业协同、交通协同和生态环保协同，同时归纳总结了促进区域绿色协同发展的机制和政策总体框架，结合中国区域发展的重要战略（京津冀、长江经济带和粤港澳大湾区），提出了具有针对性的政策建议。写作过程中，难免存在纰漏及不足，欢迎各位读者批评指正，我将在以后的研究及再版中予以重视并修正。

马丽梅

2022 年 12 月 2 日于深圳大学汇文楼